陕南秦巴天坑群区域生态环境与社会经济协调发展研究

李 双 杜建括 邢海虹 王淑新 著

本书由秦巴生物资源与生态环境国家重点实验室（培育）市校共建项目：汉中天坑生态敏感性与植物生境适应性机制研究（SXJ-2302）和陕西理工大学汉水文化重点学科共同资助

科学出版社

北 京

内 容 简 介

秦巴山区作为我国重要的生态屏障和水源涵养地,其生态环境与经济社会协调发展对区域乃至国家生态安全具有重要意义。本书以陕南秦巴天坑群区域为研究对象,以可持续发展为理论基础,系统探讨生态环境与经济社会协调发展问题。本书涵盖地质环境与地质危险性评估、洪涝灾风险空间分异特征分析、生态脆弱性动态评价、公众环境感知调查及乡村振兴路径探索等多个方面。通过构建科学的评价体系和模型,揭示区域生态地质环境现状,剖析地质灾害危险性与生态环境脆弱性的驱动因素,提出防洪减灾措施,进而聚焦乡村振兴战略,探索汉中天坑群分布区旅游新质生产力的培育路径、聚落体系优化方案及乡村振兴与绿色发展协调推进机制,为生态脆弱区的可持续发展提供理论依据和实践指导。

本书适合从事生态地质环境研究、区域发展规划、灾害风险管理等领域的科研人员、政府决策者及高校师生阅读。同时,对关注乡村振兴、生态旅游开发及生态文明建设的实践工作者也具有重要的参考价值。

审图号:GS 京(2025)1089 号

图书在版编目(CIP)数据

陕南秦巴天坑群区域生态环境与社会经济协调发展研究/李双等著. --北京:科学出版社,2025. 6. --ISBN 978-7-03-082423-3

Ⅰ. X321. 241;F127. 414

中国国家版本馆 CIP 数据核字第 2025SQ0170 号

责任编辑:李晓娟/责任校对:樊雅琼
责任印制:徐晓晨/封面设计:十样花

科学出版社 出版
北京东黄城根北街 16 号
邮政编码:100717
http://www.sciencep.com

北京九州迅驰传媒文化有限公司印刷
科学出版社发行 各地新华书店经销

*

2025 年 6 月第 一 版　开本:720×1000　1/16
2025 年 6 月第一次印刷　印张:16 1/4
字数:350 000
定价:168.00 元
(如有印装质量问题,我社负责调换)

前　言

秦巴山区作为我国"两屏三带"生态安全战略格局的重要组成部分，其生态环境质量直接关系到国家的生态安全和水源涵养能力。然而，该区域同时也是我国经济欠发达地区，面临着生态保护与经济社会发展的双重压力。陕南三市（汉中、安康、商洛）作为秦巴山区的核心地带，具有较为统一的地质构造单元和水热耦合条件。特别是汉中天坑群作为全球纬度最高的岩溶地貌景观，具有重要的科研价值和旅游开发潜力。但汉中天坑群分布区及其毗邻的陕南三市面临地质灾害频发、洪涝灾害风险高、生态环境脆弱、经济发展滞后等多重困境。如何实现生态环境保护与经济社会发展的良性互动，成为亟待解决的关键问题。因此，本书立足于秦巴山区特殊的生态地位和发展需求，以系统科学理论为指导，综合运用多学科方法，深入剖析汉中天坑群分布区及陕南的生态地质环境现状与乡村振兴、旅游发展等多方面的问题，探索生态保护与经济社会协调发展的可行路径，为秦巴山区生态文明建设与高质量发展提供理论支撑和实践指导。

本书以多学科理论和技术为支撑，综合运用多种研究方法，开展区域生态地质环境现状与乡村经济社会协调发展研究，并取得一些重要研究成果。通过构建科学的地质环境质量评价体系和地质灾害危险性评价指标体系，揭示研究区地质环境质量与灾害风险的空间分布特征，基于信息量模型和地理探测器等方法，识别了影响地质灾害发生的主要驱动因子及其交互作用，为地质灾害防治提供了科学依据；通过极端降水特征与洪涝灾害风险分析，指出研究区洪涝灾害风险呈现出明显的空间差异性，山地地区由于地形复杂、降水集中，洪涝灾害风险较高，提出的防灾减灾策略能为区域洪涝灾害的预防、治理和风险管理提供决策支持；基于 PSR 模型和地理探测器，全面评估研究区生态脆弱性的时空变化特征及其驱动因素，发现研究区生态脆弱性呈现出一定的波动变化，且自然条件与人类活动的交互作用对生态脆弱性的影响不断增强，其中土地垦殖率和第二产业比重的提升是导致脆弱性加剧的关键因素。在生态地质环境评估的基础上，进行乡村振兴与绿色发展协同推进路径探索，提出"地质+文化+科技"的旅游新质生产力发展模式和"三级→两级"的聚落体系优化方案，构建了基于区块链的低碳发展机制，为生态脆弱区实现乡村振兴提供创新思路和实践方案。这些研究成果充分运用了多学科融合方法、人地系统耦合分析方法，不仅丰富了生态脆弱区可持续发展的理论研究，也为类似地区的实践探索提供了可借鉴的案例。

本书以系统科学思想为指导，共12章，其中第1至第2章为基础研究部分，第3至第8章为生态地质环境评价部分，第9至第11章为社会经济可持续发展路径探索部分，第12章为总结与展望部分。第1章界定了研究区范围，系统阐述研究背景、研究目的与研究内容及相关研究进展，由李双撰写。第2章从自然地理与社会经济两个维度，介绍区域概况，为研究提供详细的背景信息，由杜建括撰写。第3章和第4章通过构建科学的评价体系和模型，进行地质环境质量评价与地质灾害危险性评估，揭示区域地质环境质量、地质灾害危险性等级的空间分布特征及其主导因子，由李双、杜建括撰写。第5章和第6章聚集研究区极端降水特征、洪涝灾害风险评价及防灾减灾能力评估，分析研究区近60年极端降水时空变化格局，揭示洪涝灾害风险等级空间差异及其影响因素，并从四个维度评估了区域防洪减灾能力，进而提出防洪减灾对策，由李双、杜建括撰写。第7章和第8章分别介绍生态脆弱性动态评价和公众环境感知分析。通过构建生态脆弱性评价体系和问卷调查等方法，全面评估研究区生态脆弱性的时空变化特征及其驱动因素，并探讨公众对生态环境变化的感知差异，由李双、杜建括撰写。第9至第11章则围绕乡村振兴与绿色发展协同推进路径进行探索，通过空间生产理论和精明收缩理论的应用，探讨旅游新质生产力培育路径和聚落体系优化方案；同时结合区块链技术，提出乡村振兴与绿色发展协同推进的"六位一体"体系，由邢海虹、王淑新撰写。第12章对本书的研究成果进行了总结，针对研究中存在的问题和不足，提出未来研究的方向和重点，由李双撰写。

期待本书的研究成果能够为汉中天坑群分布区及陕南的生态文明建设与高质量发展提供有益的参考与借鉴。虽然作者在撰写过程中力求严谨、科学，但由于研究视野、学术水平的限制，难免存在一些疏漏和不足之处，敬请广大读者提出宝贵的意见和建议。

作　者
2025年4月

目 录

前言

第1章 绪论 ··· 1
1.1 研究区界定 ·· 1
1.2 研究背景 ·· 3
1.3 研究目的与研究内容 ··· 8
1.4 研究进展概述 ·· 10

第2章 研究区概况 ·· 25
2.1 自然地理特征 ·· 25
2.2 社会经济特征 ·· 29

第3章 陕南秦巴天坑群区域地质环境评价 ····························· 32
3.1 汉中天坑群分布区地质生态环境概况 ···························· 32
3.2 评价体系构建与评价方法 ·· 33
3.3 研究区地质环境质量综合评价 ······································ 37
3.4 本章小结 ·· 40

第4章 陕南秦巴天坑群区域地质灾害危险性评价 ··················· 41
4.1 数据来源与评价方法 ·· 41
4.2 研究区地质灾害分布特征 ·· 47
4.3 地质灾害危险性评价与影响因素分析 ···························· 50
4.4 本章小结 ·· 55

第5章 陕南秦巴天坑群区域洪涝灾害风险评价 ······················ 57
5.1 研究背景 ·· 57

5.2	数据来源与研究方法	69
5.3	研究区极端降水特征分析	75
5.4	研究区洪涝灾害分布特征分析	97
5.5	本章小结	105

第 6 章 陕南小流域洪涝灾害减灾能力与对策分析 107

6.1	陕南小流域洪涝灾害断链减灾现状分析	107
6.2	陕南小流域洪涝灾害防灾减灾能力评价	118
6.3	陕南洪涝灾害防御对策分析	123
6.4	本章小结	127

第 7 章 陕南秦巴天坑群区域生态脆弱性评价 129

7.1	PSR 评价模型构建与数据处理	129
7.2	研究区生态脆弱性分析	133
7.3	研究区生态脆弱性影响因素分析	142
7.4	研究区生态地质环境保护的对策建议	145
7.5	本章小结	148

第 8 章 陕南秦巴天坑群区域生态环境变化公众感知研究 150

8.1	问卷设计与描述性分析	150
8.2	公众对地理环境变化感知的多重比较分析	152
8.3	公众对人工环境感知的多重比较分析	160
8.4	公众环境感知的回归分析	162
8.5	本章小结	166

第 9 章 乡村振兴背景下天坑群分布区旅游新质生产力培育 168

9.1	汉中天坑群分布区岩溶地质景观开发价值评价	168
9.2	乡村振兴视角下天坑群区域乡村旅游资源综合评价	173
9.3	乡村振兴视角下天坑群区域旅游新质生产力培育	185
9.4	基于区块链的天坑群分布区乡村旅游目的地低碳发展探索	196
9.5	本章小结	200

第 10 章 基于精明收缩理论的天坑群分布区聚落体系优化 ······ 202
10.1 精明收缩理论及在乡村聚落体系优化中的应用 ······ 202
10.2 宁强天坑群分布区乡村发展现状 ······ 205
10.3 宁强天坑群分布区乡村聚落体系优化 ······ 214
10.4 本章小结 ······ 220

第 11 章 天坑群分布区乡村振兴与绿色发展协同推进机制构建 ······ 222
11.1 相关研究进展 ······ 222
11.2 乡村振兴与绿色发展协同推进面临的主要挑战 ······ 224
11.3 乡村振兴与绿色发展长效机制 ······ 226
11.4 本章小结 ······ 230

第 12 章 主要结论与展望 ······ 231
12.1 主要结论 ······ 231
12.2 研究展望 ······ 233

参考文献 ······ 235

第1章 绪 论

生态环境是人类赖以生存和发展的基础，发展是人类社会永恒的主题。均衡生态环境保护与经济发展、社会进步之间的天平，人地系统才可以稳定地循环运作。我国幅员辽阔，不同地区的地理环境差异明显。从总体上看，我国生态环境脆弱，生态保护与经济社会发展的矛盾依然突出。党中央、国务院一直高度重视环境保护工作，将其作为贯彻落实科学发展观的重要内容，根据不同时期人类社会发展与生态环境保护之间的重要问题，出台不同的政策。学者们也围绕生态环境评价以及生态—经济—社会系统的协调可持续发展进行了大量的研究。本章主要包括研究区界定、研究背景介绍、研究进展梳理等内容。

1.1 研究区界定

1. 统一的地质构造单元

陕南三市（汉中、安康、商洛三市）位于秦岭造山带与扬子地台的交界带，受华北板块与扬子板块碰撞形成的勉略构造带控制。自印支期（约2.3亿年前）华北-扬子板块碰撞开始，至燕山期（约1.5亿年前）陆内造山主体完成，该区域历经加里东期基底断裂形成、印支期褶皱推覆（如南大巴山前陆逆冲推覆体）、燕山期共轭断裂发育（镇巴-城口断裂与汉江断裂）以及喜马拉雅期断裂活化四期构造叠加（张国伟等，2001；2003；Dong et al.，2011；Hu et al.，2012；陕西省地质调查院，2017）。三市具有相似的古生代海相碳酸盐岩基底，地层序列亦具相似性，其中汉中盆地、西乡—镇巴一带碳酸盐岩地层连续且深厚（苟润祥等，2018），大量的构造裂隙与节理使得碳酸盐岩溶蚀敏感性更高，而安康地区和商洛地区以变质岩、碎屑岩为主，夹杂碳酸盐岩，溶蚀性减弱（徐璐平等，2022）。新生代以来秦岭的差异隆升，导致汉江谷地与周边山地形成一定的水力梯度（王斌等，2017；Dong et al.，2022），进一步强化垂向溶蚀作用，最终塑造了汉中天坑群与多层岩溶洞穴系统的独特空间格局（罗乾周等，2019；洪增林等，2019；Filippi et al.，2022）。

2. 协调的水热耦合条件

陕南三市同属于北亚热带向暖温带过渡气候区，水热条件相似，呈现"水-热-植被"高度耦合特征。区域年均气温介于 12~15℃，≥10℃ 活动积温达 4000~4800℃，为岩溶作用提供持续热力条件；年降水量介于 800~1200mm，其中 70% 集中于 5~9 月雨季。秦巴山区降雨与碳酸盐岩溶蚀速率有显著的正相关性，相关系数达 0.84（杨治国等，2023），一定程度上降水强化了该地区地表溶蚀速率。特殊的地质构造与较强的降雨耦合作用使岩溶区碳酸盐岩表现出较高溶解性（袁道先，2001；武健强等，2021），这种水-岩相互作用加速了岩溶地貌的发育进程。而汉中地区地层岩性以厚层灰岩、白云岩等碳酸盐岩为主，丰沛的降水使地下水沿裂隙溶蚀碳酸盐岩，促进溶洞分层发育，崩塌后形成阶梯状天坑崖壁（苟润祥等，2018）。这种水热组合、岩性特征、地质构造条件对天坑等垂向岩溶形态发育具有关键驱动作用（罗乾周等，2019）。

3. 高度统一生态功能定位

陕南三市在国家生态安全战略中具有高度统一的生态功能定位，均属于秦岭山地生物多样性保护与水源涵养功能区。这一区域承担着保障南水北调中线水源工程水源地保护、汉江流域生态屏障以及维护全球 34 个生物多样性热点之一的关键使命和生态任务，对于维护区域生态安全和促进可持续发展具有重要意义。陕南三市在生态保护、生态修复等方面具有相似的目标和任务，且三市在生态保护红线划定、绿色发展路径及政策协同机制上形成深度联动，依托统一的自然本底条件和省级立法框架，构建了"保护-修复-增值"一体化的生态治理体系。

4. 相似的生态-经济矛盾

陕南三市生态经济矛盾的共性问题集中表现为生态保护刚性约束与区域发展诉求的深层冲突。三市很多资源相似：在水环境承载力、生态服务价值等维度具有高度一致性，且产业结构相似性高，但经济发展滞后性显著（余凤鸣等，2012；杨瑛娟等，2021）。陕南三市人均 GDP 低于全国平均水平，但生态环境质量指数却位居全省前列，凸显出区域生态资源优势向经济收益转化的系统性梗阻。这种"生态优势与经济劣势并存"的矛盾，源于严格的生态保护红线与脆弱的自然地理条件的双重约束。

陕南三市在地质构造、水热条件、生态功能定位与生态—经济矛盾等方面的高度相似性，为突破传统行政区划限制、构建跨市域生态环境与社会经济发展研究单元提供了充分依据。汉中天坑群作为陕南地区典型的岩溶地貌景观，拓展中国天坑分布北界至33°N，是全球纬度最高的天坑群，因而开展天坑群地区生态地质环境评价与经济发展规划研究具有重要的科学价值与现实价值。综上，本书以汉中天坑群分布区及陕南地区作为研究区开展了大量研究工作。

1.2 研究背景

因独特的地理位置、复杂的生态地质环境和重要的生态功能定位，作为秦巴地区核心地带的陕南三市，需要统筹做好生态保护与区域经济社会的协调发展，寻求满足经济社会系统与生态环境系统之间良性互动的绿色发展路径。本节在秦巴山区的大背景下，从生态功能定位、生态地质环境特征、生态保护与经济社会可持续发展需求等方面介绍本书的研究背景。

1.2.1 研究区生态功能定位

生态环境是人类赖以生存最为基础的条件，是我国持续发展最为重要的基础。改革开放以来，我国日益重视生态环境保护，把节约资源和保护环境确立为基本国策，把可持续发展确立为国家战略，采取了一系列重大举措。但在经济社会发展的快速发展的同时，资源环境约束趋紧、生态系统退化等生态资源环境问题日益突出，生态平衡遭受严重破坏。党的十八大以来，党中央大力推进生态文明建设，把生态文明建设摆在全局工作的突出位置：党的十八大报告明确指出将经济、政治、文化、社会和生态五大建设并列，推进中国特色社会主义事业作出"五位一体"总体布局；党的十九大报告提出坚持人与自然和谐共生是新时代坚持和发展中国特色社会主义基本方略之一；党的二十大报告指出，"中国式现代化是人与自然和谐共生的现代化"，明确了我国新时代生态文明建设的战略任务，总基调是推动绿色发展，促进人与自然和谐共生。

为了推进生态文明建设和优化国土开发格局，运用生态学原理，以协调人与自然的关系、协调生态保护与经济社会发展关系、增强生态支撑能力、促进经济社会可持续发展为目标,我国发布《全国生态功能区划(2015年修编)》,对我国31个省级行政单位的陆域划分了不同的生态功能区,为全国生态保护与建设规划、维护区域生态安全、推动我国经济社会与生态保护协调、健康发展提供了科学依据。根据各生态功能区对保障国家与区域生态安全的重要性,以水源涵养、生物多样性保护、土壤保持、防风固沙和洪水调蓄五类主导生态调节功能为基础,确定63个重要生态系统服务功能区(简称重要生态功能区),其中秦岭-大巴山生物多样性保护与水源涵养重要区就是重要生态功能区之一。

秦巴山区是我国"两屏三带"生态安全战略格局的重要组成部分,是大尺度东西向的生态廊道,是我国生物多样性保护的两大关键地区(秦岭山地和神农架林区)所在地和战略性水源地之一(孙志浩等,2001;徐琳瑜等,2020;余玉洋等,2020)。秦岭-大巴山生物多样性保护与水源涵养重要区包含3个功能区:米仓山-大巴山水源涵养功能区、秦岭山地生物多样性保护与水源涵养功能区和豫西南山地水源涵养功能区。该重要功能区的主导功能为生物多样性保护、水源涵养和土壤保持。秦巴山区是我国生物多样性重点保护极重要区域和我国生物多样性热点地区之一,地处我国亚热带与暖温带的过渡带,有6000多种动植物生物资源,种类数量占全国75%,是朱鹮、大熊猫、金丝猴、羚牛、红豆杉、南方红豆杉、珙桐等120余种国家一级、二级重点保护动植物的重要分布区,素有"生物基因库""天然药库"之称。作为我国水源涵养区和土壤保持的极重要区域,秦巴山区是汉江、嘉陵江、丹江以及堵河等众多河流的发源地,区域内水源涵养区总面积为183697.03 km^2,承担着水源保护与涵养、水土保持和库区生态建设等重大任务(徐琳瑜等,2020)。

陕南地区,作为秦岭—大巴山生物多样性保护与水源涵养生态功能区的重要组成部分,是秦岭山地生物多样性保护与水源涵养功能区的核心地带,承担着生物多样性保护、南水北调中线工程水源涵养、水土保持等多项重大生态任务,其生态功能地位与生态文明建设的重要性不言而喻,生态环境保护任务艰巨。

1.2.2 研究区生态地质环境特征

陕南秦巴地区在地理上主要包括陕南、巴山北麓、汉江谷地和盆地,为南秦岭造山带的重要组成部分。这一地区当前的构造格局是由多期不同构造运动叠加复合长期演化形成的，具有极其复杂的物质组成与构造形态，地表结构以褶皱和冲断为主要特征，是一个独具特色的典型的复合型大陆构造带（张国伟等，2001；马秋红，2011）。在秦岭造山带中不同级别的断层、断裂极为发育，如洛南断裂带（华北地块与北秦岭造山带的分界断裂）、商丹断裂带（北秦岭造山带与南秦岭造山带之间的断裂带）、板岩镇—镇安断裂带（镇安构造带与旬阳构造带之间的断层）、两河—间河—白河断裂带（旬阳构造带与安康—紫阳构造带之间的断裂带）、勉略—城口—巴山断裂带（北大巴山构造带与南大巴山前锋变形构造带之间的断裂带），这些断裂带不仅成为秦岭造山带中不同级别构造单元的界限，而且是各类地质次生灾害形成的重要因素（马秋红，2011）。

陕南地区北依秦岭南屏巴山，中部汉江自西面东穿流而过，形成典型的"两山夹一川"的地貌格局，地貌类型由山地、丘陵、平原盆地构成，以山地为主。陕南地处汉江上游，山地河流发育，河网密度大，但河槽调蓄能力偏弱，河道坡降陡，产汇流速度快。陕南属于北亚热带季风气候区，降水年际变化差异较大，年内降雨主要集中在6月下旬到7月上旬，9月上中旬容易出现秋淋，极易引发山洪灾害。在山区（包括山地、丘陵、岗地）沿河流及溪沟形成的暴涨暴落的洪水，容易引发洪涝灾害及次生灾害。秦巴地区大部山体从海相岩层发育而来，岩体以变质的板岩、片岩及千枚岩为主，节理裂隙发育，风化严重，重力崩塌、错落滑坡活跃，地面主要为松散的残积、堆积物。加之，山体高耸，纵深错综复杂，雨季山洪爆发时常伴有山体滑坡、崩塌、泥石流灾害。陕南位于秦巴山区，小流域数量众多，影响面积大，小流域山洪灾害及其灾害链的防御不容忽视。总之，受构造运动、岩性、地貌结构、外营力的综合影响，陕南地区地质地质环境复杂、脆弱，崩塌、滑坡、泥石流等地质灾害频发。

生态环境敏感性是指一定区域的生态系统对外界干扰的敏感程度，它反映区域生态系统在自然和人类活动干扰下出现生态问题的可能性和难易程度，用来表征外界干扰可能造成的生态后果。《全国生态功能区划（2015年修编）》将生态敏感性的评价内容分为水土流失敏感性、沙漠化敏感性、石漠化敏感性、冻融侵蚀敏感性4个方面。根据各类生态问题的形成机制和主要影响因素，将各地域单元的生态敏感性特征按敏感程度划分为极敏感、高度敏感、中度敏感、低敏感4个等级。受地形、降水量、土壤性质和植被等主要因素的影响，秦岭–大巴山区为我国水土流失高度敏感区。同时，《全国生态功能区划（2015年修编）》指出秦巴生态功能区的主要生态问题是森林质量与水源涵养功能较低，地质灾害威胁严重，资源开发过程中带来较为严重的生态破坏，生物多样性受到威胁。陕南地区作为秦巴生物多样性功能区的重要组成部分，其地带性植被类型为北亚热带常绿落叶阔叶林，但区内次生林面积较大，森林质量整体不高。频繁的人为活动以及不断扩大的开发利用活动给区域水资源环境和生物资源生境质量带来了较大的压力，造成许多生态问题。

1.2.3 生态环境评价与可持续发展

20世纪以来，人口数量剧增，社会经济快速发展，人类活动对全球生态环境造成极大影响，生物多样性锐减、全球性气候变化、水资源短缺、海洋污染、酸雨、臭氧层破坏、土地退化等环境问题，已成为制约世界各国发展的全球性问题（Hansen et al., 2001）。生态环境是由一定生态关系的生物与环境构成的系统的整体，影响着人类的生存和发展，其状态和演变也与人类活动息息相关。人类社会发展过程中人类活动与生态环境相互影响，一方面人类活动改造了自然环境使人类生活更加美好，但同时生态环境也遭受严重干扰和破坏，制约着区域社会经济的发展。如果忽视生态环境对经济发展的影响，将致使可使用资源更加匮乏，生态环境更加恶化、重大灾害频发，要消耗更多的资源来恢复生态环境。面对人类社会经济发展与生态环境保护的冲突，把脉和诊断生态环境状况是开展生态环境保护与修复的重要基础和前提。生态环境评价，即评价与人类有关的自然资源及人类赖以生存的环境的优劣程度，评价特定时空范围内的生态系统整体或部分生态环境因子组合对人类社会经济持续发展的适宜程度（姚尧等，2012；左璐等，2021）。生态环境评价有助于了解生态环境的现状，揭示生态环境问题的分布规律、严重程度和演变态势；有助于更好地制定和调整生态环境保护政策、战略和规划，提高环境管理水平；有助于推动产业结构调整，优化资源利用，降低资源消耗和减少污染物排放。生态环境评价在推进生态环境保护与修复，促进人与自然和谐共生，实现经济、社会、生态的可持续协调发展中具有重要作用。

党的二十大报告明确提出，以国家重点生态功能区、生态保护红线、自然保护地等为重点，加快实施重要生态系统保护和修复重大工程。位于秦巴山区核心腹地的陕南地区，因其特殊的地理位置，复杂的生态地质环境，重要的生态地位，国家将陕南三市定位为限制开发的重点生态功能区和南水北调中线工程的核心水源涵养区。区内生态环境与地质环境脆弱、地质灾害频发，区域生态地质环境互馈联系显著。因此，开展在地表各圈层（岩石圈、水圈、大气圈、生物圈）互馈作用和人类活动驱动下陕南地区生态地质环境效应评价研究，是一项保护区域环境，协调平衡区域社会经济发展与生态环境关系必不可少的基础性工作。

1.2.4 发展定位与可持续发展

陕南地区的生态功能定位在《全国主体功能区规划》和《长江经济带发展规划纲要》等国家层面政策文件中得到了明确。该区域被列为重点生态功能区，承担着维护国家生态安全的重要使命。陕南地区是汉江、丹江作为南水北调中线工程的水源地，其生态保护直接关系到国家水资源安全。此外，陕南地区还是全球 34 个生物多样性热点地区之一，拥有丰富的动植物资源，是许多珍稀濒危物种的栖息地。因此，陕南地区的生态功能定位决定了其发展必须坚持生态优先、绿色发展的基本原则。《全国生态功能区划（2015 年修编）》提出了该区域区生态保护的主要措施：在人类活动方面，要停止导致生态功能继续退化的开发活动和其他人为破坏活动；严格矿产资源、水电资源开发的监管；改变粗放生产经营方式，发展生态旅游和特色产业。

基于其生态功能定位，陕南地区的发展目标在《陕西省"十三五"规划纲要》和《陕西省"十四五"规划纲要》中得到了进一步细化。陕南地区被定位为国家生态文明建设示范区和绿色产业高地，旨在探索生态保护与经济发展相协调的新模式，为全国生态文明建设提供经验。具体而言，陕南地区的发展目标包括：建设生态文明示范区，通过加强生态保护与修复，提升生态系统质量和稳定性，打造人与自然和谐共生的典范区域；打造绿色产业高地，依托生态资源优势，发展生态农业、生态旅游、绿色能源等产业，推动传统产业绿色化改造，构建绿色低碳产业体系；建设乡村振兴样板区，通过生态移民、生态补偿等措施，改善群众生活条件，促进农民增收致富，建设生态宜居美丽乡村。总之，陕南地区的发展定位与可持续发展路径在国家和陕西省的政策框架下得到了系统规划和明确指引。陕南地区将以生态保护和绿色发展为引领，不断推动生态价值向经济价值转化，探索出一条生态优先、绿色低碳的高质量发展道路。

1.3 研究目的与研究内容

汉中天坑群作为自然界中罕见的喀斯特地貌奇观，不仅拥有极高的科学研究价值，也是推动区域旅游经济发展、促进乡村振兴的重要资源。然而，该区域地质环境复杂，自然灾害频发，生态脆弱性高，加之人类活动的不断加剧，使得区域可持续发展面临诸多挑战。本书在此背景下应运而生，旨在通过系统性研究，深入剖析汉中天坑群分布区及陕南地区生态地质环境现状与乡村振兴、旅游发展等多方面的问题，为区域可持续发展提供科学依据和实践指导。

1.3.1 研究目的

本书旨在系统而全面地探究汉中天坑群分布区及陕南地区生态地质环境状况与天坑群分布区乡村振兴路径。首先，通过构建地质环境质量评价体系和地质灾害危险性评价指标体系，揭示区域地质风险空间分异规律，为地质灾害防治提供科学依据。其次，针对陕南地区洪涝灾害频发的现状，重点分析极端降水特征、洪涝灾害风险的空间分布特征及风险驱动机制，为区域洪涝灾害的预防、治理和风险管理提供决策支持。进而通过防洪减灾能力评估和公众环境感知研究，剖析区域防灾能力短板，探究公众对生态环境变化的感知差异，为社区韧性建设与政策制定提供依据。同时，基于压力-状态-响应（PSR）模型构建生态脆弱性评价体系，全面评估区域生态脆弱性及其驱动因素，为生态环境保护与修复提供科学依据。最终聚焦乡村振兴战略，探索旅游新质生产力培育、聚落体系优化和绿色发展协同推进路径，实现生态保护与经济社会发展的良性互动，为生态脆弱区可持续发展提供系统性解决方案。

1.3.2 研究内容

本书围绕汉中天坑群分布区及陕南地区，从地质环境与灾害评估、洪涝灾害风险评价、防洪减灾能力与公众环境感知、生态脆弱性评价、乡村振兴路径探索等五大模块进行了全面而深入的研究。

(1) 地质环境与地质灾害风险评价

综合考量地质本底、生态本底和人类工程活动三大因素，选取多个评价指标构建地质环境质量评价体系，通过科学方法确定权重，利用 GIS 技术进行研究区地质环境质量的综合分析；结合海拔、距断层距离等 9 项因子深入探讨地质灾害危险性的空间分异规律，并利用信息量模型和地理探测器分析地质灾害危险性的主导因子及其交互作用，为区域地质灾害防治提供科学依据。

(2) 洪涝灾害风险与极端降水特征分析

基于 1960～2019 年降水数据计算极端降水指数（如强降水日数），探讨研究区降水的时空变化趋势，识别极端降水变化特征；通过熵权法和灰靶评价模型构建包含致灾因子危险性、承灾体暴露性、孕灾环境脆弱性和防灾减灾能力四个准则层的洪涝灾害风险指标体系，对各县区洪涝灾害风险进行区划，揭示洪涝灾害风险等级的空间分布特征，明确山地与盆地的风险差异。

(3) 减灾能力评估与公众环境感知分析

采用问卷调查与层次分析法量化减灾能力在预防和准备能力、监测与预警能力、处置和救援能力、恢复与重建能力四方面的表现，评估陕南小流域监测预警、救援处置等能力短板；通过李克特 5 级量表和回归分析解析公众对环境变化的感知差异，探究公众对自然系统和人工系统地理环境问题的认知特征及影响因素。

(4) 生态脆弱性动态评价

基于压力-状态-响应（PSR）模型，选取 12 项指标（如 NDVI、GDP 密度等），评估汉中天坑群分布区及陕南地区生态脆弱性的时空变化特征及其驱动因素，揭示人类活动（如土地垦殖）与自然条件（如降水量）对区域生态脆弱性的交互影响；对比汉中、安康、商洛三市的脆弱性演变趋势。

(5) 乡村振兴路径探究

以宁强天坑群分布区的乡村振兴路径探索为例，深入研究地质旅游资源开发、聚落体系优化和绿色发展协同推进等关键问题。探索天坑群区域乡村振兴的特色路径。科学评价汉中天坑群岩溶地质景观的开发价值，综合评估乡村旅游资源，运用空间生产理论优化旅游线路，探索区块链技术下低碳旅游的发展机制；利用精明收缩理论指导乡村聚落"三级→两级"优化重组；通过整合自然生态资源和人文社会要素，提出培育"地质+文化+科技"旅游新质生产力发展模式，为生态脆弱区实现乡村振兴提供创新思路和实践方案。

1.4 研究进展概述

1.4.1 天坑地质生态环境与开发利用现状研究

天坑（Tiankeng）作为喀斯特地貌的极端表现形式，其分布具有显著的地域特征。全球已知天坑主要集中于中国南方喀斯特地区（广西、重庆、四川、贵州等）及地中海至加勒比海沿岸（如巴布亚新几内亚、墨西哥）（朱学稳等，2003；White et al.，2006）。作为全球喀斯特天坑发育最显著的区域，中国的喀斯特天坑以数量多、规模大、分布集中而著称于世（Zhu et al.，2005），主要分布在广西的北部和西部、重庆的东南部、贵州的南部和北部、四川与云南的东南部、陕西南部（汉中）等地（朱学稳等，2006；税伟等，2015；任娟刚等，2020），其中全国天坑总数的69%分布于广西、陕西、贵州和云南（黄保健等，2018）。近年来，随着对天坑研究的深入，其在生态环境、地质演化、生物多样性保护以及旅游开发等方面的价值逐渐被认识和重视。本书将从天坑的地质生态环境特征、生物多样性及其开发利用现状等方面进行系统梳理。

1. 天坑地质环境演化

喀斯特天坑的形式是一个复杂的过程，是地球内外营力共同作用的结果，其形成与演化机制方面的研究主要集中在天坑发育条件与类型划分、演化过程与演化机制方面（朱学稳等，2006；税伟等，2015）。天坑的形成需要具备以下条件：连续沉积的厚层碳酸盐岩，平缓的岩层产状，高强度水动力作用的地下河，地表深切和地下排水基准面的长期大幅度下降等（陈伟海等，2004）。天坑的形成主要与喀斯特地区的地层岩性性质、地质构造活动、水文气候环境以及外动力条件等因素密切相关（罗乾周等，2019；蒲高忠等，2021）。

厚层的碳酸盐岩沉积是喀斯特地貌发育的物质基础（陈伟海等，2004），如广西、贵州、陕西汉中的天坑发育均以厚层的石灰岩、灰岩地层为主（黄保健等，2018；吴金等，2020；罗乾周等，2019）。复杂而独特的地质构造格局是天坑形成的内在动力因素，断裂、褶皱、节理裂隙等构造对喀斯特地质遗迹形态发育具有很强的控制作用（陈宏峰等，2016；罗乾周等，2019），不同类型、不同方向的构造是天坑群的形成和发展的先导条件（罗乾周等，2019）。Arthur N. Palmer A 和 Palmer M（2006）研究了天坑形成的水力机制，指出天坑大部分空间体积的形成都是地下河大规模搬运崩塌堆积物的结果。近年来，随着遥感技术和地质勘探技术的进步，学者们对天坑的形成机制有了更深入的理解。例如，通过无人机遥感技术，研究者能够更精确地测量天坑的形态特征，并分析其形成过程中的地质力学机制（张永永等，2022）。

根据成因，天坑可以分为塌陷型天坑和侵蚀型天坑两大类（朱学稳等，2003；Palmer et al.，2006）。我国喀斯特天坑以塌陷型为主，少数为侵蚀型（或冲蚀型）天坑（Zhu et al.，2005；税伟等，2015）。塌陷型天坑主要由地下河或洞穴系统的崩塌形成，通常具有较大的直径和深度。典型的塌陷型天坑包括广西乐业大石围天坑群、重庆奉节小寨天坑等（朱学稳等，2003；陈伟海等，2004）；侵蚀型天坑则由地表水长期侵蚀岩层形成，通常规模较小，且多分布在喀斯特地区的边缘地带，典型的侵蚀型天坑如重庆武隆箐口天坑（翟秀敏等，2021）。近年研究发现，汉中天坑群主要为侵蚀—塌陷复合成因，其发育受地层岩性、构造运动与水文条件共同控制（任娟刚等，2020）。

2. 天坑生态学研究进展

作为一种大型陷坑状负地形，天坑的生态环境具有独特的圈闭性，底部生境与外界相对独立，天坑内部的温度、湿度、光照、养分等环境因子与外部存在显著差异。与外界地表相比具，天坑内部湿度较高、温度较低以及负氧离子浓度较大（陈伟海等，2004），土壤有机质、全氮以及钙含量高，生物能获得更多的水分及养分（Pu et al.，2019）。这种独特的微环境孕育了丰富动植物和微生物资源（Bátori et al.，2017；Pu et al.，2017；Su et al.，2017；蓝桃菊等，2017；江聪等，2019），成为许多珍稀动植物的重要避难所（Ozkan et al.，2010；Su et al.，2017；沈利娜等；2019）。这为物种多样性、基因多样性和退化喀斯特地区生物重建提供了重要的遗传库（蒲高忠等，2021）。

作为天坑生态系统结构与功能稳定的重要维持者，天坑植物生态一直是学者关注的焦点。近年来，众多学者对天坑独特的生态环境、生物资源和生态系统进行了深入研究，如天坑生物多样性（Li et al.，2020；Pu et al.，2019；陈铭等，2023）、群落结构、组成与群落演替（朱学稳等，2003；于燕妹等，2021；Jiang et al.，2021）、植被对生境适应性（Kobal et al.，2015；冯洁等，2021；余林兰等，2023）等方面。天坑内部的植被多样性和丰富度受坡向、坡位及微生境特征的影响（Bátori et al.，2019；李小芳等，2020），从天坑底部到顶部边缘，物种呈现圈层分布的特点（黄林娟等，2021）。通常，天坑内植被多样性、丰富度以及物种优势度等均高于天坑外（Su et al.，2017），如在天坑底部和坑壁的倒石坡上，植物群落的物种丰富度和功能多样性显著高于外部环境（黄林娟等，2022），低坡位多分布耐阴植物，而高坡位多由喜阳植物组成（范蓓蓓，2014）。天坑内部的植物群落结构复杂，乔木、灌木和草本植物的分布呈现出明显的垂直分层现象（于燕妹等，2021）。不同演替阶段的天坑内植被类型差异明显，植被类型由早期的以苔藓、蕨类、草本植物和阴生灌木为主，到中期的以耐阴植物且乔木居多，再到晚期的以喜阳植物且乔木种类为主（范蓓蓓等，2014）。就草本层而言，天坑优势草本物种生态位将经历喜阴物种—喜阴、半阴物种—喜阳物种的三个转变过程（余林兰等，2023），在一些后期天坑内喜阴植物甚至已基本消失（简小枚等，2018）。随着天坑森林与外界的交流加深，天坑内部生境条件和物种组成将与坑外地表趋于一致，不再具有独特性（Huang et al.，2022）。

  天坑植物在长期演化过程中，其功能性状及其变异程度受非生物环境因素、生活史策略及系统发育过程等的综合影响（税伟等，2022），如云南沾益天坑内部的植物叶功能性状（如叶面积、叶长、叶干重等）表现出对环境的适应性变化（税伟等，2022a），神木天坑边缘乔木物种通过提高叶组织密度来抵御外界干扰（余林兰等，2023）。天坑内土壤养分是影响样地尺度上群落性状变异的主要因素（税伟等，2022），而植物因所在位置不同、所属功能群不同时，其养分含量及其化学计量比展现出明显差异，且养分吸收策略也各不相同（郑莉莉等，2024）。目前，关于天坑内微生物资源的分布及其在天坑生态系统重的作用机制研究相对较少。邓春英等（2014）调查了天坑内大型真菌种类分布情况；Pu 等（2019）开展了神木天坑土壤中微生物多样性分布格局及其驱动因子的研究。天坑内部的土壤微生物群落功能多样性较高，尤其是在倒石坡上，土壤微生物的碳源利用能力和群落结构呈现出明显的垂直梯度变化（江聪等，2019）。土壤微生物群落的多样性与植物群落的多样性之间存在显著的相关性，表明土壤微生物在维持天坑生态系统稳定性方面具有重要作用（江聪等，2019）。

3. 天坑开发利用现状

  天坑地貌作为地质演变中形成的独特自然遗产，其地质结构展现出稀有性、代表性、完整性和不可复制性的特征，拥有巨大的旅游观赏价值、生态保护价值和重大的科学研究价值（黄保健等，2004；税伟等，2015）。目前，国内外仅有少数天坑被开发，且大多数开发项目主要集中在生态观光旅游方面（陈伟海等，2003；黄保健等，2004）。天坑通常与暗河、溶洞、天窗、奇峰怪石等景观资源共存一体，组合成为规模宏大、形态齐全的溶岩景观，构成高等级的旅游资源（黄保健等，2004；徐胜兰等，2009；邓亚东等，2012）。陈伟海等（2004）依据"旅游资源共有因子综合评价系统"对重庆市奉节天坑地缝风景名胜区的景观资源进行了旅游价值评价，认为小寨天坑和天井峡地缝达到四级（优良级）旅游资源水平，且它们与景区内的岩溶地貌、洞穴和地下河共同构成了具有极高旅游开发潜力的综合性旅游资源。广西大石围天坑群是中国最早开发的天坑旅游区之一，其独特的景观和生态环境非常具有吸引力（黄保健等，2004；柏瑾等，2010），且目前学者关于天坑旅游开发可行性、开发方案、开发原则等研究也主要集中在大石围天坑群（黄保健等，2004；韦跃龙等，2011；彭惠军等，2006；李如友等，2009；柏瑾等，2010），而关于其他天坑群开发利用方面的探究相对较少。

在天坑旅游资源的开发过程中，主要问题在于大多数天坑旅游项目仅限于坑口的观光游览，未能充分利用"纵向分带开发"策略，以提供多功能和多层次的体验；对于天坑的地质地貌、生态植物的科普价值以及地域文化的展示均不够突出，同时缺乏全域旅游战略规划，导致联动性不足，品牌效应亦不显著（谷睿等，2021）。针对存在的问题，学者们提出天坑的开发应贯彻保护性开发原则，因坑制宜，开发形式与游览方式要多元化，展现天坑的多重价值（税伟等，2015），不应仅关注天坑资源本身，还应考虑游客的旅游感官、游客参与度与市场需求（徐胜兰，2004），注重其与外围旅游资源的整合，形成以天坑为核心的旅游产品叠加吸引力和整体优势（彭惠军等，2006），突出其独特的地质和生态价值，开发多样化的旅游产品，如生态旅游、科普教育、探险旅游等（李如友，2009）。谷睿等（2021）建议，对于尚未开发的天坑资源，应加强生态保护和基础研究工作；对于已经开发的天坑资源，应强化科普宣传和人文展示；而对于处于待开发阶段的天坑资源，则应采取科学规划和合理的分期实施策略。

天坑不仅是重要的旅游资源，也是生物多样性的避难所。随着天坑旅游开发的推进，如何在开发过程中保护天坑的生态环境，实现生态与经济的协调发展，是天坑旅游开发面临的重要问题。过度的硬化道路和人造设施可能会干扰天坑内外生态系统间的物质循环、能量流动和信息传递（刘惠清等，2008），这在一定程度上会对坑内生物的遗传多样性产生影响，破坏生态平衡。Shui 等（2011）通过对兴文县小岩湾天坑相连的溶洞内外的 CO_2 浓度的监测，发现游客量、洞腔大小和不同部位对溶洞 CO_2 浓度有很大的影响。天坑的"冷陷阱效应"使有机污染物在天坑内部富集，这一现象源于天坑周围的农户施用了过量农药、化肥，其产生的面源污染会影响天坑的溶岩环境与生态系统（孔祥胜等，2012；2013；税伟等，2015）。因而，天坑旅游开发应遵循生态保护原则，注重生态保护与旅游开发的平衡，避免过度开发对天坑生态环境的破坏，加强科普宣传和生态教育（柏瑾等，2010），并拟定相关法律法规，对天坑资源进行综合规划、合理开发，保证旅游经济增长与资源保护良好的有效协调与相得益彰，促进人与自然和谐发展（蒲高忠等，2021）。

1.4.2 汉中天坑群研究进展

汉中天坑群在水平上呈带状成群分布于宁强禅家岩、南郑小南海、西乡骆家坝、镇巴三元四大片区，垂直方向集中于海拔 1000～2000m 区域（罗乾周等，2019）。汉中天坑群作为北半球湿润热带-亚热带喀斯特最北界代表，其发现对中国南北方乃至全球古地理环境及气候变化研究具有重要科学价值（苟润祥等，2018；罗乾周等，2019）。目前，围绕汉中天坑群的研究工作，在天坑的形成机制、地质特征及其旅游开发评价方法取得了一定的进展。

1. 汉中天坑群形成条件与地质特征

汉中天坑群，隶属于北大巴山系，位于扬子地块北部被动大陆边缘与秦岭造山带南缘的交汇地带。在印支期末、燕山期、喜马拉雅期，以及晚近新构造活动等多期构造变形的叠加影响下，加之气候、水动力、溶蚀、冲刷搬运等自然营力的作用，汉中天坑群独特的岩溶地貌得以形成（罗乾周等，2019）。地质构造对喀斯特地质遗迹的形态发展具有显著的控制作用（陈宏峰等，2016），汉中天坑群主要发育于二叠纪-三叠纪期间形成的巨厚碳酸盐岩地层中。断裂和褶皱构造是天坑形成的主要控制因素，尤其是次级构造决定了天坑的具体发育位置（罗乾周等，2019）。新构造抬升和湿热的气候条件为天坑的形成提供了必要的岩溶动力。汉中天坑群的形成过程经历了四个阶段：落水洞-竖井阶段、侵蚀-竖井状大厅阶段、崩塌-天坑形成阶段和天坑退化阶段（罗乾周等，2019）。这一演化过程与其他天坑的形成机制相似，但汉中天坑群因其特殊的地理位置（位于32°N~33°N的湿润热带-亚热带岩溶地貌区北界）而展现出独特的地质和生态特性。天坑群区域内存在不同发育阶段的天坑，包括完全退化、退化以及正在发育的天坑，溶洞也表现出明显的成层性，这反映了研究区复杂的地质历史演化（任娟刚等，2020）。

研究显示，汉中天坑群的地质特征主要体现在天坑、溶洞、峡谷、地缝、陡崖、竖井、伏流、洼地、石林、湖泊、瀑布等多种喀斯特地貌的融合，其中包含2个超级天坑（口径>500m）、7个大型天坑以及527处喀斯特地貌（苟润祥等，2018）。这些天坑群的形成与扬子地台北缘的岩溶台原区的地质构造紧密相关，展现了典型的喀斯特地貌特征（任娟刚等，2020；2021）。汉中天坑群的天坑和溶洞中保存了丰富的古地下河冲积物和次生化学沉积物，这些地质遗迹和化石为研究中国南北方乃至全球古环境及气候变化、生态环境响应提供了珍贵的资料（苟润祥等，2018；陈清敏等，2024）。

2. 汉中天坑群的旅游开发潜力

为了深入理解汉中天坑群的形成与演变过程，有研究者提出了一个综合性的调查研究系统，该系统采用了系统工程的方法。它整合了地球科学领域内的跨学科研究、地质遗迹资源的构成分析、生态美学的探讨、形成机制的研究、生命共同体的综合治理以及保护与利用策略等六个子系统（洪增林等，2018）。借助这一系统化方法，研究者们能够更全面地掌握汉中天坑群的形成机制及其生态和旅游价值。

汉中天坑群的旅游开发潜力巨大。研究指出，汉中天坑群拥有五级生态旅游资源的特质，具有极高的开发和利用价值（洪增林等，2019）。通过层次分析法（AHP）对汉中天坑群的地质遗迹旅游资源进行综合评估，研究者们得出其综合得分为90.67分，这表明汉中天坑群具有极高的旅游开发潜力（洪增林等，2019）。在开发汉中天坑群的旅游项目时，应重视生态保护与旅游开发之间的平衡，强调其独特的地质和生态特色。开发包括生态旅游、科普教育、探险旅游等多种旅游产品，是未来旅游开发的关键方向（洪增林等，2019）。同时，汉中天坑群的旅游开发还需加强基础设施建设，以提升游客的整体旅游体验。

1.4.3　区域生态—地质—环境评价研究

1. 生态—地质—环境体系理论认知

生态—地质—环境系统研究作为环境地球科学的新兴交叉领域（Giadrossich et al.，2017），其动态本质上是研究生态地质环境在复杂的地球内外营力作用影响下的变化过程（Wu et al，1995；Kricher，2009），核心在于揭示地质环境与生态环境的互馈共生关系。在概念辨析层面，"生态地质环境"与"地质生态环境"虽密切相关却存在差异。前者强调地质环境与生态环境的相互作用、相互影响，构成双向互馈的综合体，后者更侧重地质环境对生态环境的单向影响。地质生态环境研究是将地质环境与生态环境联系起来，从人地协同发展出发探讨保持生态系统平衡下与地质相关的诸环境因子的变化过程（贺可强等，2010）。这种区分有助于理解不同研究视角的侧重点：生态地质环境研究需采用地球系统科学范式，关注多圈层、多过程的协同作用；地质生态环境研究则聚焦于地质作用对生态演替的驱动机制。二者共同推动了人地协同演化理论的深化。

从系统架构来看，生态—地质—环境由地质、生态、灾害三个子系统耦合而成，三者相互耦合、相互作用，形成了复杂的圈层互馈效应，三者之间的相互作用构成了生态地质环境系统的核心内容（彭建兵等，2022；2023）。地质环境子系统以山体、岩体、土体为核心要素，其稳定性直接影响生态系统的物质循环与能量流动；生态环境子系统依托林体、水体等要素，通过生物固土、水文调节等功能反作用于地质环境；灾害环境子系统则是前两者失衡的产物，具有多灾种共生、破坏机制叠加的特征（兰恒星等，2022；申艳军等，2024）。这种"地质-生态-灾害"三位一体关系，决定了系统研究的复杂性。地质过程通过塑造陆地表生土壤、植被生态系统及气候格局，深刻影响着区域生态功能的稳定性（陈梦熊，1999；黄润秋，2001）。各要素通过复杂的相互作用可以达到稳定的动态平衡状态，当系统遭受过度损害，乃至引发地质灾害时，这种平衡将被打破，再平衡过程将受到极大阻碍（卞正富等，2016；Bao et al.，2020；Wang et al.，2022）。因此，开展生态地质环境系统动态平衡机制与模式研究，是保障地球生态安全、地质安全和人地协调可持续发展的关键（彭建兵等，2022）。

值得关注的是，生态地质环境系统的动态本质在于其多圈层互馈特性。黄润秋早期提出的"地质环境是生态环境的载体，生态环境是地质环境的屏障"论断（黄润秋，2001），与傅伯杰等"格局影响过程，过程改变格局"论述以及以地貌为基础的综合研究体系（傅伯杰等，2006；傅伯杰，2014；黄建军，2015；程维明等，2017），共同构建了该领域的理论基础，深刻反映了生态地质环境共同体的特征。刘延国等（2021）基于"生态地质环境共同体"理念，通过刻画西南山区脆弱性格局，为生态保护红线划定提供了新方法。而彭建兵等（2023）提出的"五体—四同"演化规律，即林体、土体、岩体、山体、水体（"五体"）相互作用构成了生态地质环境的主体；而山、水、林、田、湖、草等生态要素依托五体形成生命共同体，呈现出同存—同演—同损—同荣（"四同"）的演化规律，这进一步揭示了系统要素的空间综合性、关联性与功能耦合性。

生态—地质—环境系统是一个集生态问题、水土问题和地质问题为一体的复杂系统，生态损害、水土灾害和地质灾害的发生并不是孤立的，而是共生于生态地质环境系统中的，各要素的状态条件以及错综复杂的相互作用关系，决定了生态地质环境的破坏模式具有层层递进和不断演化的特征（兰恒星等，2022；Peng et al.，2018；彭建兵等，2022）。因此，对生态地质环境的评价必须重视地理空间上的多要素综合性和相互关联性，应当利用地球系统科学的视角，专注于多圈层、多动力、多水源、多营力、多过程之间的互馈与协同效应研究（傅伯杰等，2007；兰恒星等，2022）。

2. 生态—地质—环境评价方法

生态—地质—环境评价的理论基础主要来源于地球系统科学、生态学和环境科学。地球系统科学强调地质、气候、水文、生物等要素的相互作用，生态学则关注生物与环境的关系，环境科学则侧重于人类活动对环境的影响。生态地质环境评价的核心在于通过多要素的综合分析，揭示地质环境与生态环境的相互作用机制，进而为区域生态保护和可持续发展提供科学依据。在地理空间上，生态—地质—环境的多要素综合性与关联性体现在以下方面：地质要素（如地形地貌、地层岩性、地质构造等）直接影响生态系统的稳定性和抗干扰能力；生态要素（如植被覆盖、生物多样性、土壤质量等）反映生态系统的健康状况；环境要素（如气候、水文、人类活动等）则影响生态系统的演化和地质环境的稳定性。岩体、土体、植被、水体和气候是控制生态地质环境的重要因素，多学科背景是开展生态地质学研究的必要条件（彭建兵等，2022）。已有学者通过多学科交叉研究，逐步构建了生态地质环境评价的理论框架。例如，李鹏（2020）基于 DPSIR 模型，提出了地质灾害易发区生态地质环境安全评价体系，强调了地质环境与生态环境的相互作用机制，张伟等（2023）则通过优化 MaxEnt 模型，揭示了高山峡谷区地质灾害易发性的主控因素，进一步验证了地质环境对生态系统的影响。

随着全球气候变化和人类活动的加剧，生态地质环境问题日益突出，尤其是在地质灾害频发、生态环境脆弱的区域，开展生态地质环境的评价与研究显得尤为重要。生态地质环境评价工作主要包括多源数据融合、数学模型构建和综合评价等。近年来，随着遥感技术、地理信息系统和机器学习等技术的发展，生态地质环境评价方法逐渐向多源数据融合和智能化方向发展。多源数据融合是生态地质环境评价的基础，主要包括遥感数据、地质调查数据、气象数据、社会经济数据等。辛荣芳等（2022）基于 GF-1 和 GF-2 遥感数据，结合地质灾害调查数据，对青海省湟水流域的地质灾害动态变化进行了监测，揭示了地质灾害与生态环境的相互作用。张静等（2023）利用改进型遥感生态指数（ARSEI）对西安市生态环境质量进行了动态监测，结合莫兰指数分析了生态环境质量的空间自相关性。通过多源数据的融合，可以更全面地反映生态地质环境的复杂性和动态变化。例如，刘延国等（2021）针对西南山区地质环境脆弱性特征，通过构建了地质灾害、水土流失、石漠化等多要素耦合模型，优化后红线覆盖范围更精准，能更好地反映国土空间开发保护状况。

数学模型是生态地质环境评价的核心工具，常用的统计学分析模型包括信息量模型、层次分析法、逻辑回归模型、聚类分析、主成分分析法和灰色模型等（朱吉祥等，2012；陈朝亮等；2020；邓恩松等，2018；秦娜等，2022）。这些模型通过定量化的方法，将多要素的影响进行综合评估，如吴柏清等（2008）、牛全福等（2011）分别利用信息量模型有效地开展了四川九龙县、青海玉树市的地质灾害危险性分区评价研究。早期以层次分析法（AHP）和信息量模型为主。为了更好地提高评价结果的可靠性，学者们倾向于耦合多类评价方法开展地质灾害评价研究。如范林峰等（2012）、杨康等（2021）、易靖松等（2022）将信息量模型与层次分析法相结合分别湖北恩施市、陕西子长市、四川阿坝县等地区的地质灾害危险性进行研究，评价结果可靠；于开宁等（2023）采用 AHP-突变理论组合模型开展了河北平山县的地质灾害危险性评价。另外，随机机器学习技术的广泛应用，随森林模型与其他模型结合也被广泛应用于生态地质环境评价中，例如，翟文华等（2023）采用频率比模型和随机森林模型耦合的方法，对地质灾害易发性进行了评价，结果表明耦合模型的评价精度显著高于单一模型。李亚等（2024）采用信息量-随机森林耦合模型（I-RF）对粤北山区翁源县的地质灾害危险性进行了评价，并结合地理探测器分析了地质灾害的驱动因子。

另外，许多学者围绕生态地质环境子系统开展了相关评价与影响机制研究。生态环境研究主要关注植被覆盖、生物多样性、土壤质量、土地利用等要素的变化及其对生态系统的影响。例如，在生态环境敏感性评价方面，学者通过整合地形、水文、人类活动等多因子，构建多维度综合评价指标体系开展区域评价研究。徐盼盼等（2024）构建"生态—经济—社会"协同评价模型，将秦岭北麓峪道划分为保护区、缓冲区与开发区，为区域空间管控提供依据。地质环境研究主要关注地形地貌、地层岩性、地质构造等要素的变化及其对生态系统的影响。例如，王邦鉴（2023）基于 Landsat-8 遥感数据，对吉林省东部山区的地质灾害易发性和生态敏感性进行了综合评价，为该区域的生态保护和经济发展提供了科学依据；刘凯等（2024）对陕北黄土高原典型地质灾害的发育特征和成灾模式进行了研究，揭示了黄土崩塌—泥流灾害链的形成机理。地质灾害环境研究可以关注地质灾害的发生频率、发生机制、风险评估和防治措施。例如，张建羽等（2024）基于 GIS 技术，对郑州市西部山地丘陵区的地质灾害发育特征和危险性进行了评价，为区域防灾减灾提供了科学依据；范宣梅等（2022）基于机器学习模型，对 2022 年泸定地震诱发的地质灾害进行了快速预测，为震后应急救援提供了重要支撑。

1.4.4　区域生态经济系统协调发展路径研究

1. 理论基础研究

建设生态文明是中华民族永续发展的千年大计（黄守宏，2021）。生态保护与社会经济之间的协调发展一直是可持续发展中国的重要议题和焦点（乔标等，2005），也是实现可持续发展的核心，两者既相互促进，又相互限制（林琳，2010）。当前全球气候变化、资源约束趋紧及环境污染问题交织，传统"高消耗、高污染"发展模式已难以为继（张文爱等，2021）。生态环境与经济发展两大系统的失衡将导致生态系统服务功能退化、自然灾害频发及社会矛盾激化（李静等，2020）。因此，区域社会经济发展与生态环境保护的协调性问题，已成为社会各界普遍关注的焦点。近年，党和国家在推进长江经济带发展、黄河流域生态保护和高质量发展、乡村振兴等重大战略过程中，均将"生态文明"列为重要关注点（郝吉明等，2022；傅伯杰，2021；徐辉等，2020；彭建兵等，2020）。

社会经济发展与生态环境之间的关系较为复杂，其相互关联性和制约性使得可持续发展的实现变得更加具有挑战性。只有确保经济增长与生态环境的协调，才能达到真正的可持续发展目标（余洁等，2003）。可持续发展理论通过"代际公平"原则，强调资源利用的长期性以及资源环境承载力与社会经济发展的动态平衡（熊曦，2020）。生态经济学则以"生态—经济"双重核算体系破解了传统 GDP 核算的局限性，并以"生态阈值"概念为资源开发强度划定边界（王涛，2016）。人地系统耦合理论进一步揭示了人类活动与地理环境的协同演化规律（龚胜生，2000；方创琳，2022），如周彬等（2005）指出三峡库区人地关系紧张是因为三峡库区生态环境脆弱，自然资源开发不合理，法制意识不足和管理协调不当，并提出了促进库区人地关系协调共生的可持续发展对策。韧性理论为评价系统抗风险能力提供了新视角，如黄河流域城市群的案例表明，生态安全格局的优化需兼顾空间异质性与整体稳定性（郝智娟等，2023）。这些理论共同构成生态社会经济系统研究的框架基础，要求研究者在关注生态保护的同时，统筹经济社会发展的现实需求。

2. 评价方法体系的创新

在方法论层面，耦合协调度模型已成为多系统协同分析的核心工具。有效的耦合协调评价策略通常涉及多个方面：一是建立健全的评价指标体系，以准确衡量生态环境和社会经济的发展水平；二是构建耦合协调度模型，以评估两者之间的协调发展状态；三是制定科学的政策，以引导和促进生态与经济的协同进步；四是推广先进的技术和管理经验，以提高资源的综合利用效率。例如，长三角中心城市群的实证研究通过博弈论组合赋权法和耦合协调度模型，揭示了长三角27个中心城市群生态环境与社会经济发展耦合协调度的空间分异规律（洪蕾等，2024）。系统动态（SD）方法论特别适合于探索复杂非线性系统的内在联系，有助于揭示生态与经济系统之间的复杂关系及协同运作机制（余洁等，2003），如 SD 模型被应用于黄河流域城市群社会、经济、资源与环境系统发展模式的多情景模拟，量化了生态保护政策的效果差异（王奕淇等，2022）。复杂适应系统（CAS）理论强调系统要素间的适应性，适用于分析复杂系统的演化机制。侯清华和郑亚男（2021）运用CAS理论探讨了京津冀地区的生态—社会系统绿色协同治理网络，构建的治理系统演化模型强调了政府、市场、社会公众与环境系统之间的互动，以促进区域内的生态协同与绿色发展。

值得注意的是，GIS技术以其能够有效地管理和分析空间数据的能力，在生态—社会经济协调度评价中发挥着至关重要的作用。例如，探索性空间数据分析（ESDA）方法和地理加权回归（GWR）方法的结合打破了全局同质性假设，可有效揭示空间分异规律，解决了传统模型忽视空间依赖性问题，能兼顾全局洞察与局部解释（洪蕾等，2024）。孙钰等（2020）利用ESDA和GIS技术揭示了京津冀13市生态文明与城市化耦合协调发展水平呈现"中间高，南北低"的空间分布差异，其中北京、廊坊、保定三地对周围临近城市的辐射能力更强。陈彧等（2015）利用GIS技术和GWR分析了湖北省产业经济和城镇化对生态服务价值的影响，其研究结果可为湖北省不同区域的经济社会—生态环境的协调发展提供科学依据。另外，基于GIS软件平台，冷热点分析方法和核密度分析方法也被广泛用于探讨社会经济发展与区域生态环境空间协调度的问题（曾楠等，2023；谷昊鑫等，2022；姜旭等，2020；赵连春等，2021；李诗涵等，2023）。

3. 不同空间尺度的评价研究

随着学者对空间异质性认知的深化，不同空间尺度的评价成为生态社会经济系统研究的关键议题。聚焦国家重大战略的实施效能，围绕国家重点区域、重点城市群社会经济与生态环境系统的耦合关系已有大量研究成果。例如，黄河流域生态保护与高质量发展战略实施以来，学者们围绕黄河上、中、下游或全流域主要空间节点的社会经济与生态环境的协调度开展了深入的研究（韩秀丽等，2023；师博等，2022；李想等，2023；张春满等，2005；谷昊鑫等，2022）。城市群作为区域发展的核心引擎，其生态社会经济系统的协调性直接影响国家竞争力。京津冀、长三角、珠三角三大城市群作为国家级国土空间规划战略格局中的核心增长极，其社会经济系统与自然生态系统的耦合协调演进已成为学界研究的焦点领域。基于跨域协同治理范式，学者从时空耦合特征解析、多尺度影响因素诊断和优化协调的政策建议等方面开展了大量研究工作（孙钰等，2020；侯清华等，2021；姜旭等，2020；张洪等，2021；奥勇等，2022；李蕴琳等，2024；祁毅雪等，2018；肖周燕等，2023）。例如，长三角中心城市群的实证表明，生态环境与社会经济的耦合协调度呈现"东高西低"的梯度格局，上海、杭州等核心城市通过产业升级缓解了资源压力（张洪等，2021）。另外，随着区域协调发展战略的深化，长江中游城市群（姜磊等，2017）、成渝城市圈（黄寰等，2018）、成都都市圈（刘轶等，2023）、福州都市圈（李诗涵等，2023）、太湖流域（郑刚等，2008）及河西走廊（赵连春等，2021）等区域的社会经济—生态环境协调发展水平也得到学者们的关注。

不少学者基于行政单元边界系统开展了大量研究工作，他们聚焦于不同层级区域（省域、市域、县域）的功能定位差异，通过建立评价指标体系与空间计量模型，揭示社会经济发展与生态环境保护之间的耦合协调度，阐明区域可持续发展能力的空间分异特征与时空演化规律，解析"发展—保护"二元目标的动态均衡机制，为国土空间优化和可持续发展提供了重要理论支撑。在省域尺度上，如汪嘉样等（2016）基于生态位理念，通过构建耦合SAPP模型，分析了四川省社会—经济—自然复合生态系统的生态位评价，为区域生态管理科学决策提供了重要依据；任祁荣等（2021）以甘肃省为研究对象，发现2007~2017年甘肃省的社会经济与自然生态环境质量的发展状态从失调阶段逐步过渡到协调阶段，其中2015~2017年自然生态环境的增速高于社会经济发展速度，产业结构优化和自然生态环境保护措施开始起效。在市域尺度上，如赵永梅等（2008）应用集对分析法将河北省保定市22个县市的社会经济与生态环境协调发展度分为高度协调、基本协调、弱协调和不协调4个等级；王敏等（2017）运用相对资源承载力模型和耦合协调度模型，发现昭通市社会经济发展受资源环境制约显著，"经济—资源环境—社会"系统的不协调度有拉大趋势。在县域尺度上，如郑秋琴等（2023）以全域生态旅游为研究背景，采用障碍度模型分析了武平县资源—社会经济—环境系统的协调度，并阐释了影响复合系统协调发展的重要指标。

4. 乡村发展与生态保护评价研究

乡村振兴战略作为党的十九大提出的国家战略，该实施成为推动农村经济发展的重要途径，其核心在于实现乡村经济繁荣、生态宜居与社会治理的协同发展，其背景源于快速城镇化与工业化进程中乡村面临的生态退化与经济发展失衡的双重挑战。习近平总书记指出，保护好绿水青山并让其充分发挥经济社会效益，关键是树立正确的发展思路，因地制宜选择好发展产业。中共中央国务院关于实施乡村振兴战略的意见指出：我们要创新发展思路和发展手段，紧密结合各地自然风貌、传统习俗，整合土地、劳动力、自然风光、文化等各类资源建设生态产业链条，发挥出乡村特色魅力，"实现百姓福、生态美的统一"。在相关理论和政策指导下，白暴力等（2022）将乡村地区分为三种类型，对其因地制宜推动乡村生态经济发展的具体实现路径进行了探讨，指出生态环境脆弱且经济落后的乡村地区，应先注重生态环境保护与修复，筑牢生态根基，再寻求"绿水青山"向"金山银山"的转变；自然生态较好经济条件相对落后的乡村地区，要在挖掘并推动当地生态价值实现上下功夫，因地制宜选择生态产业、建设绿色富民产业体系、推动生态产业化是关键；生态脆弱经济条件较好的乡村地区，应以实现经济发展的绿色转型升级为突破口，推动产业生态化发展。

当前，农村产业发展路径要走产业生态化与生态产业化的新型发展道路，要以生态文明理念为指导推进乡村振兴战略，而且经过国家十多年来在"三农"领域的大规模投入，产生生态化与生态产业化的发展基础已经具备（罗世轩，2019）。杨美勤和唐鸣（2024）认为新质生产力作为一种绿色生产力，赋予乡村振兴高创新性、高素质性、高质量性和可持续发展等内涵特征，是推进乡村高质量发展的内生驱动力，通过绿色发展的辐射力和生产要素创新配置的支撑力实现农业强、农村美、农民富的目标（王静华等，2024）。魏后凯（2018）指出乡村振兴内容不应该仅限于一个领域或一个方面，而是一种考虑经济、社会、文化、生态、治理在内的全面振兴。如何构建科学的评价体系以协调多方利益、平衡短期收益与长期可持续性，已成为学术界与政策实践的核心议题。学者普遍强调需将经济、生态与社会子系统纳入统一评价框架。例如，闫明涛等（2022）针对黄河流域乡村社会经济与生态环境的耦合协调性进行系统分析，并阐述了不同经济发展模式对乡村生态系统服务价值保育和利用的影响。白暴力等（2022）运用协调发展度模型测算了我国乡村生态与经济综合发展指数的耦合协调关系，指出2013年以后环境综合指数和经济综合指数均发生较快提升，但二者的发展关系仍处于初级协调阶段，实现二者的良好协调发展仍需努力。

在生态核心区，经济的可持续发展不仅受限于自然资源的可用性和环境的承载力，还需要平衡经济增长与生态保护的双重目标。"绿水青山就是金山银山"的发展理念实现了生态建设与经济发展的内在统一，成为新时代中国经济发展与乡村振兴的重要依托（韩旭东等，2021）。以浙江省滕头村为例，构建了村庄发展两阶段"砖石模型"，分析了一般性村庄如何依托"绿水青山"实现"金山银山"的作用机制（韩旭东等，2021）。胡翔等（2020）构建的"新钻石模型"不仅考虑了生态核心区的特殊性，而且将资源承载力和环境容量作为重要的考量因素，更加全面地评估了海南省白沙县经济的竞争优势。

乡村旅游作为一种新兴的旅游模式，其蓬勃发展为农村地区经济发展注入了新的活力。其中，乡村旅游的特色资源如绿水青山与文化传承，成为促进乡村经济发展的重要基础。龙肖毅和张永梅（2016）采用协调发展度模型将山东省8个地区乡村旅游产业与农村经济发展的耦合关系分为良好、中度和勉强协调发展三类，并提出差异化政策建议，如加强基础设施投资和创新金融支持。已有研究表明，低环境影响产业（如生态旅游、有机农业）能有效提升生态系统服务价值（ESV）并促进农民增收。例如，鲁中山区房干村通过生态旅游主导模式，ESV远高于传统农业村（丁彬等，2016）；广东乐昌市前村通过"特色种植+生态旅游"实现ESV市场化转化，农民人均收入显著提高（熊鹰等，2020）。莫莉秋（2017）从资源、环境、经济和管理服务四大维度构建了海南省乡村旅游资源的可持续发展评价指标体系，该体系不仅关注乡村旅游的资源禀赋，还关注经济发展与生态保护的相互关系，强调资源的合理利用与生态环境的保护之间的协调。

第 2 章　研究区概况

研究区位于中国南北过渡带，具有丰富的生物多样性、复杂的地质构造、多变的地形地貌及显著的气候过渡性等特征。本章主要介绍研究区的自然地理环境特征和人文经济发展状况，为后续研究提供背景资料。

2.1　自然地理特征

2.1.1　地理区位

陕南地区位于中国地理版图的南北过渡带核心区，地理坐标介于 $31°42'N \sim 34°25'N$、$105°30'E \sim 110°05'E$ 之间，是连接中国南方与北方的天然地理枢纽。区域总面积 7.01 万 km^2，占陕西省总面积的 34.2%，西接甘肃省陇南市，南邻四川省达州市、巴中市及重庆市城口县，东连湖北省十堰市和河南省南阳市，构成秦巴山地的核心组成部分。其战略区位意义显著，既是"中央水塔"——汉江与丹江的发源地，两江年均径流量达 280 亿 m^3，占中线调水量的 70%；又是"生物基因库"——秦巴山地作为全球 34 个生物多样性热点之一，保存了朱鹮、大熊猫、金丝猴等 54 种国家一级保护物种及天坑洞穴特有生态系统。这一区域通过水源涵养与生物多样性保护的双重功能，直接服务于南水北调国家水安全战略和秦巴生态屏障建设，成为长江经济带与黄河流域生态保护的纽带性节点。

2016 年发现的汉中天坑群集中分布于汉中市南部南郑、宁强、镇巴、西乡四县区，形成由 4 个天坑群组成的带状岩溶地貌区（图 2.1）。该区域沿东西向延伸约 200km，南北跨度 10~110km，总面积达 1400km^2，其中核心天坑群分布区约 230km^2。其地质基底由二叠系—三叠系巨厚层碳酸盐岩构成，受大巴山弧形构造控制，发育一系列褶皱、断裂系统，并与地下河、溶洞及峰丛洼地、石林等 10 余种岩溶地貌共同构成复合型岩溶景观系统（洪增林等，2019）。

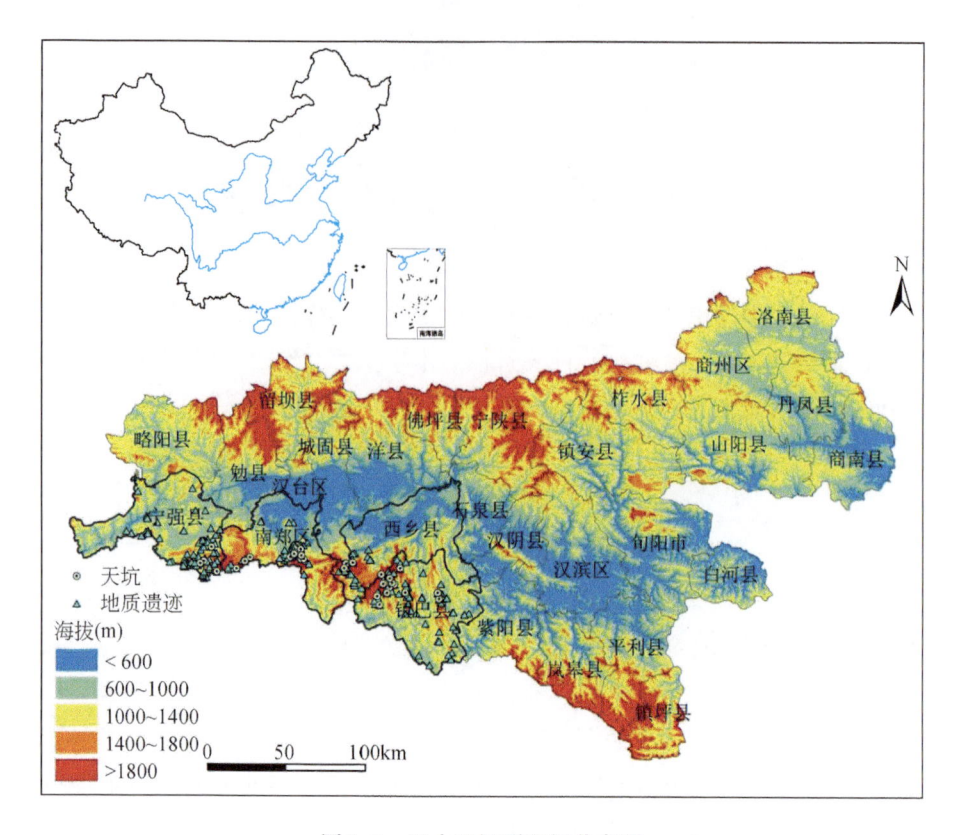

图 2.1　汉中天坑群空间分布图

2.1.2　地质构造特征

　　陕南地区地处秦岭和大巴山之间，地质构造非常复杂。这里曾经是华北板块和扬子板块碰撞的交界处，形成了独特的推覆构造——岩层像被"推土机"推过一样从北向西挤压推移了数十千米，塑造了山体走向和岩溶地貌的分布。两条主要的断裂带（东北向的镇巴-城口断裂和西北向的汉江断裂）像交叉的"X"形裂缝贯穿全区，不仅控制地下水流动方向（如形成汉中天坑群的地下河系统），还导致汉江谷地出现明显的地势落差。这些断裂带的活动叠加数亿年的地壳运动，使得岩层破碎、溶洞发育，最终形成了陕南独特的天坑、溶洞和地下河网络。

2.1.3 地形地貌特征

陕南地区的地形格局以"两山夹一川"为典型特征：北侧秦岭山脉巍峨耸立，主峰太白山海拔3767m，是中国南北地理分界线的标志；南侧米仓山—大巴山绵延起伏，主峰化龙山海拔2917m，构成与四川盆地的天然屏障；两山之间是狭长的汉江谷地，平均海拔500~800m，形成贯通东西的"生态走廊"。区域地形呈现明显梯度分异——海拔>1000m以陡峭峰脊、深切峡谷为主的山地占区域总面积的65%；海拔500~1000m多浑圆山包与阶梯状台地的丘陵占区域总面积的25%；<500m的平坝地区占总面积的10%，集中分布于汉江及其支流沿岸，形成汉中、安康等农耕城镇带。

在这样的地形背景下，岩溶地貌展现出独特景观：汉中天坑群以54处天坑构成全球北半球纬度最高（32°N）的岩溶系统，其中镇巴天星岩天坑与三层溶洞（总长>15km）形成立体网络；地下河系统总长逾200km，雨季流量可达枯水期的3.5倍，形成"天窗涌泉—伏流穿山"的动态水循环；地表则发育峰丛洼地、溶丘谷地及石林等多样形态，共同诠释了秦巴山地"构造抬升—水岩作用"协同塑造的岩溶奇观。

2.1.4 气候特征

陕南地区属北亚热带向暖温带过渡的湿润季风气候，兼具南北气候特征：气温年变化显著，年均温12~15℃，1月均温1~3℃，冬季温和；7月均温23~26℃夏季炎热，全年≥10℃活动积温4000~4800℃，无霜期长达210~240d，热量条件满足水稻、茶叶等亚热带作物生长需求。年降水量介于800~1200mm，空间分布受秦巴山地地形影响显著：在大巴山南坡的镇巴、紫阳等夏季风迎风坡，年降水量达1000~1200mm，局部如镇巴观音镇甚至超过1300mm，成为区域降水中心；而汉江谷地因背风效应，年降水量仅800~900mm，形成少雨区；秦岭南坡的佛坪、宁陕等则为过渡带（900~1100mm），降水量随海拔升高每百米递增50~80mm。在季节分配上，全年70%降水集中于5~9月，7月达峰值，月降水量在180~250mm，易发短时暴雨（如2021年镇巴单日降水240mm）；而冬季降水占比仅5%~8%，导致岩溶区旱季地下水位下降8~12m。这种"南多北少、夏涝冬旱"的降水格局,既支撑了亚热带常绿阔叶林生态系统,也因雨季强降水与岩溶地质耦合,加剧了滑坡、塌陷等灾害风险。

2.1.5 水文系统

陕南地区的地表水文系统以汉江与丹江为骨架,共同构成支撑区域生态与经济发展的核心水源。汉江作为长江最大支流,在陕南境内流程长达652km,年均径流量280亿m^3,占南水北调中线调水量的70%;支流网络呈"羽状"分布,涵盖褒河、任河、牧马河等35条一级支流,其中褒河年均径流量18.6亿m^3,是汉中盆地32万亩[①]农田的灌溉命脉。丹江发源于商洛凤凰山,年均径流量16.5亿m^3,占丹江口水库入库水量的21%,其上游商南段河道狭窄、比降陡峭,形成金丝峡等"V"形深切峡谷,兼具景观与水文研究价值。水文动态呈现显著季节性差异:汛期径流量占全年65%~75%;水质总体优良。陕南地下水文系统以岩溶含水层为主体,主要分布于汉中南部和安康西部的碳酸盐岩区,其中二叠系阳新组灰岩含水层厚度超过500m,85%的补给源自大气降水。区内发育48处岩溶大泉,并探明12条地下河。地下水水质优良,78%为弱碱性水,总硬度120~250mg/L,满足饮用水标准,支撑陕南三市40%的居民用水。

2.1.6 土壤

陕南地区土壤类型复杂多样,受地形、母岩、气候及人类活动综合影响,呈现显著的垂直地带性与区域分异特征。陕南地区土壤类型多样且分布特征显著,黄棕壤占60%,广泛分布于海拔800~1800m的秦巴山地中低山区,其形成受北亚热带湿润气候与落叶阔叶林共同作用,母质为花岗岩、片麻岩风化残积物,理化特性表现为弱酸性(pH值为5.5~6.5),质地疏松通透(黏粒20%~30%)。石灰土占15%,集中发育于汉中南部的南郑区、镇巴县和安康西部的紫阳县、汉阴县等岩溶区。此外,冲积土面积约占区域总面积的10%,主要分布于汉江、丹江河谷,土层深厚,是水稻与油菜主产区;紫色土约占8%,主要见于商洛丹凤侏罗系紫色砂页岩区,磷钾丰富;高山草甸土约占5%,主要分布于太白山顶

---

① 1亩≈666.7m^2。

部，冻融作用显著。此外，陕南地区土壤与植被随海拔梯度呈现典型的垂直地带性分异：在海拔<800m的低山丘陵带，以冲积土和水稻土为主，土层深厚肥沃；800~1800m的中山带广泛发育黄棕壤；1800~2500m的亚高山带过渡为棕壤与暗棕壤；>2500m的高山带则以草甸土、寒漠土为主。

2.1.7 植被

陕南地区植被覆盖呈现"水平梯度差异与垂直立体分层"的复合格局，生态功能与人类活动交织。水平方向上，东部秦巴山地以落叶阔叶林和针阔混交林为主，森林覆盖率超75%，佛坪、牛背梁等保护区达85%以上，林下箭竹与天麻、杜仲等珍稀药用植物密集分布；西部汉江—丹江谷地则以农耕植被为核心，水稻田占谷地45%，柑橘、茶园与人工林交错，湿地植被沿江维系朱鹮全球最大种群。垂直方向上，自河谷至太白山（3767m）形成完整带谱：低山带（<1000m）常绿阔叶林与茶园、柑橘园共生；中山带（1000~2500m）落叶阔叶林与针阔混交林；亚高山带（2500~3300m）寒温性针叶林苔藓层厚20~40cm，年固碳8~12t/hm^2；高山带（>3300m）退化为灌丛草甸，以头花杜鹃、嵩草和地衣构建高寒生态系统，全区植被覆盖率76.3%，年涵养水源120亿m^3。

2.2 社会经济特征

2.2.1 人口与城镇化

陕南地区2023年总人口约860万，约占陕西省总人口的22%，是全省人口密度最低的区域之一。城镇化率为52.3%，低于全省64.1%的平均水平，农村人口占比达47.7%，其中60岁以上老龄人口占比21.5%，高于全省18.9%的平均值，老龄化程度居全省首位。受限于山区地形与经济发展滞后，青壮年劳动力外流严重，年均外出务工人员超120万人，主要流向长三角、珠三角制造业与建筑业，导致农村"空心化"现象突出——约30%行政村常住人口不足户籍人口的40%，部分偏远村落老龄化率超35%，基层公共服务供给压力增大。本地就业结构以农业、旅游业和低端服务业为主，制造业就业占比仅12%，且集中于食品初级加工与小规模矿产开发。

2.2.2　产业结构

陕南地区经济结构呈现典型的"一产主导、三产追赶"格局，与陕西省整体工业化水平形成鲜明对比。2023年陕南第一产业占比达18.5%，显著高于全省7.2%平均水平，农业作为支柱产业，已形成三大特色板块协同发展的格局：茶叶与中药材板块；食用菌与林果板块；生态养殖板块。第二产业占比为38.1%，产业结构以资源依赖型与初级加工为主导，集中于资源依赖型产业如食品加工、矿产开发及小水电。矿产采选业以锌、钒、钼等为主，但产业链条短，产品以原矿和粗加工品为主；食品加工业涵盖茶叶、魔芋、食用菌等领域；清洁能源以传统小水电为主，而光伏、风电等新能源装机容量仅42万kW总占比不足5%，受限于山地地形与并网技术滞后。第三产业占比43.4%，生态旅游与电商物流为双核驱动，但现代服务业短板突出——金融业增加值仅占GDP的4.2%，低于全省的7.5%，科技研发投入强度0.6%，也低于全省的2.1%，制约产业升级。

2.2.3　生态经济矛盾

陕南地区面临生态保护与经济发展的深层矛盾，其核心挑战主要体现在三个方面。首先是生态保护刚性约束：全区75.6%的国土划入生态红线（汉中76.3%、安康78.5%、商洛72.1%），红线区内禁止工业开发、限制规模农业，导致可利用工业用地仅占全省的9%。这一限制使陕南GDP增速长期低于全省1~2个百分点，且产业选择空间狭窄。其次，传统产业退出阵痛：为保护南水北调水源地，2018年以来关闭矿山企业127家、淘汰小水电站58座，而绿色替代产业产值仅占GDP的21.3%，且面临深加工率低、品牌溢价不足等瓶颈。最后，生态价值转化滞后：尽管2023年陕南GEP（生态系统生产总值）评估高达1.2万亿元，但市场化转化率不足10%——森林碳汇年交易量1.5亿元，仅占可开发潜力的8%，汉江流域水权交易试点年交易水量0.8亿 m³，仅占可分配量的18%，且生态补偿标准偏低。陕南地区于2020年实现全域脱贫，但巩固拓展脱贫攻坚成果仍面临多重压力，截至2023年陕南地区年人均可支配收入为2.1万元，远低于全国年平均3.9万元的平均水平，其中农村居民收入60%依赖务工与转移支付，内生发展动力不足；返贫风险方面，约占脱贫总户数18%的人口因产业链薄弱、抗风险能力差，收入稳定性堪忧，部分偏远村脱贫人口人均纯收入仅1.3万元；生态补偿机制虽年投入18亿元，但仅覆盖水源地保护实际成本的63%。

第 3 章　陕南秦巴天坑群区域地质环境评价

研究区处于扬子板块与华北板块结合部位的南秦岭构造带，地质构造复杂，受大构造断裂作用，地形起伏悬殊，高程相差较大，地层多样且岩性复杂。本章根据研究区地质环境特点和前人研究成果，筛选了用于地质生态环境评价的指标，并构建了地质环境质量评价体系，在对评价因子分析的基础上进行了区域地质环境的综合性评价。

3.1　汉中天坑群分布区地质生态环境概况

1. 陕南地质条件复杂，地质灾害频发

由于秦岭特殊的地形、地貌及地质条件，秦岭山脉是我国一个重要的大地构造单元，其经历了长期复杂的构造演化过程，在不同的构造时期以不同的造山作用和造山过程复合叠加形成了现在的秦岭。陕南山高沟深，地质构造复杂，褶皱、断裂发育，岩体以变质的板岩、片岩及千枚岩为主，节理裂隙发育，风化严重，地面主要为松散的残积、堆积物。加之，陕南地处东亚季风边缘带，降水年际变化较大，山地河网密度大，但河槽调蓄能力偏弱，河道坡降陡，产汇流速度快。上述因素造成该地区地质环境脆弱，崩塌、滑坡、泥石流等自然地质灾害频发。

2. 研究区地处生态功能区，区域地质生态环境互馈联系显著

秦巴山区承担的生态环境保护任务较多。生态环境是地理环境与地质环境共同作用下的外在表征，生态环境脆弱、地质条件复杂、灾害频发的秦巴山区，其地质过程对陆地表生土壤、植被生态系统及气候都具有重要的影响和塑造作用。党的二十大报告明确提出，以国家重点生态功能区、生态保护红线、自然保护地

等为重点，加快实施重要生态系统保护和修复重大工程。秦巴山区是我国主体生态功能区和自然保护区的主要分布区，区内地质环境脆弱、地质灾害频发，区域生态地质环境互馈联系显著。因此，开展秦巴山区地质生态环境的动态监测与评价活动是一项必不可少的保护环境的重要的、基础性工作。

3. 人类活动加剧，干扰、破坏地质生态环境

近年来，该地区工程建设全面铺开，经济发展迅速，发展过程中人类活动与地质环境相互影响，人类活动改造了自然环境使人类生活更加美好，但同时生态地质环境也遭受严重干扰和破坏，制约着区域社会经济的发展。如果忽视地质环境对经济发展的影响，将致使可使用资源更加匮乏，生态环境更加恶化、重大地质灾害频发，将消耗更多的资源来恢复地质环境。陕南山区环境特点决定其经济发展受制于地质环境问题，因而有必要开展秦巴山区地质构造—生态本底—人类活动三大驱动力作用下的地质生态环境质量研究。

3.2 评价体系构建与评价方法

3.2.1 指标体系的建立

为构建科学的评价体系，应选取对评价目标具有主导作用、稳定性强且可量化的代表性指标体系，这是客观真实地反映地质环境质量的前提与关键（郑懿珉等，2015）。地质环境质量评价的重要环节之一在于综合考虑区域地质背景、地质环境问题及人类活动等多方面因素（郭学飞等，2021）。以山地为主区域的地质环境主要受构造活动、地表形态及地质灾害等因素的制约，其中构造稳定性是决定山区工程安全性的核心要素；地貌类型的多样性和地形坡度的变化直接影响山区开发的难度及经济投入；地质灾害是威胁山区居民生命财产安全的首要风险源（王志一等，2022）。因此，本书在参考《区域水文地质工程地质环境地质综合勘查规范》和《生态环境质量评价技术规定》等规范的基础上，结合已有研究成果（郭学飞等，2021；刘延国等，2021）和研究区环境特点，构建基于地质本底条件、生态本底条件、人类工程活动三个一级子系统11个指标的评价体系（表3.1），用于陕南地区的地质环境质量评价体系。

表 3.1 地质环境质量评价体系

评价目标	评价子系统	子系统分解	评价指标	数据源格式
地质环境质量评价	地质本底	地形地貌因素	地表高程	栅格
			地形坡度	栅格
		岩体结构因素	岩土体类型	矢量
		地质构造因素	地震烈度	矢量
			断裂带密度	矢量—断裂带
		地质灾害因素	地质灾害点密度	矢量—灾点
	生态本底	植被因素	植被指数（NDVI）	栅格
		水体因素	水体面积指数	栅格
		气象因素	降水量	栅格
			气温	栅格
	人类工程活动	人类工程因素	矿山分布密度	矢量—矿山分布点

3.2.2 数据源与预处理

本研究数据来源主要有：

1）陕南地区数字地表高程模型（DEM）数据、归一化植被指数（NDVI）数据来源于国家生态数据科学中心；基于 DEM 数据，应用 ArcGIS 软件处理获取坡度数据。

2）基于 1∶250 万中国地质图，在 ArcGIS 软件中裁剪出研究区域地层岩性，并进一步进行工程地质岩组分类，获得研究区岩性硬度分布图。

3）研究区地质岩层断层线空间分布数据来源于中国科学院资源环境科学与数据中心。利用 ArcGIS 软件空间分析工具箱中的线密度功能求取研究区的断裂带密度。

4）水体面积指数是以 Landsat TM 卫星影像作为数据源，采用水体指数提取方法，获得研究区水体面积信息。

5）1km 分辨率降雨量、气温数据来源于中国科学院地理科学与资源研究所。

6）地震烈度数据来源于中国地震烈度区划图（GB 18306—2015）。

7）地质灾害点、矿山空间分布数据来源于中国科学院资源环境科学与数据中心。

本书数据预处理主要在 ArcGIS 软件中进行，通过重采样将所有评价因子数据转换为空间分辨率为 30m 的栅格数据，统一投影到 2000 国家大地坐标系（CGCS2000）。不同的指标数据具有不同的单位与量纲，无法直接进行比较和运算，因此必须对数据进行标准量化处理，形成数据形式统一的属性数据库，以便进行指标间的综合运算。由于目前尚未有地质环境质量评价的统一标准，综合考虑研究区的实际情况并结合已有研究结果（李国和等，2001；焦杏春等，2023）和 DD2004—02《区域环境地质调查总则（试行）》中的分级标准，将地质环境质量分为好、较好、中等、较差及差 5 个级别，分别赋值为 5、4、3、2、1 分。将所有指标就地质环境质量量化分级为 5 级进行归一化处理（表 3.2，图 3.1）。

表 3.2　地质环境质量评价体系指标量化分级及权重

评价目标	评价子系统	评价指标	量化分级	权重
地质环境质量评价	地质本底	地表高程（m）	< 600、600 ~ 1100、1100 ~ 1600、1600 ~ 2300、>2300	0.102
		地形坡度（°）	<10、10 ~ 20、20 ~ 30、30 ~ 50、>50	0.100
		岩土体类型	坚硬岩、较坚硬岩、较软岩、软岩、极软岩	0.069
		地震烈度	Ⅰ、Ⅱ、Ⅲ、Ⅳ、Ⅴ共 5 级	0.052
		断裂带密度（km/km²）	自然断点法 5 级	0.165
		地质灾害点密度（个/km²）	自然断点法 5 级	0.121
	生态本底	植被指数（NDVI）	自然断点法 5 级	0.116
		水体面积指数	自然断点法 5 级	0.080
		降水量（mm）	< 900、900 ~ 1000、1000 ~ 1100、1100 ~ 1200、>1200	0.106
		气温（℃）	自然断点法 5 级	0.044
	人类工程活动	矿山分布密度（个/km²）	自然断点法 5 级	0.045

3.2.3　指标权重

采用层次分析法确定各评价指标的权重。经过专家咨询，依据 1 ~ 9 标度法构建各评价指标的相对重要性判断矩阵，计算得出矩阵的最大特征根为 11.233，

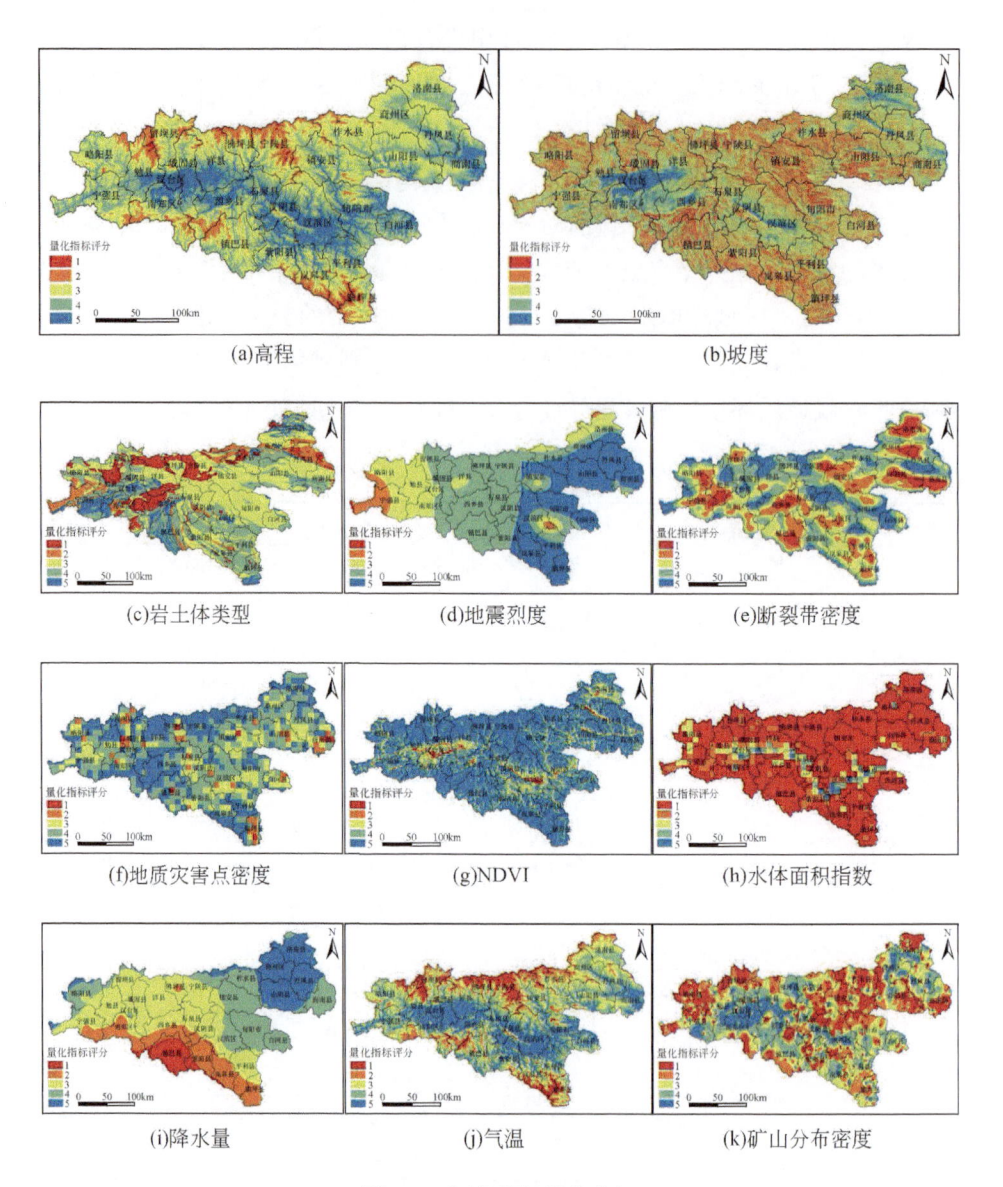

(a)高程　(b)坡度　(c)岩土体类型　(d)地震烈度　(e)断裂带密度　(f)地质灾害点密度　(g)NDVI　(h)水体面积指数　(i)降水量　(j)气温　(k)矿山分布密度

图 3.1　评价指标量化分级

CI 值为 0.023。最后，经一致性检验，CR=0.015<0.1，判断矩阵能达到满意的一致性检验要求，所得权重值可信，能用于地质生态环境质量评价分析。得到的各评价指标的权重如表 3.2 所示。

3.2.4 综合评价方法

各评价指标的权重确定后,利用综合指数法模型公式(3.1),在 ArcGIS 软件上将研究区每一栅格单元 11 项评价指标的要素数据与对应的指标权重加权求和,即可得到该评价单元地质生态环境质量度量值。计算公式如下:

$$V_i = \sum_{k=1}^{n} W_k \times R_i(k) \tag{3.1}$$

式中,i 为栅格单元编号;k 为评价指标编号;n 为评价指标总数;V_i 为第 i 个栅格单元的地质生态环境质量度量值;W_k 为第 k 个指标的权重值;$R_i(k)$ 为第 i 个栅格单元第 k 个评价指标的栅格数据。

3.3 研究区地质环境质量综合评价

3.3.1 汉中天坑群分布区地质环境质量评价

利用加权综合评价法,得到汉中天坑群及周边陕南地区地质环境质量综合评价值。采用自然断点法,将综合评价值等级划分为 5 个区:地质环境好区、地质环境较好区、地质环境中等区、地质环境较差区、地质环境差区(图 3.2 和图 3.3)。

由图 3.2 可以看出,汉中南部四县,即宁强、南郑区、西乡县和镇巴县的地质环境质量等级为好、较好的Ⅰ、Ⅱ级占比较低,其中Ⅰ级面积占比仅为四县总面积的 2.96%,Ⅱ级面积占比为 13.80%;地质环境质量为较差与差的Ⅳ、Ⅴ级面积占比显著,二者分别占 34.57% 和 23.43%,合计达 58.00%。而天坑及地质遗迹主要分布于地质环境质量较差和差的区域内,结合图 3.1 可知,该区域地质构造复杂,断裂带密度较大,岩土以软岩、极软岩为主,这类岩石抗压强度低、抗滑和承载能力差,容易发生变形和破坏,增加了该区域地质灾害发生的风险。同时,区域内海拔较高、坡度较大,年平均降水量超过 1000mm,陡峭的地形、丰富的降水加剧了地表径流速度和侵蚀强度,这进一步削弱了岩土的稳定性。另外,从人类活动来看,较大的矿山密度,意味着采矿活动可能加剧地质环境的不

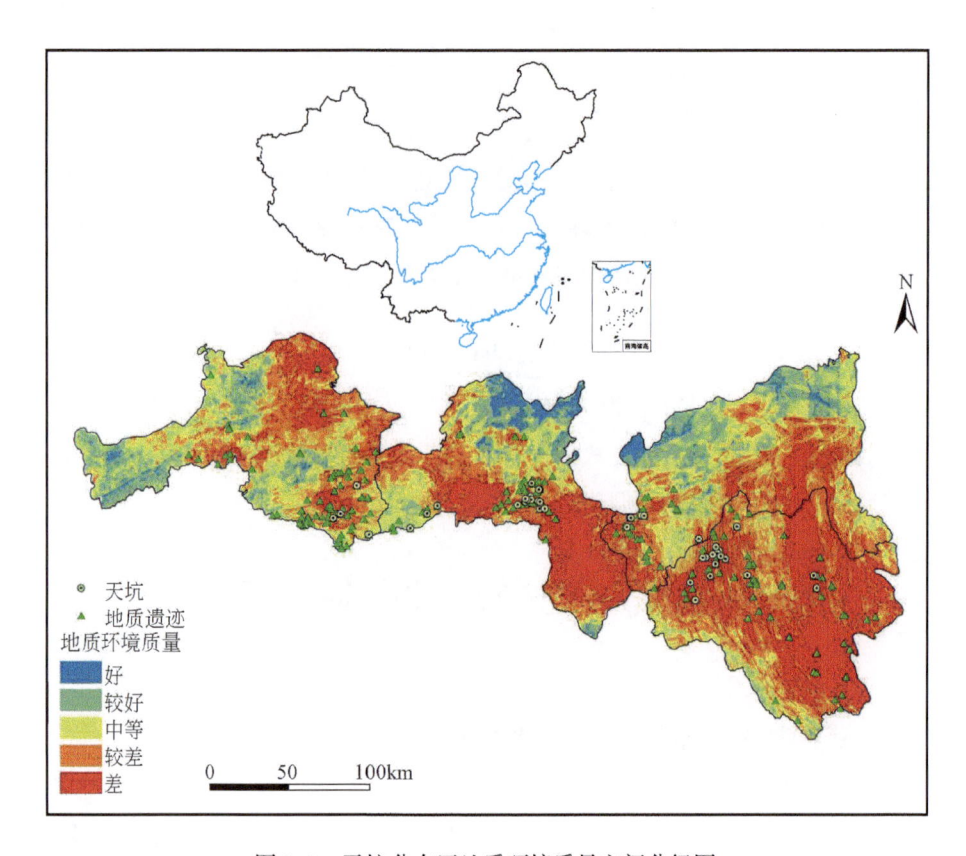

图 3.2 天坑分布区地质环境质量空间分级图

稳定性。总之，汉中天坑及地质遗迹分布区的地质环境质量较差，在这一区域进行开发建设活动时必须综合考虑地质、生态环境的承载力，确保资源的可持续利用和环境的长期稳定性。

3.3.2 陕南地区地质生态环境质量评价

由图 3.3 可知，整个陕南地区地质环境好、较好的Ⅰ、Ⅱ级区域主要分布于汉江谷地的汉台区、城固县大部、洋县西中部和南部、石泉县中上部、汉阴县中上部、汉滨区大部、旬阳市中部、白河县大部，丹江上游谷地的商州区中部、丹凤县中南部、商南县中部，以及洛南盆地的洛南县南部等区域。地质环境好、较好的区域分别占研究区总面积的 11.11% 和 25.10%。其中地质环境Ⅰ级区域整体呈块状镶嵌、线状连接的分布特征，所占比重最小；Ⅱ级区域散布于Ⅰ级区域周边。Ⅰ、Ⅱ级分布区是地质本底条件较优的区域，区内地貌以平原、低丘为主，地表起伏和缓，地层结构较为稳定，断裂带密度和矿山分布密度亦较低（图3.1），但该区域人口分布较为集中，建设用地占比高，人类活动强度大，应注意均衡区域生产生活与环境保护的关系。

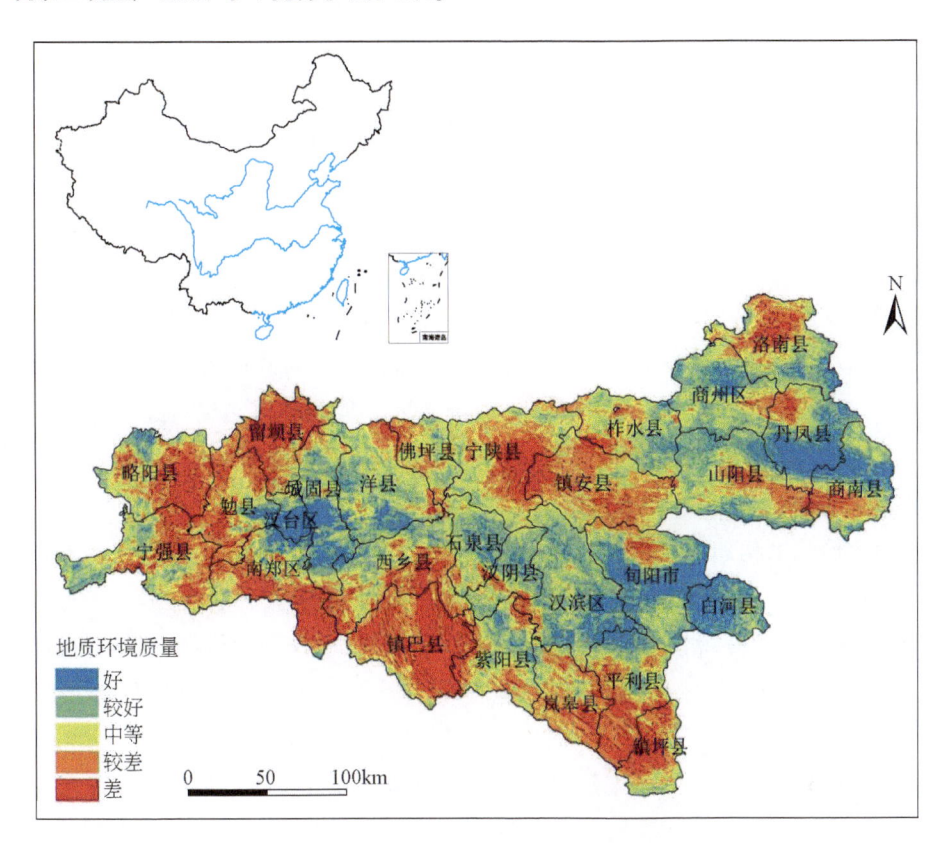

图 3.3 陕南地质环境质量空间分级图

地质环境中等的Ⅲ级区域主要分布于汉江谷地、丹江上游谷地南北两侧海拔2000km 以下的中低山区，占研究区总面积的 28.05%，所占比重最大，分布相对分散。这一区域内地质环境本底条件为中等，生态环境本底条件较好，植被覆盖度高，平均年降水量多介于 700~1100mm，断裂带密度不大（图3.1）。

地质环境较差与差的Ⅳ、Ⅴ级区域，分别占研究区总面积的 24.38% 和 11.36%，主要分布于陕南南部与北部地区，尤其是在镇巴县、南郑区、留坝县、略阳县和镇平县分布面积广。该区域地质环境本底条件较差，表现为地势起伏大、断裂十分发育，且区域内矿山分布密度较高（图3.1）。另外，由于区内年降水量相对较高，尤其是陕南南部，加之地质条件的影响，在强降雨条件下该区域发生地质灾害的概率较大。所以在对该区域的土地开发利用过程中必须考虑地质生态环境的承载力，应尽量减少人类活动对地表的扰动，采取有效工程措施提高该区域的地质环境承载力。

3.4 本章小结

本章通过构建地质环境质量评价体系，对汉中天坑群分布区及陕南地区的地质环境进行了综合评价。首先，选取了地质本底、生态本底和人类工程活动三个一级子系统，共11个评价指标，构建了科学的地质环境质量评价体系。其次，收集并处理了多种数据源，包括数字地表高程（DEM）、归一化植被指数（NDVI）、岩土体类型、地震烈度、断裂带密度、地质灾害点密度、水体面积指数、降水量、气温、矿山分布密度等数据，统一投影和重采样为30m分辨率的栅格数据，并进行了标准化处理。

在评价体系构建的基础上，采用层次分析法（AHP）确定了各评价指标的权重。通过专家咨询构建判断矩阵，计算最大特征根并进行一致性检验，确保权重值的可靠性。随后，利用综合指数法模型，将各评价指标的要素数据与对应的权重加权求和，计算每个栅格单元的地质环境质量度量值，划分地质环境质量等级。

基于综合评价结果，本书绘制了汉中天坑群分布区及陕南地区的地质环境质量空间分级图。结果显示，汉中天坑群分布区的地质环境质量较差，主要分布在断裂带密度较大、岩土以软岩和极软岩为主的区域，海拔较高、坡度较大，降水量丰富，矿山分布密度较高，地质灾害风险较大。而地质环境质量较好的区域主要分布在汉江谷地、丹江上游谷地等低丘和平原地区，地质本底条件较优，断裂带密度和矿山分布密度较低，但人类活动强度较大。

总体而言，汉中天坑群分布区的地质环境质量较差，地质灾害风险较高，开发建设活动需综合考虑地质和生态环境的承载力。而地质环境质量较好的区域则需注意平衡生产生活与环境保护的关系，确保区域的可持续发展。

第4章 陕南秦巴天坑群区域地质灾害危险性评价

近年来，由于自然因素的变化和人类活动的增强，地质环境遭受严重破坏，地质灾害频发（史培军，1996），其会对人类社会的发展、生态环境的稳定产生严重影响（邓辉等，2014）。地质灾害的发生是内因外因共同作用的结果，其中内因是孕育地质灾害的基础因子，主要包括地层岩性、地质构造等；外因是致使地质灾害发生的外部条件，主要包括地形因子、气象水文因子、人类活动等（史培军，1996）。秦巴山区存在大量紧密褶皱和深大断裂，地质构造和岩土特性较为复杂，是我国地质灾害多发区。加之，地处北亚热带季风区，降水量年际变化显著，山地河网密度大，但河槽调蓄能力偏弱，产汇流速度快。上述因素造成该地区地质环境脆弱，崩塌、滑坡、泥石流等自然地质灾害频发。本书利用GIS空间分析技术，选取9种与地质灾害有关的因素，构建陕南地区及汉中天坑群分布区地质灾害危险性评价指标体系，以揭示研究区地质灾害危险等级空间分布特征，为相关应急管理部门提供决策依据和数据支撑。

4.1 数据来源与评价方法

4.1.1 数据来源与处理

根据陕南地区的地质生态环境特点和前人研究成果，选定9项因子作为陕南地区地质灾害危险性评价指标，即海拔、坡度、岩土体类型、距断层距离、距河流距离、距道路距离、年降水量、归一化植被指数（NDVI）、土地利用类型，充分反映陕南地区的自然地理、地质环境及生态环境对地质灾害的影响。9项评价因子及其取值分级情况如图4.1所示。

(a)海拔　　(b)坡度　　(c)年降水量

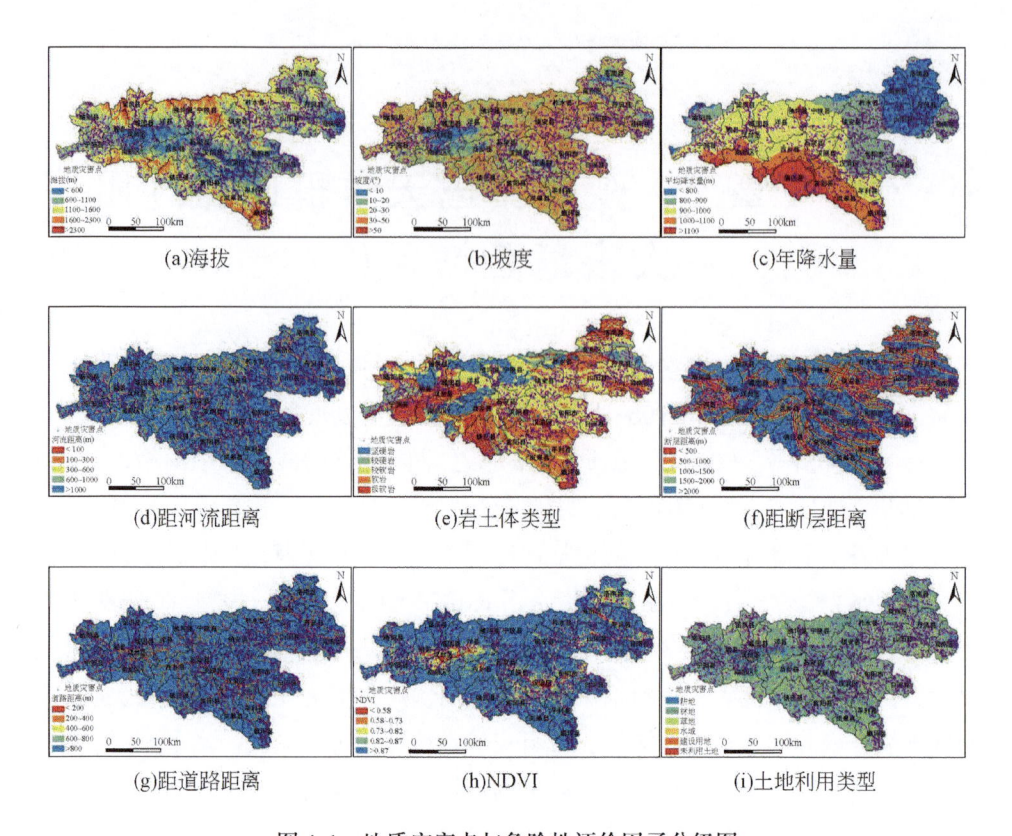

(d)距河流距离　　(e)岩土体类型　　(f)距断层距离

(g)距道路距离　　(h)NDVI　　(i)土地利用类型

图 4.1　地质灾害点与危险性评价因子分级图

本研究数据源包括以下几类：

1）陕南地区数字高程模型（DEM）数据、归一化植被指数（NDVI）数据来源于国家生态数据科学中心；基于 DEM 数据，应用 ArcGIS 软件处理获取坡度数据。

2）基于 1∶250 万中国地质图在 GIS 中裁剪出研究区域地层岩性及断裂带信息，并进一步进行工程地质岩组分类和断裂带欧氏距离分析，获得研究区岩性硬度及距断裂带距离图。

3）水系、交通路网数据来源于高德地图和 Open Street Map（OSM）官网。使用数据前，对这两类线状数据按等级进行了筛选，并对提取数据进行了拓扑检查，清除掉有明显拓扑错误的数据，根据河流和道路分布图利用欧氏距离分析功能生成河流和道路的 30m 分辨率距离分析栅格数据。

4）1km 分辨率降雨量数据来源于中国科学院地理科学与资源研究所。

5）土地利用数据来源于中科院地理所/地理国情监测云平台，并根据中科院土地利用分类体系将陕南地区土地覆盖类型分为耕地、林地、草地、水域、建设用地和未利用地6类。

6）地质灾害点数据来源于中国科学院资源环境科学与数据中心。

本书数据预处理主要在 ArcGIS 软件中进行，除上述预处理操作之外，运用三次卷积功能对数据进行重采样，将各评价因子栅格单元的空间分辨率统一为 30m×30m，研究区共划分为77927993个评价单元。

4.1.2　评价方法

（1）信息量模型

信息量模型是一种源于信息理论的定量统计分析方法。通过计算某种影响因素对地质灾害发生的所提供的信息量值，以其大小来评价分级区间各评价因子与地质灾害发生的关联性（张波等，2018；吴少元，2019）。研究区评价单元信息量值越大，表示对地质灾害发生概率的贡献率越大。其计算公式为：

$$I = \ln\left(\frac{N_i/N}{S_i/S}\right) \tag{4.1}$$

式中，I 为研究区研某评价因子第 i 区间或状态条件下评价单元地质灾害发生的信息量；N_i 为某评价因子第 i 区间或状态条件下地质灾害点数量或有地质灾害分布点的单元数（即栅格数量）；N 为研究区地质灾害点总数量或分布的总单元数；S_i 为某评价因子第 i 区间或状态的分布面积或分布的单元数；S 为研究区总面积或评价单元总数。基于研究区内地质灾害点的空间分布情况，按式（4.1）计算得到各评价因子分级的信息量值（表4.1）。

（2）层次分析法（AHP）计算指标权重

运用层次分析法确定各评价因子的权重。首先建立准则层与指标层层次结构模型；然后邀请相关专家依据1~9标度法进行指标相对重要性打分，构建判断矩阵；再计算矩阵的最大特征根及相应的归一化特征向量，最大特征根为9.407；最后进行一致性检验，CR = 0.035 < 0.1，满足一致性检验要求，所得权重值可信，能用于地质灾害危险性评价分析。得到的各评价指标的权重如表4.2所示。

表 4.1　汉中市地质灾害评价指标信息量表

因子	区间	信息量	因子	区间	信息量
海拔（m）	<600	0.6480	距断层距离（m）	<500	0.3621
	600~1100	0.2918		500~1000	0.2591
	1100~1600	−0.8503		1000~1500	0.1484
	1600~2300	−3.4312		1500~2000	0.0563
	>2300	0.0000		>2000	−0.2473
坡度（°）	<10	0.2584	距道路距离（m）	<200	0.8546
	10~20	0.1965		200~400	0.4340
	20~30	0.0166		400~600	0.1771
	30~50	−0.2958		600~800	−0.3091
	>50	−0.6979		>800	−0.2031
年降水量（mm）	<900	−0.0612	NDVI	<0.57	0.2564
	900~1000	0.1799		0.57~0.72	0.9181
	1000~1100	−0.0525		0.72~0.81	0.7915
	1100~1200	0.0133		0.81~0.87	0.4230
	>1200	−0.3334		>0.87	−0.4269
距河流距离（m）	<100	1.0971	土地利用类型	耕地	0.4970
	100~300	1.0458		林地	−0.8418
	300~600	0.6780		草地	0.0029
	600~1000	0.0983		水域	0.8708
	>1000	−0.2912		建设用地	0.8742
岩土体类型	坚硬岩	−0.9686		未利用地	0.0000
	较硬岩	−0.1406			
	较软岩	0.1681			
	软岩	0.0670			
	极软岩	−0.0541			

（3）主成分分析法（PCA）计算指标权重

运用主成分分析法确定各评价因子的客观权重。首先，根据评价因子对地质灾害危险性的作用是正向的还是负向的，对评价因子进行标准化处理；然后，利用 SPSS 22 软件中的主成分分析法得到每个主成分的特征向量及其方差解释率，以及各指标在每一主成分中的载荷系数；再通过载荷系数除以主成分对应特征根的平方根，得到线性组合系数；进而将线性组合系数分别与对应主成分的方差解释率乘积求和，并除以累积方差解释率，得到综合得分系数；最后，将综合得分系数进行求和归一化处理即得到各指标权重值，如表4.2所示。

表4.2 地质灾害危险性评价指标权重

评价指标	海拔	坡度	年降水量	距河流距离	岩土体类型	距断层距离	距道路距离	NDVI	土地利用类型
与危险性关系	正向	正向	正向	负向	正向	负向	负向	负向	正向
AHP权重	0.147	0.111	0.09	0.107	0.132	0.166	0.094	0.081	0.082
PCA权重	0.111	0.128	0.12	0.123	0.102	0.113	0.119	0.089	0.095
组合权重	0.129	0.12	0.105	0.115	0.112	0.138	0.107	0.085	0.089

本书采用最小信息熵原理将AHP方法求得的各评价因子主观权重值与PCA方法求得的客观权重值进行组合，组合权重W_i用拉格朗日乘子法解得（陈朝亮等，2020）。其计算公式为：

$$W_i = \frac{\sqrt{W_{1i}W_{2i}}}{\sum_{i=1}^{9}\sqrt{W_{1i}W_{2i}}} \quad (i=1,2,\cdots,9) \tag{4.2}$$

式中，W_{1i}表示由AHP方法求得的各评价因子主观权重值；W_{2i}表示由PCA方法求得的权重值；W_i为AHP-PCA方法组合得到的权重值，各评价因子的组合权重如表4.2所示。

(4) 地理探测器

地理探测器是王劲峰等（2017）提出的一种探测空间分异性、揭示驱动因子的一种新的空间统计方法。地理探测器包括因子探测、生态探测、交互作用探测和风险探测四个探测模块。本书主要使用了因子探测、生态探测和交互作用探测三个模块。

因子探测，即探测某评价因子x对因变量y空间分异的解释力。用q值度量，表达式为

$$q = 1 - \frac{\sum_{h=1}^{n} N_h \sigma_h^2}{N\sigma^2} \tag{4.3}$$

式中，$h=1,\cdots,n$为因变量y或评价因子x的分层数，即分类或分区数；N_h和

N 分别为层 h 的单元数和研究区的总单元数;σ_h^2 和 σ^2 分别为层 h 和研究区因变量 y 值的方差。q 的值域为 [0,1],q 值越大表示自变量 x 对因变量 y 的解释力越强,反之则越弱。

生态探测,用于比较两因子 x_i 和 x_j 对因变量 y 空间分布的影响是否有显著的差异,以 F 统计量来衡量:

$$F=\frac{N_{x_i}(N_{x_j}-1)\text{SSW}_{x_i}}{N_{x_j}(N_{x_i}-1)\text{SSW}_{x_j}} \qquad (4.4)$$

$$\text{SSW}_{x_i}=\sum_{h=1}^{ni} N_h \sigma_h^2, \quad \text{SSW}_{x_j}=\sum_{h=1}^{nj} N_h \sigma_h^2$$

式中,N_{x_i} 及 N_{x_j} 分别表示评价因子 x_i 和 x_j 的样本数;SSW_{x_i} 和 SSW_{x_j} 分别表示两评价因子 x_i 和 x_j 各自分层的层内方差之和;ni 和 nj 分别表示因子 x_i 和 x_j 的分层数。其中零假设 H_0:$\text{SSW}_{x_i}=\text{SSW}_{x_j}$。如果在 α 的显著性水平上拒绝 H_0(默认为95%的显著性水平),这表明两因子 x_i 和 x_j 对因变量 y 空间分布的影响存在着显著的差异。

交互作用探测,用于评估因子 x_1 和 x_2 共同作用时是否会增加或减弱对因变量 y 的解释力,或这些因子对 y 的影响是相互独立的。若 $q(x_i\cap x_j)$ 大于单因子 $q(x_i)$ 和 $q(x_j)$ 解释力之和,则说明评价因子 x_i 和 x_j 的交互作用为非线性增强;若 $q(x_i\cap x_j)$ 等于 $q(x_i)$ 和 $q(x_j)$ 之和,则评价因子 x_i 和 x_j 是相互独立的;若 $q(x_i\cap x_j)$ 大于单因子 $q(x_i)$、$q(x_j)$ 中的最大值,而小于两者之和,则评价因子 x_i 和 x_j 的交互作用表现为双因子增强;若 $q(x_i\cap x_j)$ 介于两单因子 $q(x_i)$、$q(x_j)$ 之间,则评价因子 x_i 和 x_j 的交互作用为单因子非线性减弱;若 $q(x_i\cap x_j)$ 小于单因子 $q(x_i)$、$q(x_j)$ 中的最小值,则评价因子 x_i 和 x_j 的交互作用为非线性减弱。

(5) 危险性度量值计算

根据信息量模型得到评价指标信息量值和层次分析法确定的指标权重,将研究区每一栅格单元 9 项评价指标的信息量与对应的指标权重加权求和,即可得到该评价单元地质灾害危险性度量值。计算公式如下:

$$X_i=\sum_{k=1}^{n} W_k \times Y_i(k) \qquad (4.5)$$

式中,i 为栅格单元编号;k 为评价指标编号;n 为评价指标总数;X_i 为第 i 个栅格单元的地质灾害危险性度量值;W_k 为第 k 个指标的权重值;$Y_i(k)$ 为第 i 个栅格单元第 k 个评价指标的信息量值。

4.2 研究区地质灾害分布特征

4.2.1 基于自然地理条件的分布特征分析

陕南北靠秦岭，南倚巴山，中部为汉江谷地，地貌以山地为主，地形起伏度大。根据研究区地形特点，将海拔划分为 5 个等级［图 4.1（a）］，通过海拔因子信息量分析（表 4.1）和不同海拔区间灾害点分布情况［图 4.2（a）］，可知海拔<600m 的信息量载荷和灾害点密度均最大，说明单位像元内发生地质灾害的概率较大；超过 57.56% 的灾害点位于海拔 600~1100m 的区域，面积约占陕南总面积的 42.99%，灾害点密度为 0.081 个/km²，此区域灾害点多，分布范围广，故防范该区域地质灾害发生的任务重大；当海拔>1100m 时，尤其海拔>1600m 时，区域高程信息量载荷和灾害点数量显著减少，发生地质灾害的概率较低。

坡面直接影响坡面水动力条件、物源体厚度和稳定性，是影响地质灾害易发性和危险性的重要因素（刘乐等，2021）。根据研究区地形特点，将坡度划分为 5 个等级［图 4.1（b）］，陕南地貌以山地为主，山高坡陡，坡度>26°的较陡、极陡坡区分布范围广。通过表 4.1 和图 4.2（b），可知坡度<10°和坡度>50 的区域灾害点相对少，且这两个坡度区域面积较小；坡度 10°~20°的信息载荷量较大，灾害点密度为 0.074 个/km²，意味着单位像元内发生地质灾害的概率较高；坡度 20°~30°的灾害点广布，灾害点占比为 36.34%，面积占比 35.74%；坡度 30°~50°的陡坡区分布范围较广，但灾害点密度相对较低，为 0.045 个/km²，意味着单位空间上发生地质灾害的概率相对较低。

降水一方面渗入岩体裂隙并软化岩体和软弱结构面，另一方面加速了对坡面的冲刷侵蚀，增加岩体的孔隙水压力和侧向静水压力（程花，2012；王健等，2021）。陕南地处秦巴山地，夏季常出现集中性强降雨，初秋易出现秋淋，极易引发山洪灾害及次生灾害。根据陕南降水特点，将年降水量划分 5 个等级［图 4.1（c）］，结合表 4.1 和图 4.2（c）分析，可知陕南 59.43% 的地区的年降水量介于 900~1100mm，其中降水量 1000~1100mm 的区域占比达 34.26%，地质灾害点也主要集中在降水量 900~1100mm 的区域，灾害点占比合计高达 62.67%，尤其是降水量 900~1000mm 的区域地质灾害密度最大，约为 0.072 个/km²，表现为降水量900~1100mm区域发生地质灾害的范围广、概率大。

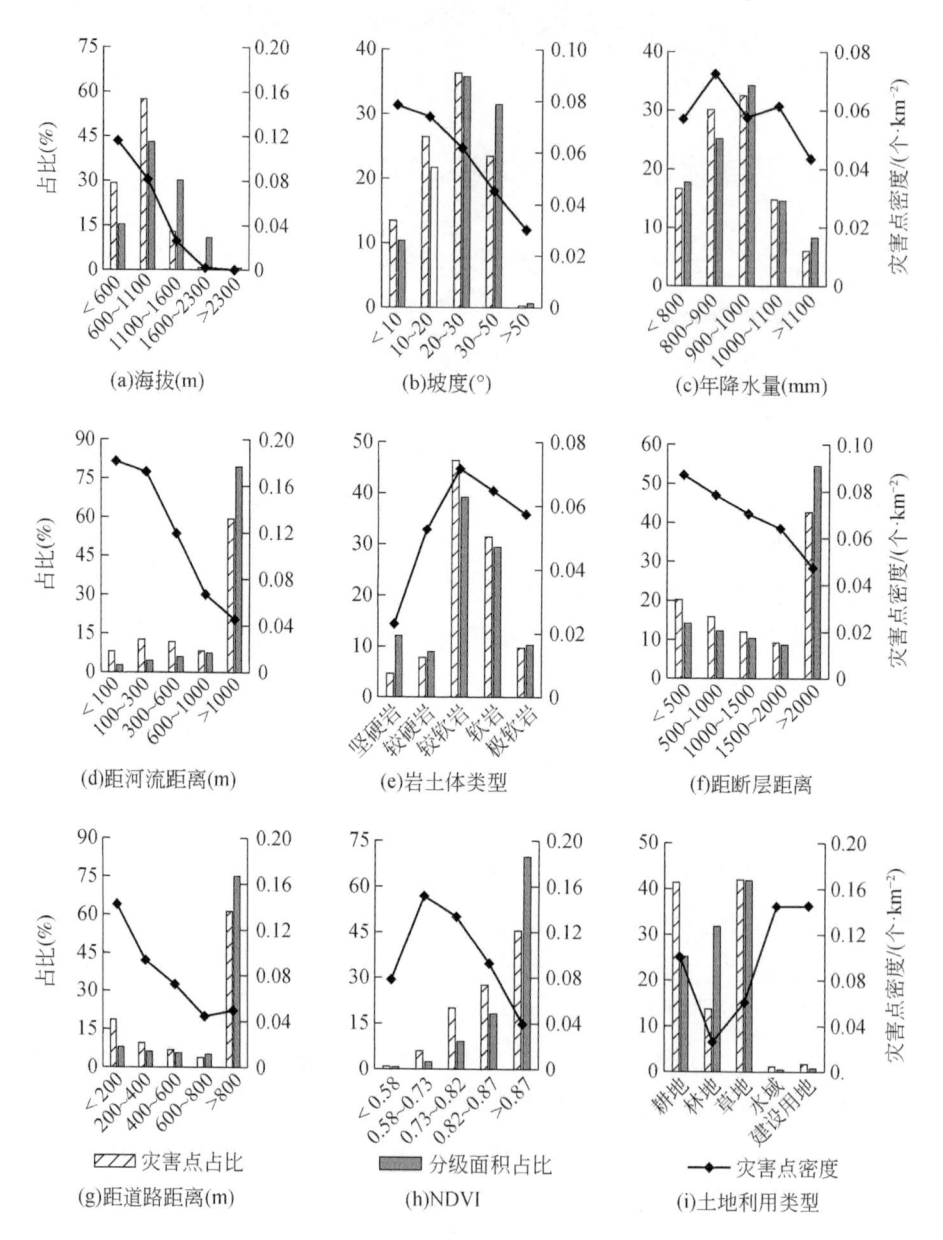

图4.2 评价因子与地质灾害关系

河流冲刷侵蚀是造成水土流失、崩塌、地面塌陷等地质灾害发生的主要因素，主要表现为流水作用下斜坡前缘抗力被削弱，当倾覆力矩大于岩体自身抗倾覆力矩时，斜坡容易失稳（王健等，2021；邱海军等，2015）。河流沟谷越多，地形越破碎，距离河流越近，地面稳定性越差，发生地质灾害的危险性较大（杨康等，2021；刘乐等，2021）。陕南山地河网密度大，沟谷地貌发育广泛，以河流作为中心划分5个等级的缓冲区［图4.1（d）］，并结合表4.1和图4.2（d）分析，可知距河流距离<300m的区域信息量值>1，灾害点密度>0.17个/km²，表现为距离河流越近，地质灾害密度越大，地质灾害发生的相对概率也越高；地质灾害点主要分布在距离河流>1000m的区域，此区域范围面积广，灾害点密度最低。

4.2.2 基于地质构造条件的分布特征分析

岩土体的物理、化学及力学性质控制着地质灾害的形成、分布和规模（樊芷吟等，2018）。研究区岩体以变质岩为主，风化强烈，山坡及沟谷地带普遍覆盖有松散岩土层，抗侵蚀能力差。根据研究区岩土体特点，将岩土体类型划分为5个等级［图4.1（e）］，结合表4.1和图4.2（e）分析，可知较软岩和软岩类分布区信息载荷量最大，单位面积的灾害数量最多，超过77.84%的灾害点位于较软岩和软岩分布区，此两类岩体分布范围最广，面积占比合计达68.62%。

断裂通过影响区域的地形地貌和岩体结构，加剧和触发岩体的变形失稳，且断层破碎带为地质灾害的发育提供了物质和结构条件（冯文凯等，2018）。陕南地质构造复杂，褶皱、断裂发育，以500m间隔建立与断裂构造距离的缓冲区［图4.1（f）］，结合表4.1和图4.2（f）分析，可知在距离断裂带1000m内的区域单位空间发生地质灾害的可能性最大，这两个分级区的灾害点密度均超过0.075个/km²，说明该区域的危险性最大；距离>2000m以上的区域灾害点占比和面积占比分别为42.58%、54.53%，而信息量值较小，是因为虽然此区域灾害点数量较多，但分布相对离散，且距离较远，故带来的危险性概率较低。

4.2.3 基于生态环境条件的分布特征分析

道路建设会改变原有的地表形态和结构以及原有的自然生态环境，尤其是山区道路开挖破坏了地质环境，对坡体稳定性会产生一定影响，加速了地质灾害隐患的产生（菊春燕等，2013；陈晓利等，2018）。以道路为中心，以200m为间隔建立5个级别的距道路距离缓冲区［图4.1（g）］，结合表4.1和图4.2（g）分析，可知与距河流距离相似，距离道路<200m的区域灾害点密度高达0.142个/km²，表现为距离道路越近，指标信息量载荷越大，地质灾害密度越大，地质灾害发生可能性也将越大；随着距离的延长，地质灾害密度呈直线式下降，意味着单位空间上发生地质灾害的可能性较小。

NDVI是反映一个地区植被覆盖情况的重要指标，是影响水土流失、土壤侵蚀的主要因子，且植物根系对岩体具有一定的防护、稳固作用，影响着地质灾害发育的进程（郑迎凯等，2020）。根据陕南植被分布情况，将其分为5个等级［图4.1（h）］，结合表4.1和图4.2（h）分析，可知陕南植被覆盖度高，在NDVI为0.57~0.72、0.72~0.81的区域指标信息量高，灾害点密度>0.120个/km²，但这两个区域面积占比合计仅为11.46%，即地质灾害危险性较大的区域分布范围较小，而69.79%的区域NDVI值>0.87，地质灾害密度相对较小。

土地利用类型能反映一个区域的人类工程活动强度。在ArcGIS软件中将土地利用类型分为6种［图4.1（i）］，由于未利用地的信息量值为0（表4.1），故在灾害点与土地利用分类关系图［图4.2（i）］中未显示未利用地信息。通过分析发现陕南地区的地质灾害点主要位于耕地和草地分布区，但建设用地的灾害点密度最大为0.145个/km²，意味着占建设用地单位空间发生地质灾害的可能性最大。

4.3 地质灾害危险性评价与影响因素分析

4.3.1 汉中天坑群分布区地质灾害危险性评价

依据评价指标的权重（表4.2），运用式（4.5），在ArcGIS中将9项评价指标的信息量进行加权求和，通过叠加计算得到研究区地质灾害危险性评价图，再采用自然断点法将汉中天坑群分布区及陕南地区地质灾害危险性等级划分为极低危险区、低危险区、中危险区、高危险区和极高危险区（图4.3和图4.4）。

从空间上看，宁强县、南郑区、西乡县中部和北部的地质灾害危险等级明显高于南部，镇巴县东部地质灾害危险等级高于西部（图4.3）。具体而言，汉中天坑群分布区四县北部的的地质灾害危险等级极高区主要分布于断裂发育显著、距道路距离较近的区域，区内灾害点密度大［图4.1（f）和图4.1（g）］，占四县总面积的10.02%；高危险区主要展布于极高风险区两侧，面积占比较大，为27.51%；中危险区面积占比略大于高危险区，为27.81%；低危险分布区面积占比为22.90%，分布较为分散；极低危险区面积占比仅为11.75%，主要分布于宁强县东南侧、南郑区东西两侧、西乡县西南侧以及镇巴县东北侧，分布相对集中、成片。

从图4.3可以看出，天坑及地质遗迹主要分布在地质灾害危险性低或极低的区域内。该区域土地利用类型以林地为主，植被覆盖度高，距离道路较远。尽管区域内岩石以软岩和极软岩为主，平均坡度大于25°，地貌以中山为主，但由于人类活动干扰较小，岩层受破坏的程度较轻，因此天坑及地质遗迹分布区发生地质灾害的总体危险性较低。然而，考虑到分布区内岩性较软、山高坡陡的特点，在天坑开发与管理过程中，必须高度重视人为活动对地质环境的潜在影响，采取

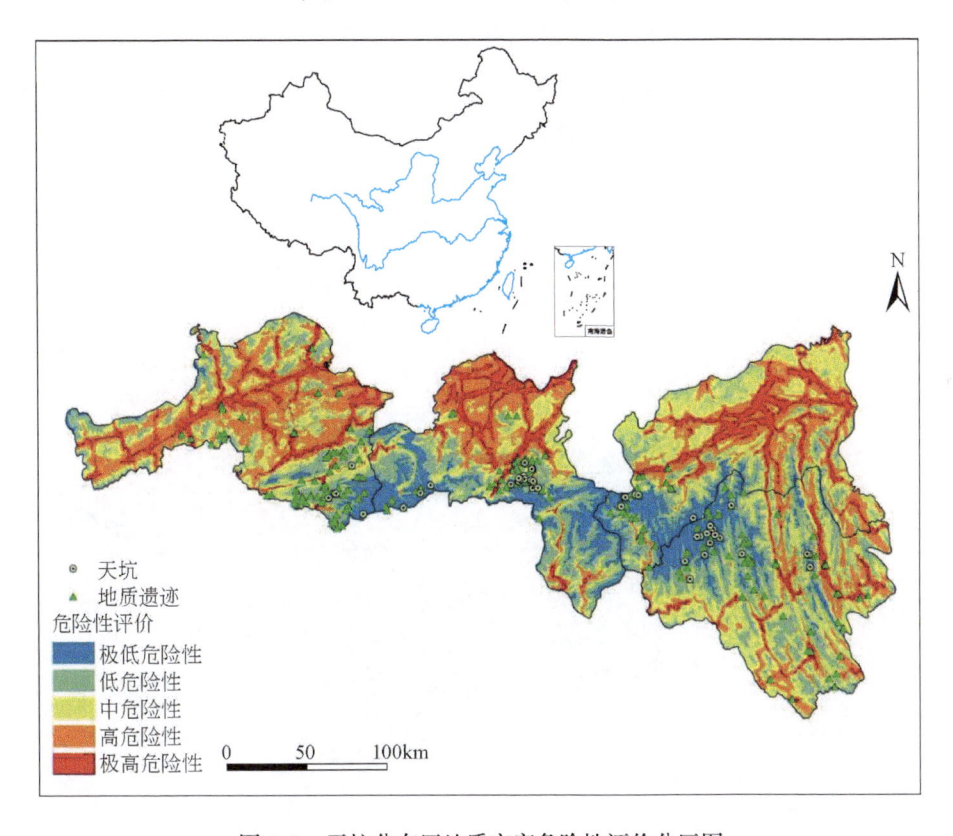

图4.3　天坑分布区地质灾害危险性评价分区图

科学合理的保护措施，避免因人为破坏增加地质灾害发生的风险。建议在开发过程中加强地质环境监测与评估，严格控制开发强度，确保区域生态环境与地质安全得到有效保护。

4.3.2 陕南地区地质灾害危险性评价

由图 4.1 和图 4.4 可知，陕南三市地质灾害极高、高危险区主要分布于低山丘陵区及盆地斜坡地带，横贯陕南中部以及陕南东北部，分布区以较软岩、软岩类为主，断裂带发育，坡度较大，且为主要河流的流经区。从大的空间位置上来看，中危险性分布区主要散布在极高、高危险区外围，相对集中于汉中盆地的东侧地带，这一区域海拔低、坡度小、岩体坚硬、断裂带少，地质灾害危险性降低。低、极低危险区主要分布于研究区中高山区，以林地为主，植被覆盖度高，人类活动的影响较小，这两区域内灾害点较少，地质灾害发生的概率较低。

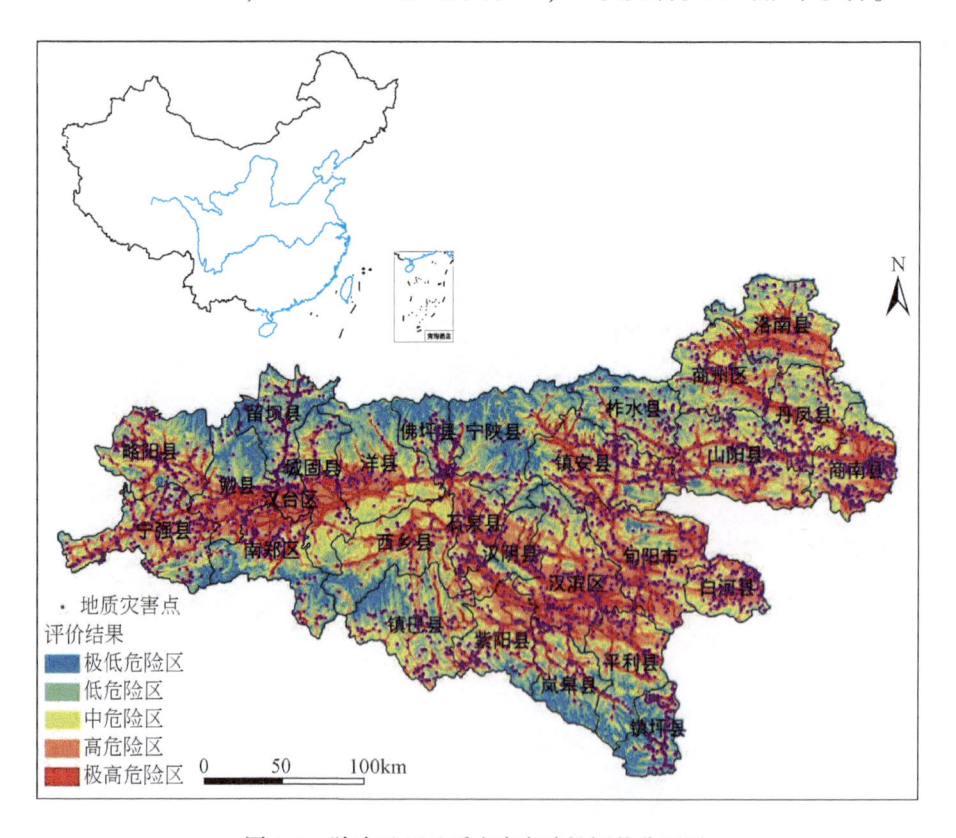

图 4.4　陕南地区地质灾害危险性评价分区图

统计各分区级别的面积和灾害点数见表4.3，可看出：有75.77%的灾害点位于高、极高危险区，面积占比为42.08%，灾害点密度较大，其中极高危险区的灾害点密度达0.1695个/km²。中等及以下等级危险区地质灾害发育较少，灾害点合计占比24.23%，灾害点密度较低。总体而言，地质灾害点占比和灾害点密度由极低危险区向极高危险区逐渐递增，表明危险区划分合理有效，评价结果较为可靠。

表4.3 不同危险性等级分区内地质灾害点统计表

危险性等级分区	灾害点占比（%）	分区面积占比（%）	灾害点密度（个/km²）
极低危险区	0.24	10.71	0.0013
低危险区	6.54	20.48	0.0193
中危险区	17.45	26.73	0.0396
高危险区	40.01	29.29	0.0828
极高危险区	35.76	12.79	0.1695

4.3.3 地质灾害影响因素分析

本书将地质灾害点密度值作为因变量，将9项评价指标作为自变量，利用地理探测器分析9个评价指标对陕南地区地质灾害的影响程度。本书通过在ArcGIS平台上创建8415个3000m×3000m大小的格网，同时生成格网点，应用提取分析工具中的采样功能，提取每个格点所在位置的因变量及自变量数据，将这些数据作为输入数据在地理探测器中运行。

使用因子探测模块探测各评价指标对陕南地质灾害危险性的解释力q。各评价指标的q值如表4.4所示，其值大小排序为：海拔>NDVI>距河流距离>距道路距离>土地利用类型>距断层距离>岩土体类型>坡度>年降水量，其中海拔和NDVI因子的q位于前两名，对地质灾害的解释力均大于30%，说明这两个因素对研究区地质灾害的发生影响程度较大；距河流距离、距道路距离、土地利用类型、距断层距离、岩土体类型及坡度的q值介于0.10~0.30，属于影响地质灾害的次要因子；年降水量的q值为0.094接近于0.1，对研究区地质灾害点的分布解释程度略小。

表4.4　评价指标的因子探测结果

评价指标	距道路距离	距断层距离	距河流距离	岩土体类型	土地利用类型	坡度	海拔	年降水量	NDVI
q值	0.219	0.167	0.221	0.147	0.190	0.118	0.610	0.094	0.311

研究区评价因子生态探测结果如表4.5所示，除距道路距离与距河流距离、距道路距离与土地利用类型、距断层距离与岩土体类型、距断层距离与土地利用类型、距河流距离与土地利用类型、坡度与岩土体类型、坡度与年降水量等7项因子组合对研究区的地质灾害空间分布的解释力在$p=0.05$水平上不存在显著性差异，其余因子组合对研究区地质灾害的解释力存在显著性差异。

表4.5　评价指标的生态探测结果

项目	距道路距离	距断层距离	距河流距离	岩土体类型	土地利用类型	坡度	海拔	年降水量	NDVI
距道路距离									
距断层距离	Y								
距河流距离	N	Y							
岩土体类型	Y	N	Y						
土地利用类型	N	N	N	Y					
坡度	Y	Y	Y	N	Y				
海拔	Y	Y	Y	Y	Y	Y			
年降水量	Y	Y	Y	Y	Y	N	Y		
NDVI	Y	Y	Y	Y	Y	Y	Y	Y	

注：Y表示两个评价因子对地质灾害的影响具有显著性差异（置信水平为95%），N表示两个评价因子无显著性差异。

如表4.6所示，由评价因子交互作用的探测结果可知，所有评价因子两两交互作用的解释力q指均大于单因子q值，评价因子的交互作用均表现为非线性增强或双因子增强，其中距断层距离∩土地利用类型、距断层距离∩海拔、岩土体类型∩土地利用类型、岩土体类型∩坡度、岩土体类型∩海拔、岩土体类型∩降水、土地利用类型∩降水、海拔∩降水的交互作用表现为非线性增强，即两因子的交互作用的q值大于单因子q值之和，两因子交互作用时对研究区地质灾害的解释力明显增强。另外，所有因子与海拔交互作用的q值均大于0.700，将各因子与海拔交互作用的 q 值按大小排序如下：距断层距离∩海拔（0.820）>距河流距离∩海拔（0.796）>距道路距离∩海拔（0.791）=岩土体类型∩海拔（0.791）>NDVI∩海拔（0.789）>土地利用类型∩海拔（0.735）>年降水量∩海拔（0.729）>坡度∩海拔（0.709）的 q 值最高，表明在海拔因子的加持下，其他因子对陕南地区地质灾害的驱动影响更加显著，距断层距离、距河流距离、距道路距离、岩土体类型和海拔的交互作用是影响陕南地区地质灾害空间分异的主要因素。综上可知，陕南地区地质灾害的空间分布是由多因素交互作用的结果。

表 4.6　评价指标的交互探测结果

项目	距道路距离	距断层距离	距河流距离	岩土体类型	土地利用类型	坡度	海拔	年降水量	NDVI
距道路距离	0.220								
距断层距离	0.340	0.167							
距河流距离	0.314	0.347	0.221						
岩土体类型	0.339	0.274	0.350	0.147					
土地利用类型	0.385	0.365*	0.390	0.350*	0.189				
坡度	0.289	0.276	0.296	0.268*	0.279	0.118			
海拔	0.791	0.820*	0.796	0.791*	0.735	0.709	0.609		
年降水量	0.285	0.225	0.290	0.256*	0.311*	0.184	0.729*	0.094	
NDVI	0.428	0.463	0.432	0.451	0.437	0.379	0.789	0.397	0.311

* 表示非线性增强。

4.4　本章小结

本章通过 GIS 空间分析技术，构建了陕南地区及汉中天坑群分布区地质灾害危险性评价指标体系，揭示了研究区地质灾害危险等级的空间分布特征。首先，选取了海拔、坡度、岩土体类型、距断层距离、距河流距离、距道路距离、年降水量、NDVI 和土地利用类型等 9 项因子作为评价指标，并对数据进行了预处理和重采样。其次，采用信息量模型、层次分析法（AHP）、主成分分析法（PCA）和地理探测器等方法，计算了各评价因子的信息量值、权重值，并进行了组合权重计算，构建了地质灾害危险性评价模型。

通过对陕南地区地质灾害危险性的系统评价，全面揭示了该区域地质灾害的空间分布特征及其主要影响因素。研究结果表明，陕南地区的地质灾害主要集中分布在低山丘陵区及盆地斜坡地带，尤其是海拔较低、坡度较大、距河流和道路较近的区域；而低和极低危险区主要分布在中高山区，植被覆盖度高，人类活动影响较小，地质灾害发生概率较低。天坑及地质遗迹主要分布在地质灾害危险性低或极低的区域内，该区域土地利用类型以林地为主，植被覆盖度高，距离道路较远，加之人类活动干扰较小，岩层受破坏的程度较轻，因此天坑及地质遗迹分布区发生地质灾害的总体危险性较低。

通过地理探测器的分析，本书发现海拔和 NDVI 对地质灾害的解释力最强，表明这两个因素是影响地质灾害发生的主要驱动因子。各评价因子之间的交互作用对地质灾害解释力有增强效应。特别是海拔与其他因子的交互作用，显著提升了地质灾害的空间分异性。例如，距断层距离与海拔的交互作用解释力达到 82%，距河流距离与海拔的交互作用解释力达到 79.6%，表明在海拔因子的加持下，其他因子对地质灾害的驱动影响更加显著。此外，研究还发现，土地利用类型与降水、岩土体类型与坡度等因子组合也对地质灾害的发生具有非线性增强效应。

总体而言，本章的研究为理解陕南地区地质灾害的成因和分布规律提供了重要的理论和实践支持。研究结果不仅为陕南地区的地质灾害防治提供了科学依据，也为类似地区的地质灾害评价和风险管理提供了参考。通过揭示多因素共同作用对地质灾害的影响，本章为区域的生态保护和可持续发展提供了重要的决策支持，有助于推动陕南地区在地质灾害防治和生态保护方面的协同发展。

第5章 陕南秦巴天坑群区域洪涝灾害风险评价

研究区因其独特的地理位置和复杂的地形地貌，成为洪涝灾害频发的敏感地带。本章在梳理陕南三市近十几年洪涝灾害数据的基础上，系统分析研究区降水时空变化特征，并结合地理信息系统技术，构建洪涝灾害风险评价模型，旨在全面评估该区域的洪涝灾害风险，为区域防灾减灾提供科学依据和决策支持。

5.1 研究背景

研究背景一：陕南山地河流多，暴雨洪涝灾害多发。

陕南北依秦岭南屏巴山，属北亚热带季风气候，是我国南水北调中线工程水源地。陕南位于汉江上游区域，其山地河流密布，密度颇高，然而河槽的调蓄能力相对不足，河道坡度陡峭，导致水流汇聚与排泄速度极快。陕南位于东亚季风的边缘地带，其降水量呈现出较大的年际波动。降雨主要集中在每年的6月下旬至7月上旬，而9月上旬至中旬则常出现秋淋现象，这些因素均极大地增加了山洪灾害的发生风险。有史料记载以来，陕南汉江段曾发生洪水灾害60余次，经济损失100亿元左右，仅1981年汉中洪涝灾害和1983年安康洪涝灾害造成直接经济损失达8亿元以上和11亿元以上。2021年7月18日、24日，镇巴县连续遭受两次百年一遇的特大洪涝灾害，短短2小时内降雨量达200mm以上，全县基础设施严重损毁，群众房屋倒塌严重，交通、通信全部中断，损失严重。

研究背景二：陕南小流域洪水发生机制特殊，洪灾影响面大。

在山区（包括山地、丘陵、岗地）沿河流及溪沟形成的暴涨暴落的洪水，容易引发洪涝灾害及次生灾害。陕南夏季多暴雨洪灾是由于地貌类型所致。秦巴山地大部分山体从海相岩层发育而来，长期以来风化严重，重力崩塌、错落滑坡活跃，地面主要为松散的残积、堆积物；加之山体高耸，地形错综复杂，因此在雨季山洪频发，且常伴随山体滑坡、崩塌及泥石流等灾害。陕南位于秦巴山区，小流域数量众多，加起来影响面积大，小流域山洪灾害及其灾害链的防御不容忽视。表5.1～表5.3展示了2005～2021年陕南三市主要的洪涝灾害事件统计数据，这些数据来源于陕西省灾害志、陕南三市的统计年鉴以及各县区的政府门户网站。这些数据从宏观层面揭示了陕南主要洪涝灾害事件的时间、地点、人员伤亡情况、农业经济损失及房屋毁坏数量等。

表5.1 2005～2021年汉中市主要洪涝灾害统计表

年份	时间	受灾区域	受灾情况
2005	7～10月	全市11个县（区）	受灾人数95.62万人，紧急转移安置16608人，死亡6人，失踪10人，农作物受灾69623.55hm²，绝收13969.9hm²，倒塌房屋13638间，损坏房屋32737间，直接经济损失5.39亿元
2006	入汛	11县（区）157个乡（镇）1269个村	受灾人数31.0833万人，紧急转移安置31890人，死亡4人，失踪6人，农作物受灾13027.2hm²，绝收1600.5hm²，倒塌房屋9436间，损坏房屋20927间，直接经济损失2.75亿元，其中农业经济损失1.55亿元
2007	6月28～29日	南郑、宁强、西乡、略阳	受灾人数21.7万人，紧急转移安置3000人，农作物受灾8850hm²，绝收2743hm²，倒塌房屋837间，损坏房屋1515间，直接经济损失0.51349亿元
2007	7月4～5日	宁强、勉县、汉台、南郑、城固、洋县、佛坪	受灾人数46.12万人，紧急转移安置9.39万人，死亡5人，失踪5人，农作物受灾47000hm²，绝收5000hm²，倒塌房屋9178间，损坏房屋9.2万间，直接经济损失1.9亿元
2007	7月26～28日	汉台、勉县、佛坪	受灾人数2.12万人，紧急转移安置500人，死亡1人，农作物受灾1100hm²，绝收110hm²，倒塌房屋191间，损坏房屋898间，直接经济损失0.15亿元
2007	8月29～30日	佛坪、勉县、南郑、留坝等县	受灾人数15.67万人，紧急转移安置5890人，死亡2人，农作物受灾2345hm²，绝收642hm²，倒塌房屋1248间，损坏房屋5468间，直接经济损失0.83亿元
2007	9月27日至10月14日	略阳、宁强、勉县	受灾人数5.3万人，紧急转移安置3417人，农作物受灾5408hm²，绝收535hm²，倒塌房屋694间，损坏房屋900间，直接经济损失0.55亿元。局部山区多处出现滑坡、泥石流等地质灾害，晚秋粮食作物大面积霉烂减产或绝收
2008	7月19～21日	勉县、南郑	紧急转移安置17892人，死亡6人，倒塌房屋1827间，损坏房屋9042间

续表

年份	时间	受灾区域	受灾情况
2009	5~9月	佛坪、勉县、略阳、宁强、南郑、留坝、西乡、镇巴	受灾人数20.61万人,紧急转移安置4288人,死亡8人,农作物受灾20300hm²,绝收1400hm²,倒塌房屋4151间,损坏房屋7415间,直接经济损失4.01亿元
2010	7月15~18日、22~24日和8月12~14日、19~24日	全市	受灾人数103.7万人,紧急转移安置16.3万人,死亡29人,失踪5人,农作物受灾73840hm²,绝收16480hm²,倒塌房屋5.42万间,损坏房屋18.87万间,直接经济损失50.7亿元。国道210西乡—镇巴段发生多处塌方、3处路基全毁,国道108大安桥梁局部冲毁,国道316和省道309略阳段形成泥石流3万m³,2042条农村道路不同程度受损;损坏堤防2355处1671km,损毁供水工程355处,损坏小型水库9座、水电站9座;损坏城镇排水管网244km、垃圾处理设施11处
2011	7月26~31日	宁强、洋县、南郑、勉县、留坝、城固	受灾人数11.8万人,紧急转移安置10571人,农作物受灾4398hm²,绝收1129hm²,倒塌房屋3040间,损坏房屋9792间,直接经济损失5.6亿元
2012	7月2~4日、7~10日、21日、8月31日~9月1日	全市11个县(区)	受灾人数61.37万人,紧急转移安置6.96万人,死亡5人,农作物受灾61310hm²,绝收9600hm²,倒塌房屋3.58万间,直接经济损失24.38亿元,其中农业经济损失1.55亿元
2014	9月5~13日	汉中市全县区	受灾人数40.38万人,农作物受灾292000hm²,绝收4000hm²,倒塌房屋3230间,损坏房屋20223间。108国道、210国道和152条地方公路交通一度中断,国省干线公路发生塌方约464处1156万m³,583条农村公路不同程度受损;堤防损毁159处26.09km、护岸损坏24处、灌溉设施损毁324处、塘坝受损7座电站受损4座;128所学校受灾,形成危房1217间,房屋受损面积34722m²,损坏教学仪器38套损坏课桌椅220套,损坏图书1000册
2015	6月27~28日	宁强、略阳、南郑	受灾人数19.68万人,紧急转移安置29625人,死亡6人,失踪11人,农作物受灾13140hm²,绝收1440hm²,倒塌房屋1175间,损坏房屋13244间,直接经济损失10.93亿元
	8月8日	西乡、洋县	受灾人数1.187万人,紧急转移安置5127人,农作物受灾940hm²,绝收306hm²,倒塌房屋82间,损坏房屋8845间,直接经济损失0.49427亿元

续表

年份	时间	受灾区域	受灾情况
2017	年内	全市	暴雨洪涝灾害共造成全市10.66万人受灾，紧急转移2836人，死亡1人，农作物受灾4775hm²，绝收479hm²；倒塌房屋191户333间，严重受损392间，一般受损1556间；灾害共造成直径经济损失11800万元
2018	7月3~4日	南郑、城固、洋县、西乡、宁强、略阳、镇巴、留坝	紧急转移安置842人，无人员伤亡；倒塌房屋40户70间，严重受损119户303间，一般受损706户1575间。农作物受灾1986hm²，成灾1401hm²，绝收199hm²；部分县乡交通、水利设施受损，直接经济损失8190万元
2018	7月10~12日	全市	受灾人口7.26万人，紧急转移安置18992人，暂无人员伤亡；倒塌房屋4户7间，农房严重受损121户327间，一般受损653户1518间；农作物受灾4003hm²，成灾1527hm²，绝收169hm²；受灾镇村交通、电力、通信等基础设施损毁，造成直接经济损失13718万元
2020	8月11~13日	宁强、留坝、略阳	受灾人口6310人，紧急转移安置13131人；受灾农作物132.6hm²；灾害还造成部分道路、河堤等基础设施受损，直接经济损失97.5万元
2021	6月16~17日	汉台、南郑、勉县、宁强、留坝	受灾3.5万人，房屋受损171户385间、倒塌房屋4间。宁强、南郑部分乡村道路短时中断；宁强2条电力出现故障；农作物受灾1751hm²，直接经济损失2303万元
2021	7月10日~7月11日	全市	9县区2.65万人不同程度受灾，紧急避险转移7887户20946人，农作物受灾面积696hm²，其中绝收66hm²；G210镇巴段、G345南郑段2条道路塌方；5个县区173条农村公路不同程度受损，供电线路因山体滑坡导致10kV线路倒杆5个镇17个行政村3890户停电
2021	7月15~16日	全市	受灾16786人，撤离群众1424户3674人，农作物受灾面积877.01hm²，成灾面积606.3hm²，严重受损房屋3户10间，多个区县水利、电力、道路交通、通信等基础设施不同程度受损，直接经济损失2246.31万元

续表

年份	时间	受灾区域	受灾情况
2021	8月21~22日	勉县	受灾11639人，撤离群众1393户4070人，农作物受灾面积1146.04hm²，严重损坏房屋3间，一般损坏房屋415间，直接经济损失合计约4.5亿元
	9月26日	汉台、南郑、城固、洋县、勉县、宁强、略阳、佛坪、留坝	9个县区不同程度受灾，不同程度受灾71208人，紧急转移安置12496人
2022	8月29~30日	镇巴	受灾人口25630人，直接经济损失1454.06万元。其中：农业方面：玉米受灾32.33hm²，直接经济损失265万元；水毁河堤1处221m，供水管道2300m，直接经济损失122万元

表5.2 2005~2021年安康市主要洪涝灾害统计表

年份	时间	受灾区域	受灾情况
2005	7月2~17日	10个县（区）158个乡（镇）	受灾人数75.8万人，紧急转移安置4212户14060人，死亡13人，失踪4人，农作物受灾38270hm²，绝收5870hm²，倒塌房屋6421间，损坏房屋16069间，直接经济损失2.73亿元
	10月1~10日	8个县（区）146个乡（镇）	受灾人数114万人，紧急转移安置10.9万人，死亡4人，农作物受灾3960hm²，绝收6530hm²，倒塌房屋10755间，损坏房屋24972间，直接经济损失7.5亿元。冲毁基本农田2270hm²。国、省道塌方25处，4条干线公路、35条县道和51条乡道交通中断。水毁堤防192处74km、饮水和灌溉设施351处。损毁电网33km，中断通信网络13处。损毁卫生院8所，倒塌校舍270间
2006	年内	9县（区）182乡（镇）	受灾人数162.9万人，农作物受灾171530hm²，绝收52470hm²，直接经济损失6.02亿元，其中农业直接经济损失5.25亿元
2007	7月1~11日	全市	受灾人数75万人，农作物受灾78433hm²，倒塌房屋4932间，直接经济损失2.5亿元
	8月7~11日	汉滨区、岚皋县部分乡（镇）	受灾人数49.32万人，死亡19人，失踪37人，农作物受灾24128.7hm²，倒塌房屋15167间，直接经济损失2.8亿元
	8月30日~9月2日	全市	受灾人数26.5万人，紧急转移安置8640万人，死亡7人，失踪4人，农作物受灾3459.3hm²，倒塌房屋4560间，直接经济损失2亿元

续表

年份	时间	受灾区域	受灾情况
2008	5月29~30日	平利县	紧急转移安置155人，倒塌房屋389间，损坏房屋1010间，直接经济损失0.3亿元
	8月12~14日	石泉、紫阳	受灾人数1.2万人，死亡2人，农作物受灾467hm²，损坏房屋300万间，直接经济损失0.0262亿元
2009	汛期	全市	受灾人数34.84万人，紧急转移安置1.61万人，死亡16人，农作物受灾76850hm²，绝收10421hm²，倒塌房屋7315间，损坏房屋13326间，直接经济损失4.2782亿元
2010	4月20日	白河县	受灾人数1.756万人，农作物受灾383hm²，绝收82hm²，倒塌房屋51间，损坏房屋2280间，直接经济损失0.0534亿元
	7月1日~9日	汉滨、平和、岚皋、汉阴等区	受灾人数2.2349万人，紧急转移安置710万人，农作物受灾481.5hm²，倒塌房屋697间，损坏房屋966间，直接经济损失0.3091亿元
	7月18~23日	安康市	受灾人数155万人，紧急转移安置58万人，死亡182人，农作物受灾107400hm²，绝收32200hm²，倒塌房屋124278间，损坏房屋212706间，直接经济损失65.6亿元
	8月18~30日	汉滨、汉阴石泉、平利、镇坪等县	受灾人数2.3594万人，紧急转移安置1990人，死亡3人，农作物受灾1760hm²，绝收459hm²，倒塌房屋768间，损坏房屋2212间，直接经济损失0.27227亿元
2011	6月19~28日	全市	受灾人数3.3483万人，紧急转移安置1847人，农作物受灾2267hm²，绝收78hm²，倒塌房屋422间，损坏房屋1550间，直接经济损失0.06177亿元
	7月3~14日	岚皋、平利、旬阳、汉阴、汉滨、白河等县	受灾人数16.4421万人，紧急转移安置10736人，农作物受灾2545hm²，绝收572.5hm²，倒塌房屋2256间，损坏房屋4450间，直接经济损失1.494235亿元
	7月29日~8月2日	镇坪、汉阴、石泉、白河四县	受灾人数3.6822万人，紧急转移安置6078人，农作物受灾2272.7hm²，绝收557.1hm²，倒塌房屋722间，损坏房屋2121间，直接经济损失0.680724亿元
	8月3~9日	全市	受灾人数11.5万人，紧急转移安置15017人，农作物受灾2964hm²，绝收556hm²，倒塌房屋850间，损坏房屋2295间，直接经济损失0.64052亿元
	9月12~20日	全市	受灾人数93万人，紧急转移安置222114人，倒塌房屋41067间，损坏房屋41067间，直接经济损失18.5亿元

续表

年份	时间	受灾区域	受灾情况
2012	7月2~4日	10县（区）148个镇（街道办）	受灾人数23.1万人，紧急转移安置3.5万人，农作物受灾12510hm²，绝收2580hm²，倒塌房屋2499间，损坏房屋6530间，直接经济损失2.2587亿元
	7月21日	旬阳县、白河县	受灾人数6.0776万人，紧急转移安置1474人，农作物受灾1890hm²，绝收360hm²，倒塌房屋200间，损坏房屋605间，直接经济损失0.36403亿元
	7月30日~8月4日	汉滨区、宁陕县和黎平县	受灾人数1.2496万人，紧急转移安置2210人，农作物受灾2140hm²，绝收402hm²，倒塌房屋245间，损坏房屋615间，直接经济损失0.2934亿元
	8月5~7日	白河县	受灾人数5.4386万人，紧急转移安置2864人，死亡2人，失踪3人，农作物受灾2210hm²，绝收690hm²，倒塌房屋865间，损坏房屋2432间，直接经济损失2.6亿元
	8月30日~9月4日	全市除汉阴县外9县	受灾人数14.3万人，紧急转移安置4.9万人，农作物受灾3580hm²，绝收713hm²，倒塌房屋832间，损坏房屋2373间，直接经济损失1.0698亿元
2015	6月24~30日	汉阴、石泉、宁陕	受灾人数7.889万人，紧急转移安置15508人，农作物受灾4500hm²，绝收1140hm²，倒塌房屋966间，损坏房屋3495间，直接经济损失1.61551亿元
	9月11~14日	旬阳、白河	受灾人数2.3716万人，农作物受灾1363hm²，绝收202hm²，损坏房屋328间，直接经济损失0.2223亿元
2017	9月23~26日	汉滨区及汉阴、石泉、紫阳、岚皋、平利、镇坪、旬阳	受灾人口60021人，因灾死亡5人（岚皋县2人，平利县3人），失踪4人（平利县4人）；直接经济损失25586.76万元。据了解，安康市因强降雨致使农作物受灾面积3340.74hm²，其中农作物绝收面积549.32hm²；倒塌房屋163间，严重损坏房屋567间，一般损坏房屋1109间

续表

年份	时间	受灾区域	受灾情况
2018	年内	全市	洪涝灾害造成受灾人口 80368 人（次），占全年受灾人口 64.2%；农作物受灾面积 5192hm^2，占全年农作物受灾面积 60.5%；倒塌和严重损坏房屋 587 间，占全年倒塌和严重损坏房屋 90.8%；直接经济损失 23037 万元，占全年直接经济损失 82.9%
2019	6月5日	平利县	洪涝及冰雹灾害造成受灾人口 489 人；房屋财产损失：正阳镇 4 户共 5 间房屋，一般损坏，造成家庭财产损失 1 万元；农作物受灾面积 501 亩，其中成灾面积 464.5，绝收面积 202.5 亩，农业损失 42.9 万元，造成直接经济损失 48.9 万元
	8月3~5日	白河县	受灾人口 13105 人；紧急转移受灾群众 6832 余人，直接经济损失 2.3357 亿元；农作物受灾面积 567.45hm^2，其中成灾面积 489.1hm^2，其中绝收面积 127hm^2，冲毁耕地 77.6hm^2；倒塌房屋 50 户 158 间，严重损坏房屋 79 户 257 间，一般损坏房屋 481 户 1270 间，死亡大牲畜 900 头；毁损桥梁 53 座，坍塌方 234 处 49929 方，冲毁路基 263 处 71.46km，冲毁涵洞 103 道；冲倒电力、通信线路 166 基 187300m；冲毁河堤 257 处 50186m、供水管道 94898m
	10月3~12日	汉滨区、旬阳县、紫阳县、白河县、汉阴县 34 个镇办	受灾 17988 人，紧急转移安置 1606 人，农作物受灾面积 556hm^2，倒塌房屋 14 户 40 间，严重损坏房屋 26 户 69 间，一般损房 193 户 450 间，造成直接经济损失 5053 万元
2020	7月15~18日	汉滨、紫阳、岚皋、镇坪、恒口示范区等 17 个乡镇	洪涝灾害造成 21045 人受灾，紧急转移安置 1695 人，其中集中安置 34 人，分散安置 1661 人；玉米、魔芋、烤烟等农作物受灾面积 454.52hm^2，成灾面积 364.61hm^2，绝收面积 215.19hm^2；倒塌房屋 19 间，严重损坏房屋 76 间，一般损坏房屋 52 间，直接经济损失 2871.73 万元
	7月20~25日	汉滨、宁陕、紫阳、岚皋、镇坪、旬阳、白河	受灾 79468 人，紧急转移安置人口 3504 人，集中安置 481 人，分散安置 3023 人，农作物受灾面积 2097.276hm^2，成灾面积 1525.503hm^2，绝收面积 421.706hm^2，倒塌房屋 28 间，严重损坏房屋 94 间，一般损坏房屋 554 间，造成直接经济损失 7500.236 万元，其中农业损失 2012.36 万元，基础设施损失 4753.836 万元

续表

年份	时间	受灾区域	受灾情况
2020	8月12日	汉滨、汉阴、石泉、宁陕、旬阳、紫阳、岚皋等7县区44个镇办	洪涝灾害造成29233人受灾，紧急转移安置2518人，需紧急生活救助217人，农作物受灾面积784.12hm^2，成灾面积560.34hm^2，绝收面积191.6hm^2，倒塌房屋7间，严重损坏房屋31间，一般损坏房屋245间，直接经济损失3100.764万元，其中农业损失919.284万元，基础设施损失1699.73万元，家庭财产损失386.7万元
2020	年内	全市	受灾人口226861人，紧急转移安置人口13492人，死亡5人，农作物受灾面积6503.04hm^2，成灾面积4742.3hm^2，绝收面积1755.7hm^2，毁坏耕地面积447.77hm^2。倒塌房屋142间，严重毁损房屋311间，一般毁损房屋1236间；直接经济损失达27671.86万元，其中，农业类经济作物损失8247.75万元，基础设施损失16322.46万元，家庭财产损失2123.56万元
2021	8月8~9日	汉滨区大河镇	19人死亡，失踪37人；倒塌房屋278间，危房560间，农作物受灾面积达19800亩，绝收6500亩，冲毁桥梁5座计200余米，12条通村公路被冲断，集镇供水供电全部中断
2021	8月21~23日	全市	因洪涝灾害转移群众4851户12128人，农作物受灾1780hm^2，倒塌房屋69户184间，直接经济损失3.41亿元
2021	8月28~31日	全市	洪涝灾害造成154880人受灾，紧急避险转移22267人，紧急转移安置30103人，需紧急生活救助3649人。农作物受灾4566hm^2，成灾面积2753hm^2，绝收面积1447hm^2；倒塌房屋80户215间，严重损坏房屋179户566间，一般损坏房屋1176户2792间；直接经济损失10.4亿元，其中家庭财产损失5255万元，农业经济损失8133万元，基础设施损失84993万元等
2021	9月4~5日	全市	洪涝灾害造成56748人受灾，紧急避险转移11529人，紧急转移安置14728人，农作物受灾559hm^2，成灾面积233hm^2，绝收面积60hm^2；倒塌房屋80间，严重损坏房屋203间，一般损坏房屋751间，直接经济损失3.2亿元，其中农业经济损失1700万元，基础设施损失29016万元

续表

年份	时间	受灾区域	受灾情况
2021	9月18~19日	全市	洪涝灾害造成82355人受灾，紧急避险转移16438人，紧急转移安置25690人。农作物受灾440hm²，成灾面积269hm²，绝收面积150hm²；倒塌房屋60户210间，严重损坏房屋60户150间，一般损坏房屋158户359间；直接经济损失1.9亿元，其中家庭财产损失1935万元，农业经济损失2369万元，工矿商贸业损失2505万元，基础设施损失11088万元

表5.3 2005~2021年商洛市主要洪涝灾害统计表

年份	时间	受灾区域	受灾情况
2005	全年	7个县（区）163个乡（镇）1236个村	受灾人数180万人，紧急转移安置60695人，死亡9人，农作物受灾209960hm²，绝收54470hm²，倒塌房屋16397间，损坏房屋55945间，直接经济损失9.49亿元，其中农业经济直接损失3.73亿元
2006	7月22日	商南县13个乡（镇）114个村	受灾人数7.4994万人，死亡2人，农作物受灾2251hm²，绝收654hm²，倒塌房屋1060间，损坏房屋4592间，直接经济损失1.835亿元，农业直接经济损失4544万元。冲毁县乡公路26处57.4km、村组道路448处553.6km、桥涵113座、自来水管289.4km、通信线路223.7km、小水电站18座、变压器17台、机电泵站2座、机井3眼；毁坏电视机36台
2007	7月4日、7月28日	镇安、柞水、丹凤、山阳、商南	受灾人数108.5万人，紧急转移安置70955人，死亡27人，失踪24人，农作物受灾24451hm²，绝收6533hm²，倒塌房屋14617间，损坏房屋45949间，直接经济损失4.7298亿元
2009	全年	山阳镇安柞水、丹凤商南、丹凤、商州洛南丹凤、镇安、商南、商州丹凤、山阳镇安一共8县	受灾人数34.53万人，紧急转移安置14945人，农作物受灾8640hm²，绝收735hm²，倒塌房屋1626间，损坏房屋6808间，直接经济损失1.294792亿元
2010	6月3日	商州、洛南、商南、山阳4县	受灾人数129.569万人，紧急转移安置19.8991万人，死亡31人，失踪63人，农作物受灾41400hm²，绝收11880hm²，倒塌房屋13898间，损坏房屋7778间，直接经济损失39.53亿元

续表

年份	时间	受灾区域	受灾情况
2010	7月23~24日	山阳	受灾17万人,紧急转移安置38560人;死亡9人,失踪15人;灾害致危房屋3260户10752间,倒塌房屋1531户5052间;直接经济损失330882万元
2011	全年	商洛全市	受灾人数90万人,紧急转移安置5.32万人,死亡7人,农作物受灾23097hm^2,绝收3390hm^2,倒塌房屋11372间,直接经济损失1.008亿元
2012	汛期	全市	受灾人数60万人,农作物受灾22580hm^2,绝收1090hm^2,倒塌房屋5954间,损坏房屋5800间,直接经济损失3.09亿元
2015	年内	全市	受灾人数33.96万人,紧急转移安置1964人,死亡66人,农作物受灾13590hm^2,绝收1690hm^2,倒塌房屋363间,损坏房屋1284间,直接经济损失2.332746亿元
2016	7月9~10日	洛南、商州、柞水、商南、丹凤	受灾3.5万人,紧急转移安置受灾群众1385人;农作物受灾面积387hm^2,其中成灾面积280hm^2,绝收52hm^2;因灾倒塌房屋8户29间,损坏房屋463户1506间;灾害造成直接经济损失2972万元,其中农业损失514万元,基础设施损失2060万元,家庭财产损失398万元
2016	7月13~14日	全市	受灾56212人,其中1人死亡;农作物受灾面积929hm^2,绝收272hm^2;因灾倒塌房屋55户152间,严重损坏房屋38户119间;直接经济损失达1.5777亿元
2016	7月30~31日	商南、山阳、镇安、丹凤、洛南、商州6县区44个镇	受灾233663人,紧急转移安置人口4667人;农作物受灾面积5028hm^2,其中成灾面积3755hm^2,绝收466hm^2;因灾倒塌房屋210户478间,严重损坏房屋351户1041间,一般损坏房屋761户2272间;灾害造成直接经济损失43522万元,其中农业损失12515万元,基础设施损失27578万元,工矿业损失710万元,家庭财产损失2719万元
2017	8月20~21日	商南、镇安	受灾人数5537人,紧急转移安置受灾群众64人;农作物受灾面积170hm^2,倒塌民房24间,严重损坏民房40间;农作物受灾面积170hm^2,商南县6只梅花鹿因灾失踪;水毁通村公路53处23km,蓄水池10座,水毁桥涵11座。灾害造成直接经济损失838万元,其中农业损失173万元

续表

年份	时间	受灾区域	受灾情况
2017	9月24~27日	山阳、镇安、柞水、商南、丹凤	受灾9.57万人；因灾倒塌民房76户264间，严重损坏民房109户315间；农作物受灾面积597hm²，成灾439hm²，绝收116hm²；水毁河堤182处9125延米，道路塌方58处3230方；造成直接经济损失4067万元，其中农业损失586万元，基础设施损失1896万元，公益设施损失97万元，家庭财产损失1488万元
2018	7月3~4日	镇安、柞水	受灾8624人；农作物受灾面积270hm²，成灾面积207hm²，绝收面积111hm²，受损民房12户31间；灾害共造成直接经济损失579万元，农业损失243万元，基础设施损失253万元，家庭财产损失83万元
2020	8月6~7日	洛南县	受灾84848人；农作物受灾面积1729.8hm²，其中成灾面积1420.7hm²，绝收471.3hm²，经济损失1719万元。水毁公路约198km，水毁河堤251km，桥梁57座、变压器4台，经济损失17723.3万元；倒房46户138间，损坏房屋442户1284间，毁坏养殖场3个，造成财产性损失4820万元；造成直接经济损失共计24262.3万元
2021	7月22~23日	洛南、山阳、商州	洛南紧急转移5.8万人，7个镇道路中断，8个镇部分电力中断，19个村通信中断；山阳县紧急转移人员1237人，损坏房屋4户13间，其中倒房1户3间，农作物受灾面积300hm²，河堤损毁2300m，通村公路损毁6km；商州区15条10千伏线路受损，1座35千伏变电站被迫停运，造成27568户群众停电
2021	"7·23"特大暴雨洪涝灾害	洛南	全县16个镇办172个村（社区）77961人受灾；倒塌房屋149户603间，损坏房屋1681户6177间、车辆27台，财产损失7720.908万元；农作物受灾面积5596.09hm²，成灾4915.07hm²，绝收3595.31hm²，农作物经济损失14910.85万元；基础设施财产损失193808.712万元；公共服务设施损失4242.56万元；直接经济损失22.3亿元
2021	8月19~22日	镇安、商州	镇安县全县范围内15个镇办29571人受灾，紧急避险转移6.8万人，农作物受害面积534.5hm²，造成直接经济损失达5.988亿元

研究背景三：山洪灾害影响因素多，小流域抵御能力差

影响山洪灾害发生的因素主要包括降雨情况、地形地貌、植被覆盖及土壤类型等因素，影响因素多，各因素之间的相互影响复杂。同时小流域处于河流前端，位于山地区，主要是农业农村地区，抵御灾害的能力差。基于"背景信息—情景概要—事件后果—演化过程"深入了解陕南典型小流域山洪灾害及次生灾害演化过程与路径，明晰防御任务清单，科学评估灾害防御能力，有效剖析防御短板并制定行之有效的防御策略，可有效减少人员伤亡和财产损失。

5.2 数据来源与研究方法

5.2.1 数据来源

用于陕南极端降水时空特征分析的数据资料来源于中国气象资料共享网（http://www.escience.gov.cn/metdata/page/index.html）中陕南地区的 12 个气象站点（镇巴、略阳、留坝、宁强、汉中、佛坪、安康、镇坪、石泉、商县、商南、镇安）（图 5.1）的日最高最低气温、日均气温、20 时～次日 20 时降水量。

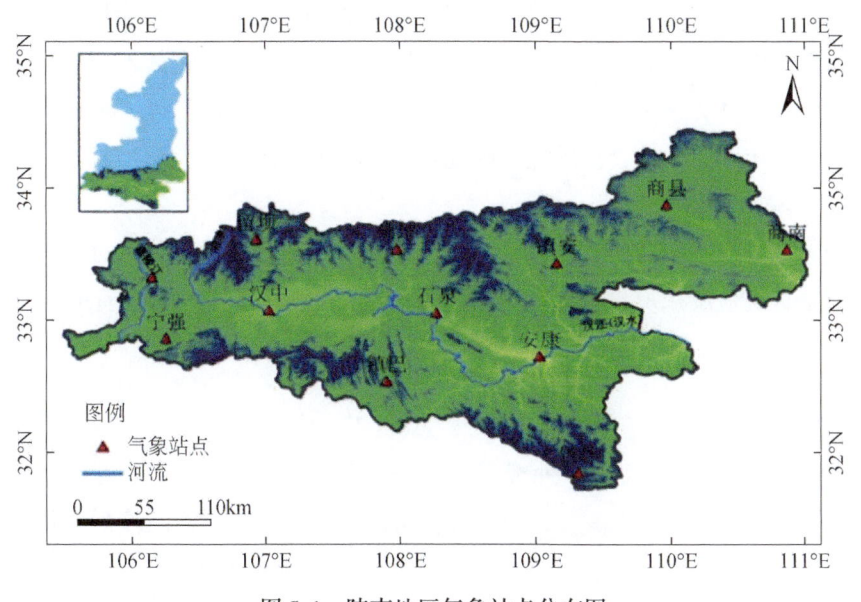

图 5.1 陕南地区气象站点分布图

由于各站点的建站时间不同,为避免资料缺失而给分析带来的误差,因此在本书中对所有站点统一挑选 1960 为起始年,截至 2019 年,共 60 年。

暴雨洪涝灾害分析部分,陕南各县区灾害统计数据来源于《陕西救灾年鉴》(1995—2015 年),1995~2015 年月气温、降水数据来源于中国气象科学数据共享网,高程数据来源于地理空间数据云,常住人口、城镇人口、人均 GDP、地方财政、农村居民收入等数据来源于《陕西统计年鉴》(1995~2015 年)、中国地情网、陕西省地情网,医疗卫生人数等数据来源于各县区地方志,陕南区域行政区划图来源于全国 1:400 万矢量地图集。

5.2.2 研究方法

(1) 气候倾向率

气候倾向率是分析降水线性变化规律的一种方法。该方法假定某一气候要素时间序列,以时间 t 为自变量,气候要素 $X_{(t)}$ 为因变量,建立一元线性回归方程:

$$X_{(t)} = a_0 + a_1 t \tag{5.1}$$

式中,t 为时间;a_0 为常数;a_1 为线性趋势项。$a_1 \times 10$ 称为气候倾向率。

(2) 年际变化系数

年际变化情况用 C_v 表示。C_v 反映某一特征值对其均值的相对离散程度,即反映这一特征值在年际的相对变化程度。不同序列特征值因为均值不同所以采用均方差难以比较其离散程度,用变差系数则可进行不同序列之间的对比。C_v 值越大,变量的年际变化越大;反之,则变量的年际变化越小。

(3) 滑动平均

趋势拟合技术最基础的方法,它相当于低通滤波器。通过计算时间序列的平滑值,来直观地展示其变化趋势。对样本量为 n 的序列 x,其滑动平均序列表示为:

$$\hat{x} = \frac{1}{k} \sum_{i=1}^{k} x_{i+j-1} (j = 1, 2, n - k + 1) \tag{5.2}$$

式中,k 为滑动长度。作为一种规则,k 最好取奇数,以使平均值可以加到时间序列中项的时间坐标轴上。若 k 取偶数,可以对滑动平均后的新序列取每两项的平均值,以使滑动平均对准中间排列。可以证明,经过滑动平均后,序列中短于滑动长度的周期大大削弱,显现出变化趋势。分析时主要从滑动平均序列曲线图

（4）M-K 突变检验

M-K 突变检验，全称为 Mann-Kendall 突变检验，是一种非参数统计方法，用于检测时间序列中的趋势或突变。M-K 突变检验的优点在于，即使数据中包含异常值或不遵循特定分布，该检验仍能提供可靠的结果。在环境科学、水文学和生态学等领域，M-K 突变检验被广泛用于识别数据集中的趋势变化和不连续点，即突变点。例如，在气候变化研究中，它可以用来检测某一地区年平均气温或降水量随时间的变化趋势及其突变点。

（5）RClimDex 模型

RClimDex，一款由 Xuebin Zhang（张学斌）和 Feng Yang（加拿大气象局气候研究部）共同开发与维护的软件。该软件在国际极端气候研究领域得到了WMO 等国际机构的支持与认可，并且能够计算包括 16 个极端温度指数和 11 个极端降水指数在内的 27 种核心极端气候指数。其对 R 包的开发与测试做出了重要贡献。本软件基于 R 语言开发，可用于计算多种类型极端气候指数的模型，此模型也为世界气象组织气候委员会推荐用于各种气候变化上的测试及极端气候指数分析。目前，该模型已被广泛应用到世界各地，其功能结构如图 5.2 所示。

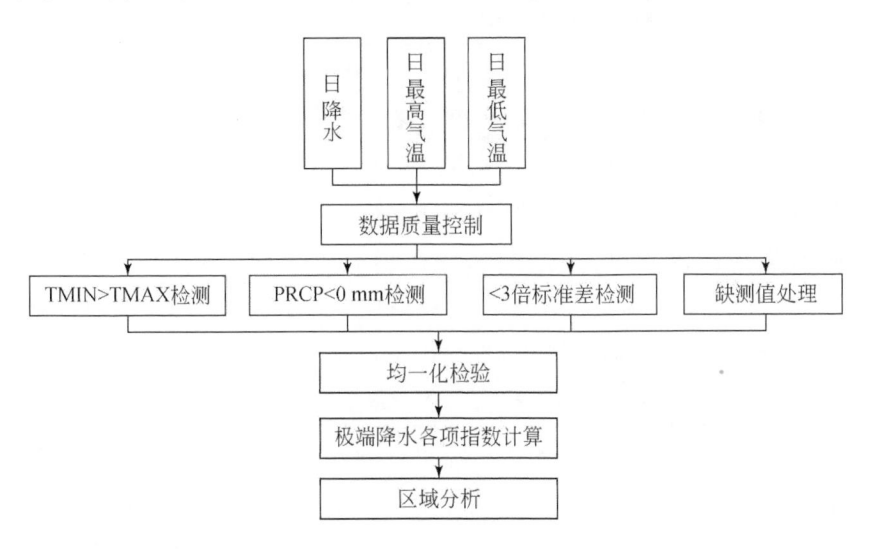

图 5.2　模型结构示意图

本模型的优势为使用者只用输入年、月、日、逐日降水、最高气温、最低气温等基本气候信息，通过统计计算获得 27 个核心极端气候指数，其中，极端降水指数为11个，极端气温指数为16个。因为极端降水指数的计算十分敏感，所以本模型中，假设在一个月中出现了3天以上或者在一年中出现了连续15天以上的缺测值时，则会对有缺测值的月份或者年份不进行极端降水指数计算。因此，完成数据质量控制处理后就可以进行降水极端指数计算处理了。

根据《降水量等级》（GB/T 28592—2012），国内将降水划分成4个等级，小雨（0~9.9mm）、中雨（10.0~24.9mm）、大雨（25.0~49.9mm）、暴雨（≥50.0mm）。我国将50mm的日降水量作为极端降水事件的阈值，鉴于全国各地区的差异性，无法简单采用统一标准来界定，因此，本书参考了近年来国内外关于极端降水指数的研究文献，根据陕南地区实际降水情况和研究需要，选取10个极端降水指数进行计算（表5.4），对于极端降水的阈值计算，本书采用了国际上通用的百分位法。具体操作为：将1960~2019年的逐年日降水量数据按升序排列，然后取第95个百分位数的60年平均值作为极端降水事件的阈值。

表5.4 极端降水指数名称及定义

极端降水指数	指数名称	定义	单位
雨日日数	RD	年内日降水量≥0.1mm的日数	d
强降水日数	R10mm	年日降水量≥10mm的日数	d
大雨日数	R25mm	年日降水量≥25mm的日数	d
极端降水日数	R95d	每年日降水量>第95%分位值的强降水天数	d
极端降水总量	R95p	每年日降水量>第95%分位值的强降水之和	mm
极端降水强度	RI95	年内日降水量高于95%阈值雨日平均水量	mm/d
极端降水比率	R95C	极端降水总量占年降水量的百分比	%
年降水强度	SDII	日降水量≥1mm的总量与总日数之比	mm/d
持续干燥日数	CDD	日降水量≤1mm的最长连续日数	d
持续湿润日数	CWD	日降水量≥1mm的最长连续日数	d

(6) 熵权法

熵权法是一种客观赋权法，其主要依据指标信息熵确定权重，即信息熵越大，反映的信息越少，对评价结果影响越小，故熵权就越小；反之，信息熵越小，熵权越大。暴雨洪涝灾害的影响因素复杂多样，本书根据致灾因子危险性、承载体暴露性、孕灾环境脆弱性，以及防灾减灾能力这四个准则层，细化了18

个评价层指标,并据此构建了指标评价体系(表5.5),运用熵权法确定权重,本书参照文献罗军刚等进行指标权重计算,权重结果见表5.5。

表5.5 暴雨洪涝灾害风险区划评价体系

目标层	准则层	权重	评价层	权重
综合风险	致灾因子危险性	0.35	洪涝频次	0.26
			暴雨频次	0.22
			河网密度	0.21
			海拔	0.15
			平均坡度	0.16
	承灾体暴露性	0.21	人口密度	0.41
			规模以上工业总产值	0.28
			农业总产值	0.31
	孕灾环境脆弱性	0.25	耕地面积	0.23
			城镇人口	0.24
			粮食总产量	0.25
			人均生产总值	0.28
	防灾减灾能力	0.19	GDP	0.17
			人均GDP	0.17
			地方财政	0.15
			农村居民收入	0.20
			平均医疗人数	0.15
			全社会固定资产总值	0.16

(7) 灰靶评价模型

灰靶理论是处理模式序列的灰关联分析理论,无标准参考模式条件下,通过设定一个灰靶并找到靶心的方式,将待评模式与标准模式进行比较,评价过程具体如下:

1) 构建标准模式Y_0。

构建标准模式时,对于正向功效性指标,选取其最大值;对于负向功效性指标,则选取最小值,由此构成的标准模式包含了各指标的极值。

$$构建的标准模式 Y_0(X_j) = \{Y_0(X_1), Y_0(X_2), \cdots, Y_0(X_j)\} \quad (5.3)$$

式中,Y_0为标准模式序列;$Y_0(X_j)$为第j个指标的标准值;$j=1, 2, \cdots, 18$。

2) 进行灰靶变换 Z 并确定灰色关联差异 Δ。

令 T 为灰靶变换，靶心 $y_0 = ZY_0 =$ (1, 1, ⋯, 1, 1)，则 28 县区 18 项评价指标的灰靶变换公式为：

$$y_i(X_j) = Z Y_i(X_j) = \frac{\min\{X_{ij}, Y_0(X_j)\}}{\max\{X_{ij}, Y_0(X_j)\}} \tag{5.4}$$

式中，y_0 为靶心；$i = 1, 2, \cdots, 28$；j 取值范围为同上；$Y_0(X_j)$ 为评价指标的标准值。

$$\text{灰色关联差异矩阵 } \Delta_{ij} = |y_0(X_j) - y_i(X_j)| = |1 - y_i(X_j)| \tag{5.5}$$

式中各参数含义与前文一致。

3) 计算靶心系数。

$$\text{靶心系数 } \gamma[y_0(X_j), y_i(X_j)] = \frac{\min(\Delta_{ij}) + \max(\Delta_{ij})}{\Delta_{ij} + 0.5\max(\Delta_{ij})} \tag{5.6}$$

式中，$\gamma[y_0(X_j), y_i(X_j)]$ 为陕南地区 28 县区评价指标的靶心系数；Δ_{ij} 为评价指标 X_j 的灰色关联差异矩阵。因本书 Δ 的最小值为 0，最大值为 1，故靶心系数计算公式可简化为：

$$\gamma[y_0(X_j), y_i(X_j)] = \frac{0.5}{\Delta_{ij} + 0.5} \tag{5.7}$$

4) 计算靶心度。

$$\gamma[y_0, y_i] = \sum_{j=1}^{18} w_j \gamma[y_0(X_j), y_i(X_j)] \tag{5.8}$$

式中，$\gamma[y_0, y_i]$ 为陕南第 i 县区的靶心度；w_j 为第 j 个指标的权重；$\gamma[y_0(X_j), y_i(X_j)]$ 的意义同上。

综合风险是致灾因子危险性、承灾体暴露性、孕灾环境脆弱性和防灾减灾能力综合作用的结果。运用加权综合评价法评价综合风险，表达式如下：

$$C = W \times 0.35 + B \times 0.21 + D \times 0.25 - F \times 0.19 \tag{5.9}$$

式中，C 为暴雨洪涝灾害综合风险靶心度；W 为致灾因子危险性靶心度；B 为承灾体暴露性靶心度；D 为孕灾环境脆弱性靶心度；F 为防灾减灾能力靶心度。

(8) 地统计学方法

通常情况下，采集到的数据以离散点的形式存在，仅在采样点上具有较为准确的数值，而未采样点则缺乏相应数值。然而在实际过程中很可能用到某些未采样点的值，这就需要通过已采样点数值来推算未采样点数值。这样的过程就是栅格插值过程。插值结果将生成一个连续的表面，在这个连续的表面上可以得到每一个点的值。栅格插值包括简单栅格表面的生成和栅格数据重采样。样条函数插值采用两种不同的计算方法：Regularized Spline（规则样条）和 Tension Spline（张力样条）。Regularized Spline 能够生成一个平滑且渐变的表面，但其插值结果可能会显著超出样本点的取值范围。Tension Spline 则会根据所生成现象的特征，生成一个较为坚硬的表面，其插值结果通常更接近并限制在样本点的取值范围内。此外，在计算过程中，除了需要选择适合的计算方法外，还需为每种方法设定一个恰当的权重值。具体而言，对于 Regularized Spline，权重越高，生成的表面越光滑；而对于 Tension Spline，权重越高，则生成的表面越粗糙。

5.3 研究区极端降水特征分析

5.3.1 降水的时间变化趋势

(1) 降水的年际变化特征

据图 5.3 可以看出，1960~2019 年陕南全年降水呈减少趋势，降水变化倾向率为 -3.7mm/10a，秋季降水的减少对全年降水变化贡献率最大。全年最小降水量出现在 1997 年，为 736.18mm，最大降水量出现在 1983 年，为 1400.55mm。从年代际特征看，陕南地区降水在不同年代呈现出不同的变化趋势。20 世纪 60

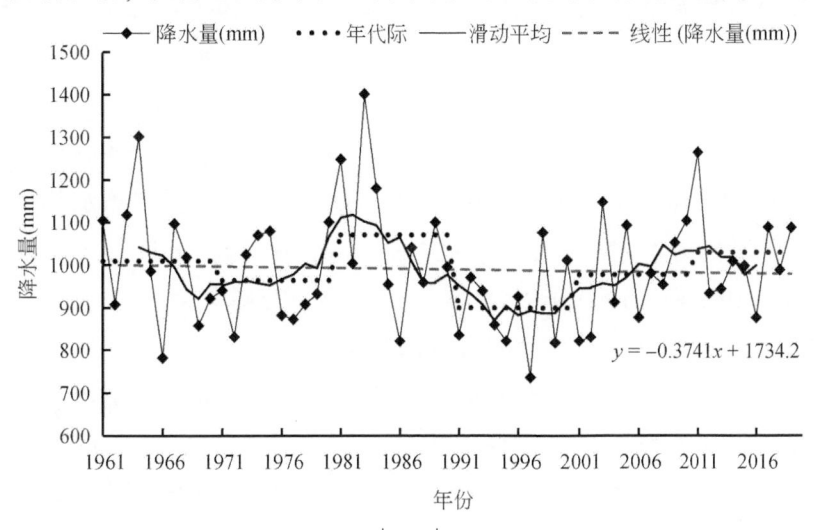

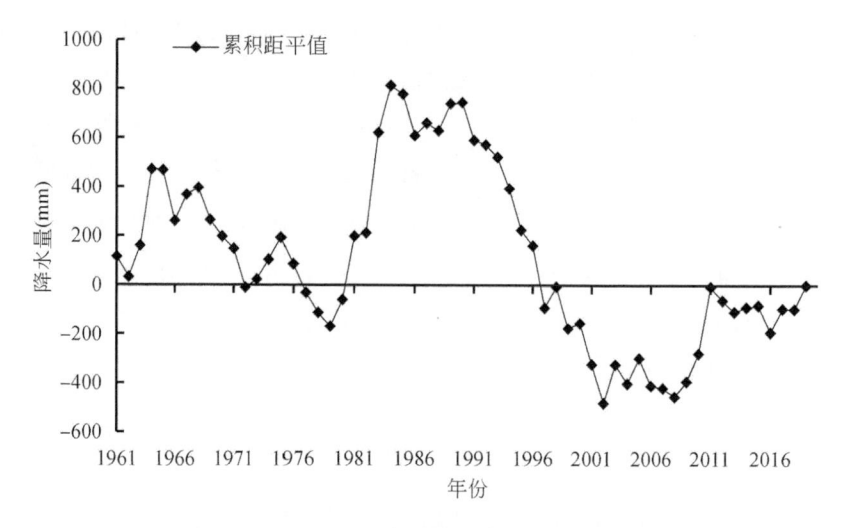

图 5.3 1961~2019 年陕南年降水量变化趋势图

年代初期降水有所增加，中期至 70 年代末则呈减少趋势；80 年代初至中期降水增加，随后至 90 年代初期相对稳定；90 年代至 21 世纪初降水减少，21 世纪以来，在不同阶段分别呈现出波动增加和相对稳定的状态。其中 20 世纪 80 年代和 21 世纪前 10 年降水量显著偏少，20 世纪 60 年代降水与多年平均降水量基本持平，20 世纪 80 年代和 21 世纪 10 年代降水量明显偏多。与 20 世纪 70 年代和 90 年代相比，80 年代降水分别增加了 163.2、减少了 203.6mm，增加和减少的幅度最大。从累积距平曲线和滑动平均曲线看，1961~1964 年、1979~1984 年、2008~2011 年降水呈波动增加趋势，1965~1979 年、1990~2002 年降水呈波动减少趋势。1985~1990 年、2002~2008，2011~2019 年降水变化不大。

(2) 降水的季节变化特征

据图 5.4 可知，1961~2019 年陕南春季、秋季降水呈减少趋势，降水变化倾向率分别为-4.92mm/10a 和-5.00mm/10a。夏季和冬季降水呈增加趋势，降水变化倾向率分别为 4.77mm/10a 和 0.33mm/10a。春、夏、秋、冬季最小降水量分别出现在 1995 年、1969 年、1998 年、1999 年，分别为 94.71mm、245.65mm、105.43mm、7.33mm；最大降水量分别出现在 1963 年、1981 年、1964 年、1989 年，分别为 343.83mm、727.98mm、494.23mm、65.57mm。从累积距平值看，春季 1961~1964 年降水偏多，1965~1995 年降水波动下降，并在 1995 年达到谷值，1996~2019 年降水变化较为平缓，降水量接近多年平均值。夏季 1961~

1969 年降水呈波动下降趋势，1970~1981 年降水呈显著增加趋势，并在 1981 年达到历史峰值，1982~2019 年降水波动较为明显，且降水维持高位。秋季 1961~1964 年降水增加较为显著，1965~1998 年降水呈波动下降趋势，并在 1998 年达到谷值，1999~2019 年降水成波动上升趋势，上升趋势不显著。冬季降水稍有增加，1961~1989 年降水呈波动上升趋势，1990~1999 年呈波动下降趋势，并在 1999 年达到谷值，2000~2019 年曲线较为平缓，降水接近多年平均值。

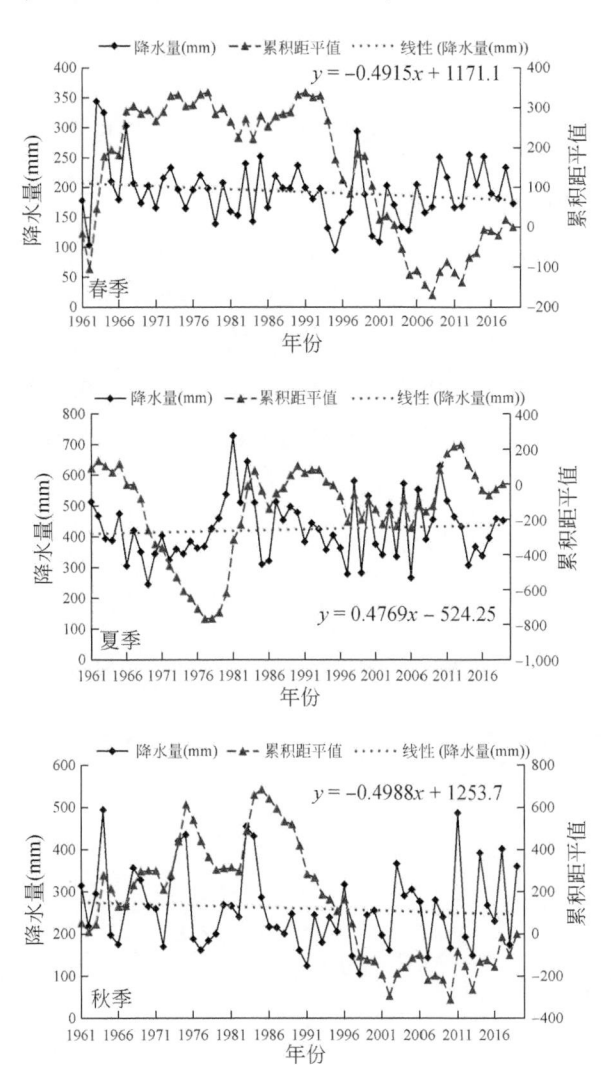

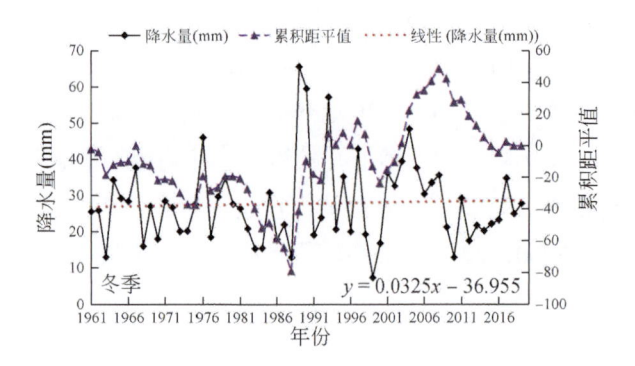

图 5.4　1961~2019 年陕南各季节降水量变化趋势图

（3）降水突变检验

据图 5.5 可以看出，陕南春季降水在 1969 年前呈波动上升趋势，1969~2019 年春季降水整体呈波动减小趋势，1992~2006 年降水减小趋势较为显著，2008 年以来降水减少趋势放缓。在 0.05 的置信度水平下，春季降水未发生突变。夏季降水在 1961~1970 年降水呈加速减少趋势，1975~1980 年降水减小趋势有所放缓，1980~2019 年夏季降水呈波动增加趋势。在 0.05 的置信度水平下，夏

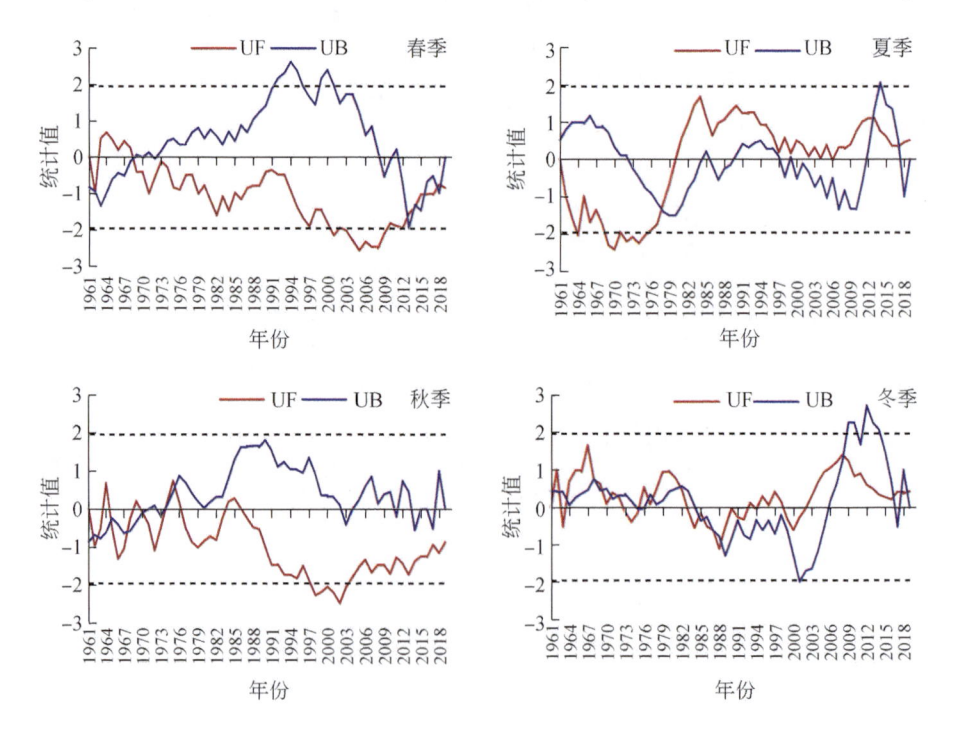

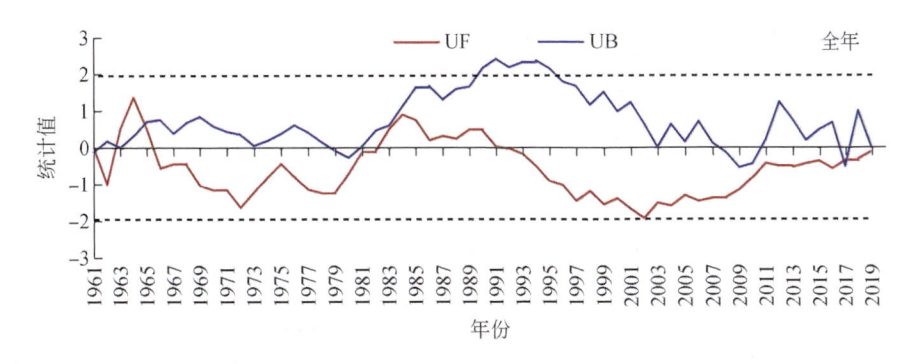

图 5.5　陕南降水 M-K 检验

季降水未发生突变。秋季降水在 1987 年之前波动较大，降水总量呈下降趋势，之后至 2002 年降水下降趋势较为显著，2002 年以来降水下降趋势渐缓。在 0.05 的置信度水平下，秋季降水未发生突变。冬季降水在 1984 年之前呈波动上升趋势，1975~1981 年降水量短暂增加，1982~1989 年降水呈波动下降趋势，1984~1994 年冬季降水出现短暂减少，1994~2019 年冬季降水呈波动上升趋势。冬季降水在 2008 年左右发生突变，结合累积距平值曲线可以判定 2008 年降水发生突变，并通过了 0.05 的置信度检验，突变之前平均降水量为 28.69mm，突变之后降水量为 23.65mm，突变后比突变前降水减少了 5.04mm。年降水量 1966 年之前波动增加，之后至 1982 年呈波状下降，1982~1991 年降水呈波状增加趋势，1991 年之后降水持续减少，其中 1991~2002 年降水减小趋势较显著，2002~2019 年降水减小趋势有所放缓。在 0.05 的置信度水平下，年降水没有发生突变。

5.3.2　降水的空间变化趋势

据图 5.6 可以看出，陕南地区降水时空分布呈现显著的不均衡特征。陕南地区春、秋季降水呈减少趋势，春季陕南自东向西降水变化趋势较为明显，东部降水减少趋势较为明显，西部的略阳县及勉县和宁强县的小部分区域春季降水呈增加趋势。秋季陕南西南部降水减小趋势最为显著，安康大部，商洛西部降水减少较为缓慢，降水增加的区域仅出现在略阳的西部及安康东南部小部分区域；夏季除汉中西部的大部分区域外及商洛西部少部分区域外，陕南其他区域降水呈显著增加的趋势，自南向北降水增加的趋势变小；冬季陕南地区降水整体呈不显著增

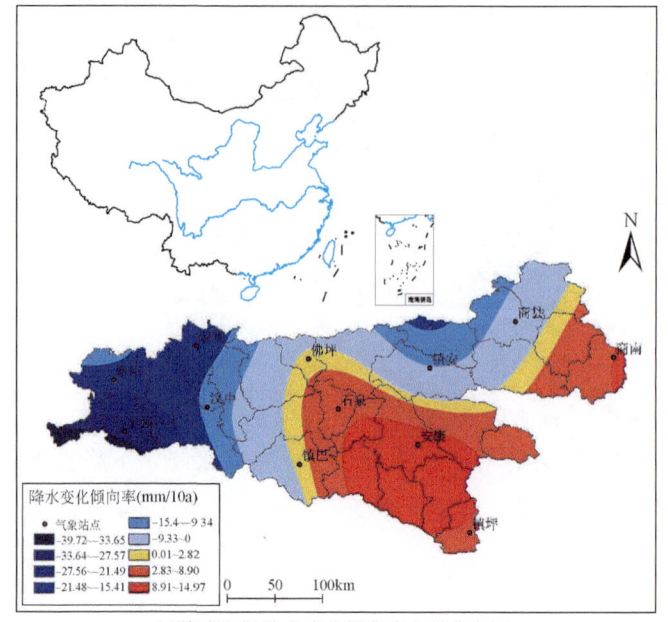

(a)陕南年均降水变化倾向率空间分布图

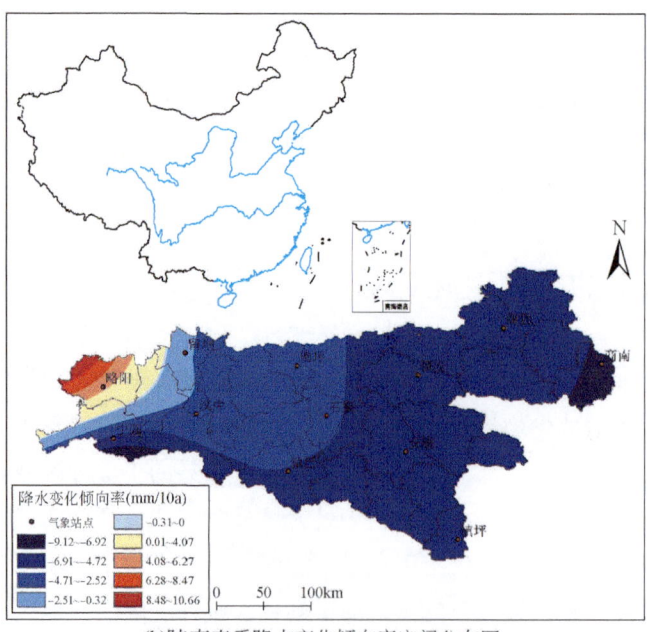

(b)陕南春季降水变化倾向率空间分布图

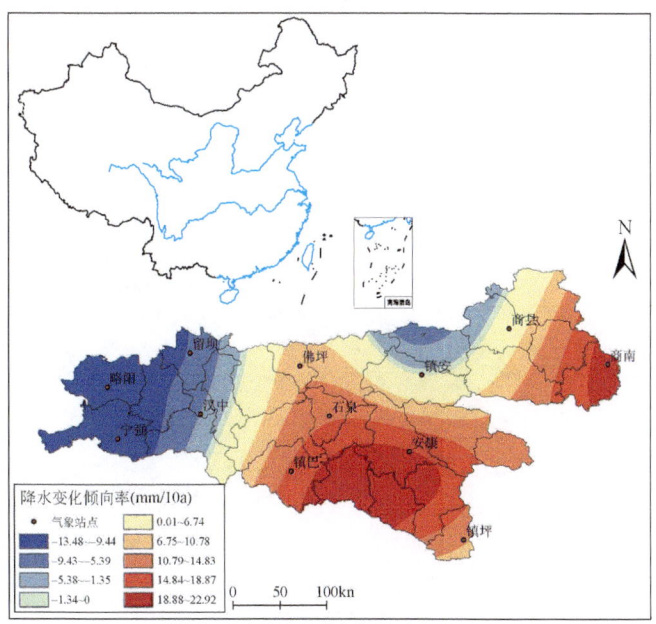

(c)陕南夏季降水变化倾向率空间分布图

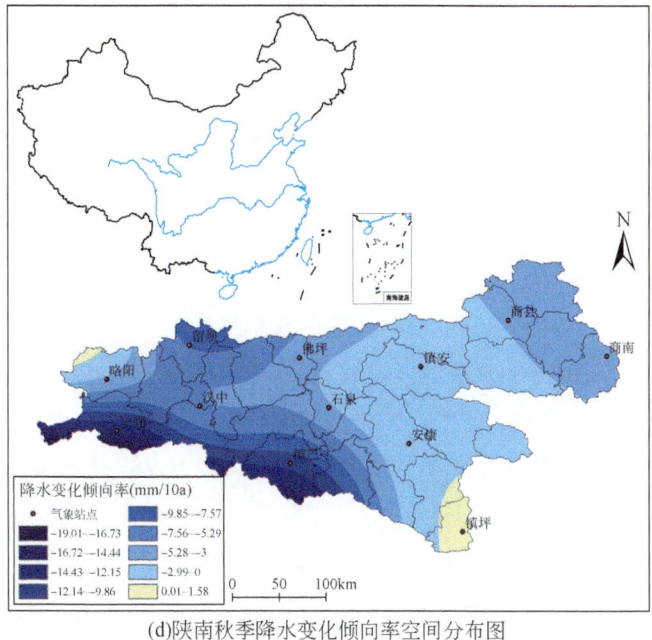

(d)陕南秋季降水变化倾向率空间分布图

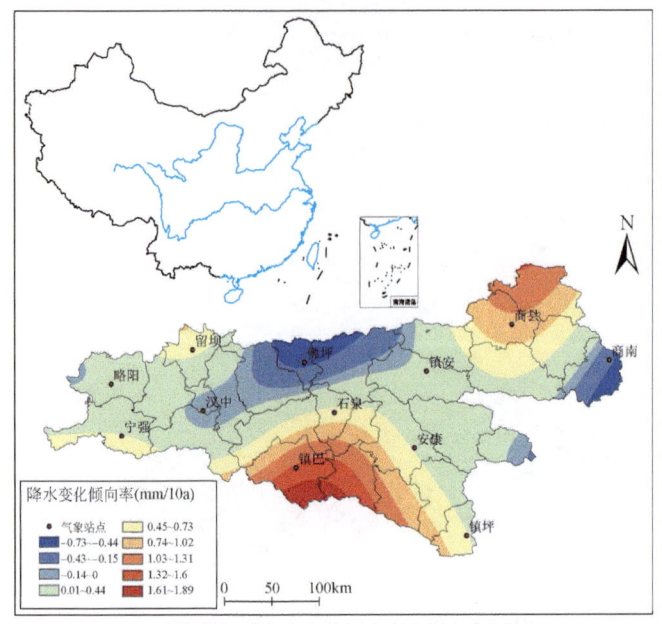

(e)陕南冬季降水变化倾向率空间分布图

图5.6 陕南四季降水变化倾向率空间分布图

加趋势,自南向北降水增加量逐渐减小,在陕南北部及东部有小部分区域呈降水减少趋势。

总体上看,陕南降水空间分布呈现"西减东增"的梯度格局。年尺度上,中西部的宁强、略阳、留坝形成核心低值区,宁强东南部倾向率小于-30mm/10a,安康大部和商洛东南部降水变化倾向率大于6mm/10a,为上升中心。季节尺度空间差异较为显著,春季略阳及勉县和宁强的小部分区域为唯一正中心,降水变化倾向率介于0~10.66mm/10a,商南降幅最大,其变化倾向率接近-10mm/10a;夏季降水增量由西北向东南递增,安康西南大部增速最快,降水变化倾向率大于14mm/10a;秋季陕南大部降水倾向率小于-5mm/10a,降水减少趋势最为显著;冬季降水变化不显著,降水变化倾向率介于-0.73~1.89mm/10a,总体呈增加趋势。

5.3.3 极端降水分析

(1) 降水日数年际变化分析

根据图 5.7 分析,持续干燥日数 (CDD) 在过去 60 多年间虽存在显著波动,但总体变化趋势并不突出,其线性变化率为 -0.026d/10a,最低值出现在 1989 年,为 21.33d。相比之下,陕南地区的持续湿润日数 (CWD) 整体也呈轻微下降趋势,变化率为 -0.061d/10a,且年际波动较小,多数年份数值稳定在 5~8d。从 7 年滑动平均数据观察,持续干燥日数的波动幅度相对较小,尤其在 1995 年

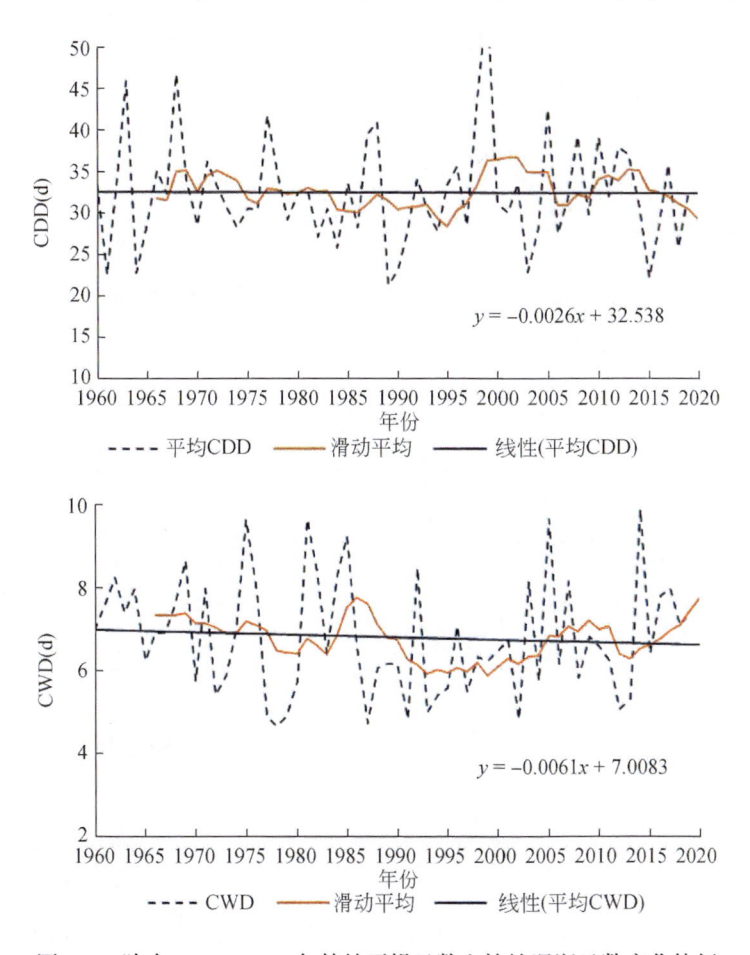

图 5.7 陕南 1960~2019 年持续干燥日数和持续湿润日数变化特征

前，变化趋势较为平缓，呈轻微下降；而在1995~2019年，波动幅度有所增大，形成双峰形态。持续湿润日数的波动幅度总体较小，在1985年和2019年出现两个小峰值。

结合表5.6数据，陕南12个站点中，商洛地区3个站点的持续干燥日数和持续湿润日数均显著高于安康和汉中地区，且以增加为主，表明商洛地区气候干湿变化的时间分布不均性增强；汉中地区6个站点的持续干燥日数和持续湿润日数均呈下降趋势，说明该地区气候持续干燥或湿润的现象有所减少。安康地区3个站点的持续干燥日数总体呈下降趋势，但不同年份间存在差异，如1975年、2000年和2012年连续干旱日数较多；持续湿润日数则呈微弱上升趋势，但总体变化不大，地区间存在差异。根据表5.7中持续干燥日数和持续湿润日数的最大值、最小值及变异系数分析，持续干燥日数的波动幅度表现为商洛>汉中>安康，而持续湿润日数的波动幅度则为汉中>安康>商洛。特别是商洛3个县的持续干燥日数呈现高变异程度，与表5.6中商洛3县气候干湿变化加剧的结论相吻合。

表5.6 陕南12站点持续干燥日数和持续湿润日数变化倾向率（d/10a）

	持续干燥日数（CDD）			持续湿润日数（CWD）			
站点	倾向率	站点	倾向率	站点	倾向率	站点	倾向率
安康	−0.114	佛坪	0.675	安康	0.013	佛坪	−0.145
石泉	0.121	汉中	−0.75	石泉	0.079	汉中	−0.005
镇坪	−0.303	留坝	0.003	镇坪	−0.085	留坝	−0.224
商南	0.539	略阳	−1.362	商南	0.203	略阳	−0.282
商县	1.637	宁强	−0.025	商县	0.102	宁强	−0.352
镇安	0.587	镇巴	−0.495	镇安	−0.046	镇巴	0.071

表5.7 陕南12站点持续干燥日数和持续湿润日数描述性统计特征（d）

站点	持续干燥日数（CDD）					持续湿润日数（CWD）				
	最大值	最小值	平均值	标准偏差	变异系数	最大值	最小值	平均值	标准偏差	变异系数
安康	62	20	37.05	10.35	0.28	11	4	5.88	1.73	0.29
石泉	72	18	34.15	9.97	0.29	10	4	6.20	1.59	0.26
镇坪	64	15	27.15	8.99	0.33	14	4	6.39	2.00	0.31
商南	105	11	28.02	13.60	0.49	13	5	7.48	1.75	0.23

续表

站点	持续干燥日数（CDD）					持续湿润日数（CWD）				
	最大值	最小值	平均值	标准偏差	变异系数	最大值	最小值	平均值	标准偏差	变异系数
商县	55	12	25.07	9.76	0.39	13	4	6.97	1.90	0.27
镇安	144	12	26.83	17.91	0.67	11	4	7.08	1.77	0.25
佛坪	76	14	36.73	10.80	0.29	14	4	7.28	2.54	0.35
汉中	73	17	37.75	13.06	0.35	15	3	6.68	2.37	0.35
留坝	72	16	36.43	10.49	0.29	18	4	7.25	2.88	0.40
略阳	82	23	39.52	11.93	0.30	12	3	6.23	1.88	0.30
宁强	54	15	26.68	9.52	0.36	16	4	7.43	2.69	0.36
镇巴	68	17	34.02	10.24	0.30	16	4	6.98	2.31	0.33

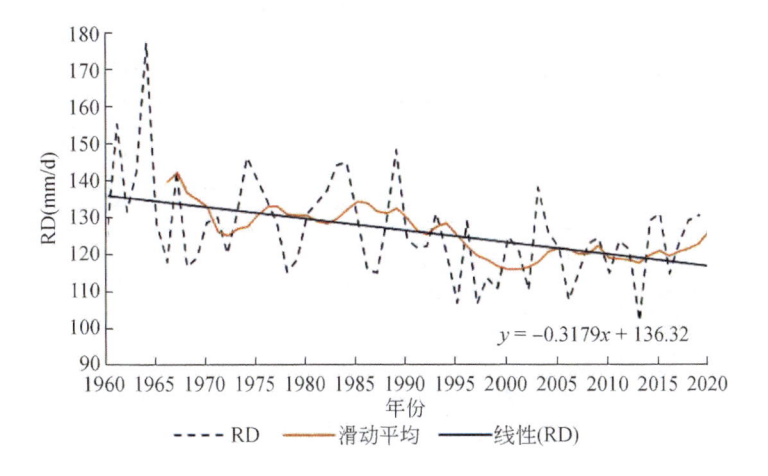

依据图5.8数据显示，在1960~2019年，陕南地区的雨日日数（RD）呈现波动式减少态势，其变化倾向率为-3.179d/10a。该指标于1964年达到峰值，全年记录到降水的天数约为177d；而2013年则为谷值，全年降水天数仅约102d。自1985年起，雨日日数普遍低于多年平均水平126d，反映出降水事件发生频率的降低。与此同时，年降水强度（SDII）的波动范围较大，但整体呈现微弱上升趋势，10年变化倾向率为0.12mm/d。多年平均降雨强度为9.08mm/d，其中1983年降雨强度最大，达到12.83mm/d；1976年则最小，为7.61mm/d。通过7年滑动平均分析，雨日日数的波动性变得平滑，而降雨强度则呈现出"M"形变化特征。

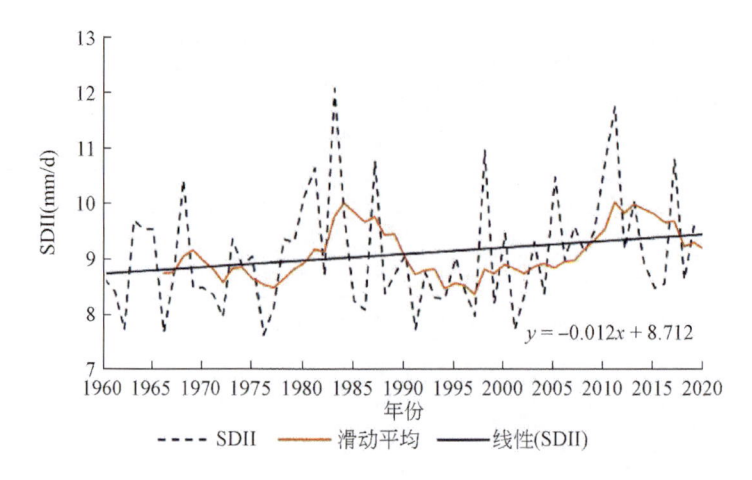

图 5.8　陕南 1960～2019 年雨日日数和年降水强度变化特征

依据表 5.8 与表 5.9 所呈现的数据，近 60 年间陕南地区的雨日日数总体呈现下降趋势，其中石泉县的下降幅度最为明显，达到 5.511d/10a，而镇坪县的下降幅度相对较小。尽管除略阳县外，其他地区的降雨强度倾向率均为正值，但这种增长趋势并不显著，表明年降雨强度保持相对稳定。此外，雨日日数和降雨强度的年际变异系数均不超过 0.20，显示出这些变化在年际间并不显著，特别是雨日日数的变化更为平稳。综合雨日日数和降雨强度的变化特点来看，陕南地区每年降雨发生的频次正在减少，而降雨强度则有所增加，这可能意味着强降雨事件的发生比例正在上升。从地区差异来看，安康和商洛的降雨强度总体上略高于汉中，而在降雨频次方面，汉中和安康则略高于商洛。

表 5.8　陕南 12 站点雨日日数和年降水强度的变化倾向率

雨日日数（RD, d/10a）				年降水强度（SDII, mm/d/10a）			
站点	倾向率	站点	倾向率	站点	倾向率	站点	倾向率
安康	−2.941	佛坪	−3.885	安康	0.211	佛坪	0.246
石泉	−5.511	汉中	−3.931	石泉	0.29	汉中	0.003
镇坪	−0.599	留坝	−2.237	镇坪	0.044	留坝	0.038
商南	−3.046	略阳	−2.801	商南	0.221	略阳	−0.048
商县	−3.881	宁强	−3.664	商县	0.097	宁强	0.024
镇安	−3.864	镇巴	−2.202	镇安	0.172	镇巴	0.137

表 5.9　陕南 12 站点雨日日数和年降水强度描述性统计特征

站点	雨日日数（RD, d）					年降水强度（SDII, mm/d）				
	最大值	最小值	平均值	标准偏差	变异系数	最大值	最小值	平均值	标准偏差	变异系数
安康	156	87	113.80	13.58	0.12	15.08	7.48	10.51	1.48	0.14
石泉	171	86	124.03	17.32	0.14	17.86	7.56	11.77	2.00	0.17
镇坪	174	113	146.39	13.24	0.09	13.63	7.09	10.16	1.57	0.15
商南	191	82	119.15	16.81	0.14	19.18	7.44	10.47	2.09	0.20
商县	162	69	108.38	15.63	0.14	12.98	7.17	9.32	1.30	0.14
镇安	179	49	114.55	17.94	0.16	14.30	7.14	9.88	1.63	0.16
佛坪	179	99	132.00	15.46	0.12	9.40	4.59	6.45	1.22	0.19
汉中	183	70	120.12	18.05	0.15	16.44	7.48	10.41	1.97	0.19
留坝	178	102	131.90	14.85	0.11	9.75	4.25	5.96	1.10	0.18
略阳	172	76	121.85	15.16	0.12	15.17	5.82	8.90	1.59	0.18
宁强	204	119	148.53	15.08	0.10	12.72	4.45	6.86	1.44	0.21
镇巴	180	109	139.12	13.07	0.09	12.44	5.61	8.23	1.48	0.18

根据图 5.9，年日降水量 ≥10mm 的强降水天数（R10mm）与日降水量 ≥25mm 的大雨天数（R25mm）在变化趋势上表现出高度相似性，其年平均出现天数分别为 24.9d 和 8.3d。两者均经历了"平缓减少—上升—下降—再平缓上升"的波动过程，且线性倾向率显示其长期变化趋势相对稳定。具体而言，1960~1972 年，≥10mm 和 ≥25mm 的降水日数均呈现平缓减少态势；1973~1983 年则进入增加阶段；1984~1997 年为减少阶段；而 1998~2019 年，两者均呈现出平

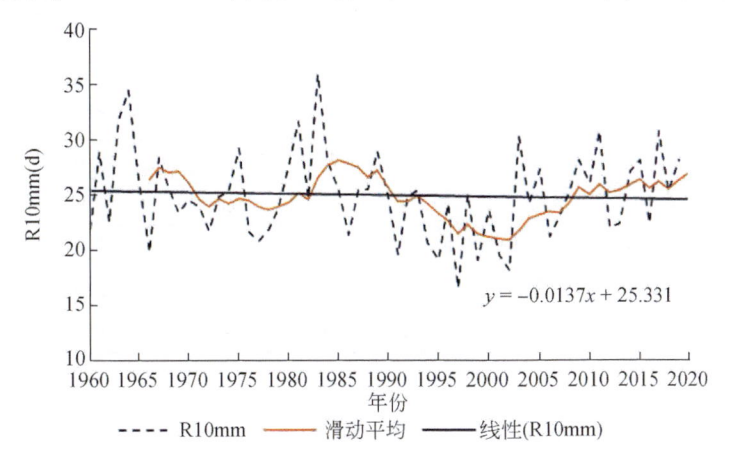

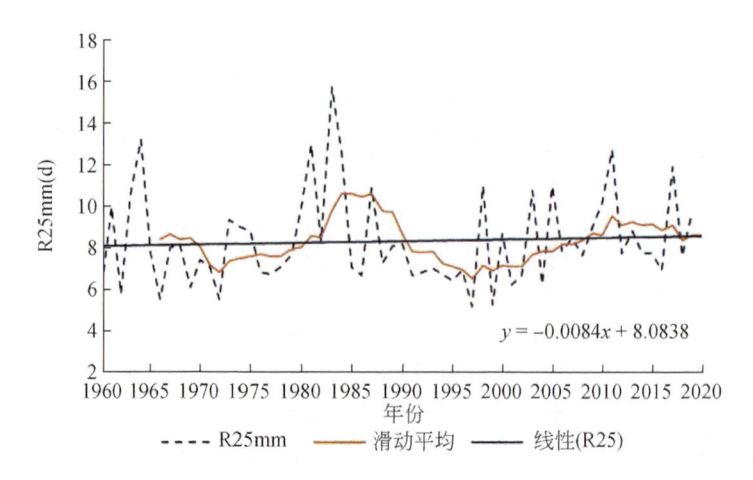

图5.9 陕南1960~2019年强降水日数（R10mm）和大雨日数（R25mm）变化特征

缓增加的趋势。每个阶段的持续时间大致在10~13年，显示出较为相近的周期性变化特征。

由表5.10和表5.11可知，陕南地区各站点日降水量≥10mm的天数与≥25mm的天数，其线性倾向率均表现出相对平稳的趋势。具体而言，日降水量≥10mm的天数总体上略有减少，但安康、石泉、商南三地却出现了小幅度的上升；对于日降水量≥25mm的天数，不同地区间存在差异，汉中地区多呈现微弱下降，而安康、商洛地区则多呈现微弱上升，这预示着未来安康、商洛地区大降雨事件的发生频率可能会增加。

表5.10 陕南12站点强降水日数和大雨日数变化倾向率（d/10a）

强降水日数（R10mm）				大雨日数（R25mm）			
站点	倾向率	站点	倾向率	站点	倾向率	站点	倾向率
安康	0.008	佛坪	−0.059	安康	0.48	佛坪	0.417
石泉	0.03	汉中	−0.155	石泉	0.409	汉中	−0.003
镇坪	−0.047	留坝	−0.2	镇坪	0.005	留坝	−0.174
商南	0.263	略阳	−0.441	商南	0.181	略阳	−0.305
商县	−0.405	宁强	−0.743	商县	0.045	宁强	−0.492
镇安	−0.001	镇巴	−0.058	镇安	−0.077	镇巴	−0.098

表 5.11 陕南 12 站点强降水日数和大雨日数描述性统计特征（d）

站点	强降水日数（R10mm）					大雨日数（R25mm）				
	最大值	最小值	平均值	标准偏差	变异系数	最大值	最小值	平均值	标准偏差	变异系数
安康	37	14	25.05	5.08	0.20	17	3	8.52	2.99	0.35
石泉	37	15	26.12	5.32	0.20	18	1	8.78	3.94	0.45
镇坪	45	19	30.47	5.66	0.19	19	1	9.93	3.89	0.39
商南	39	11	24.52	6.12	0.25	18	3	8.15	3.18	0.39
商县	34	10	21.60	5.11	0.24	15	1	5.83	2.90	0.50
镇安	39	11	24.43	6.01	0.25	14	2	6.83	2.98	0.44
佛坪	40	14	23.68	5.44	0.23	15	3	8.27	3.28	0.40
汉中	38	15	25.25	5.56	0.22	17	3	8.42	3.21	0.38
留坝	36	11	21.55	4.97	0.23	16	1	6.67	3.03	0.45
略阳	30	10	19.70	4.79	0.24	15	1	6.53	2.95	0.45
宁强	44	15	27.35	5.98	0.22	27	2	10.13	4.36	0.43
镇巴	46	15	29.38	6.26	0.21	22	5	12.07	3.63	0.30

极端降水日数（R95d）指的是每年中日降水量超过第 95 百分位数的强降水天数，而极端降水总量（R95p）则是指这些每年日降水量>第 95 百分位数的强降水量的总和。这两个指标能够体现极端降水在总降水量中的占比，即当总降水量保持不变时，极端降水量的增加往往伴随着小雨天数的减少。对极端降水日数与极端降水总量的线性变化趋势及 7 年滑动平均值进行细致分析后，结果显示两者均呈现显著的下降趋势（图 5.10）。其中，极端降水日数的变化较为平稳，而极端降水总量的变化趋势与图 5.9 中 R25mm 的走势相似，二者之间存在极显著的正相关关系（$R=0.92$，$P<0.001$），这表明极端降水总量主要受日降水量≥25mm 的天数所驱动。回顾近 60 年的数据，20 世纪 80 年代是极端降水总量最为丰富的时期，其峰值出现在 1983 年，达到了 573.32mm；相比之下，20 世纪 90 年代至 2010 年的极端降水总量则相对较低。

依据表 5.12 的数据分析，针对陕南极端降水事件的研究显示，陕南地区 12 个监测站点的极端降水日数均呈现出减少态势，反映出该区域极端降水事件的发生频率有所降低。具体而言，石泉站点的下降趋势最为突出，为 0.314d/10a；而镇坪和镇巴站点的下降幅度相对较小，分别为 0.029d/10a 和 0.089d/10a。

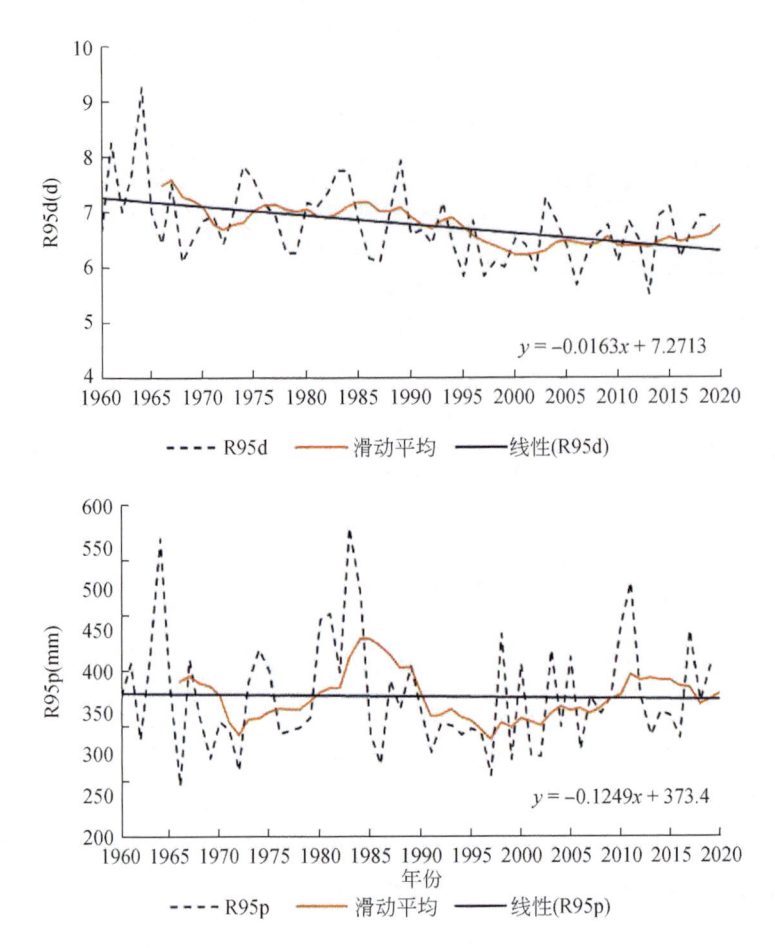

图 5.10　陕南 1960～2019 年极端降水日数（R95d）和极端降水总量（R95p）变化特征

表 5.12　陕南 12 站点极端降水日数和极端降水总量变化倾向率

极端降水日数（R95d, d/10a）				极端降水总量（R95p, mm/10a）			
站点	倾向率	站点	倾向率	站点	倾向率	站点	倾向率
安康	-0.173	佛坪	-0.149	安康	2.012	佛坪	5.443
石泉	-0.314	汉中	-0.223	石泉	-0.01	汉中	-5.903
镇坪	-0.029	留坝	-0.117	镇坪	8.734	留坝	-2.122
商南	-0.141	略阳	-0.141	商南	7.96	略阳	-12.371
商县	-0.204	宁强	-0.208	商县	1.041	宁强	-11.517
镇安	-0.186	镇巴	-0.089	镇安	-8.22	镇巴	0.761

在安康与商洛地区，多数站点的极端降水量表现出显著的上升趋势，但镇安站点则呈现出相反的下降趋势。石泉站点的极端降水量变化较为稳定，斜率仅为0.01mm/10a，几乎无显著变化。相比之下，镇坪和商南站点的上升趋势最为显著，分别达到8.734mm/10a和7.96mm/10a。结合极端降水日数的变化情况，可以推断镇坪和商南地区单次极端降雨事件的概率有所增加，这可能意味着暴雨洪涝灾害的风险也在上升。

在汉中地区的6个监测站点中，佛坪和镇巴站点的线性倾向率为正值，显示出上升趋势；而其他4个站点则呈现负值，总体为下降趋势。特别值得注意的是，略阳和宁强站点的下降幅度尤为明显，分别达到-12.371mm/10a和-11.517mm/10a。这表明佛坪和镇巴地区单次极端降雨的概率相对较高，而略阳和宁强地区则相对较低。因此，需要加强对佛坪和镇巴地区暴雨洪涝灾害的预警和防范能力。

进一步结合表5.13中的变异系数分析，陕南地区极端降水日数的变异性相对较小，而极端降水量的时间变率则较大。这说明陕南地区降水频次的年际变化相对稳定，但极端降水总量的年际波动幅度较大，且空间分布存在显著差异。极端降水总量的最大值范围在374.2~1440.6mm，而最小值范围则在108.5~403.6mm。

表5.13 陕南12站点极端降水日数和极端降水总量描述性统计特征

站点	极端降水日数（R95d, d）					极端降水总量（R95p, mm）				
	最大值	最小值	平均值	标准偏差	变异系数	最大值	最小值	平均值	标准偏差	变异系数
安康	8	4	6.03	0.80	0.13	453.2	144.7	270.9	71.2	0.3
石泉	9	5	6.55	0.96	0.15	519	159.3	314.5	81.5	0.3
镇坪	9	6	7.71	0.76	0.10	600	158.5	348.1	90.7	0.3
商南	11	3	6.87	1.06	0.15	1440.6	403.6	791.7	218.7	0.3
商县	8	4	5.77	0.80	0.14	374.2	108.5	214.1	55.3	0.3
镇安	10	3	6.65	0.96	0.14	1018.4	213.2	564.1	147.0	0.3
佛坪	9	5	6.90	0.81	0.12	523.9	169.7	295.2	79.6	0.3
汉中	10	4	6.43	1.01	0.16	487.3	139.2	279.0	87.8	0.3
留坝	9	5	6.90	0.85	0.12	505.7	129.2	275.8	82.6	0.3
略阳	9	4	6.48	0.85	0.13	714.4	122.6	268.0	99.8	0.4

续表

站点	极端降水日数（R95d, d）					极端降水总量（R95p, mm）				
	最大值	最小值	平均值	标准偏差	变异系数	最大值	最小值	平均值	标准偏差	变异系数
宁强	11	6	7.72	0.90	0.12	764.5	208	368.3	106.6	0.3
镇巴	9	6	7.30	0.74	0.10	744.2	256.5	445.0	117.2	0.3

极端降水强度（RI95）是指一年中降水量超过95%阈值日平均降水量，而极端降水比率（R95C）则表示极端降水总量在年降水量中所占的比例。观察图5.11可知，1960~2019年，陕南地区的极端降水强度呈现出显著的"多峰"波动特征，尤其在1968年、1983年、1998年、2010年和2011年，降水强度尤为显著。

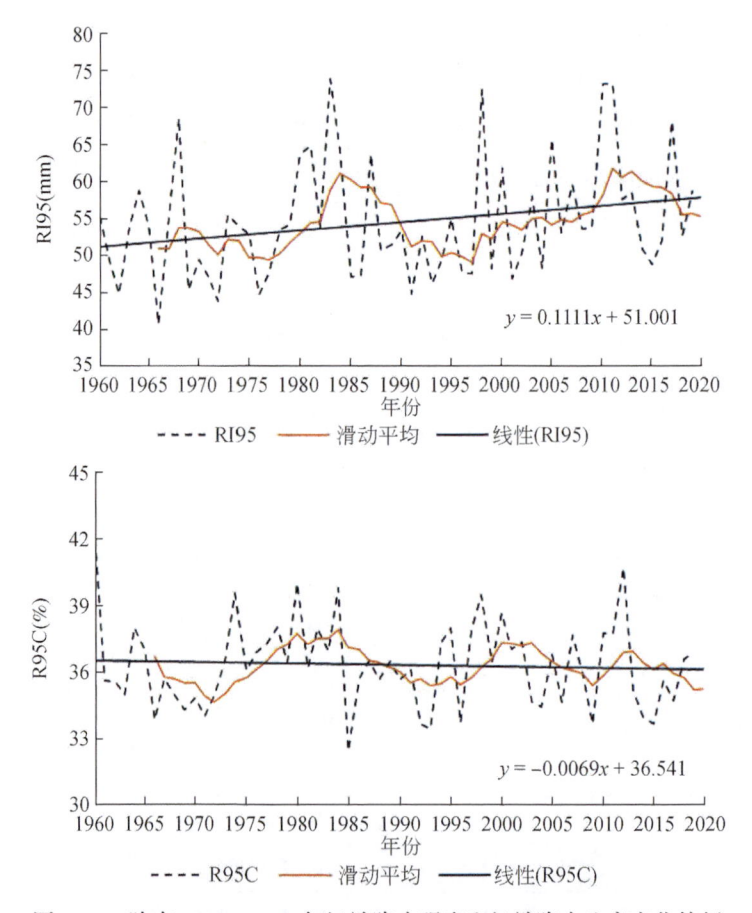

图5.11 陕南1960~2019年极端降水强度和极端降水比率变化特征

与极端降水强度相比，极端降水比率的波动范围较为狭窄，大致在32%～42%波动。从变化趋势来看，极端降水强度呈上升趋势，其线性倾向率为1.111（mm/d）/10a；而极端降水比率的变化则相对平稳，呈现出微弱的下降趋势。这一变化趋势表明，未来陕南地区发生单次极端降水事件的概率较高，这可能意味着暴雨洪涝灾害的风险也将随之增加。

陕南各站点极端降水强度与极端降水比率的变化特征如表5.14所示。数据显示，除略阳和宁强外，陕南其余12个站点的极端降水强度均呈现不同程度的上升趋势，其中石泉和商南的上升幅度最为显著，线性倾向率分别达到2.24（mm/d）/10a和2.394（mm/d）/10a。与此同时，陕南12个站点的极端降水比率在-0.006～0.006（mm/d）/10a的范围内波动，几乎可视为无变化，这进一步印证了极端降水强度上升而极端降水量占总降水量比率相对稳定的趋势。结合极端降水日数（R95d）的减少趋势，可以推断陕南地区发生单次极大降水事件的概率正在增加，从而提高了未来暴雨洪涝灾害的风险。

表5.14 陕南12站点极端降水强度和极端降水比率变化倾向率

极端降水强度（RI95，mm/d/10a）					极端降水比率（R95C,%/10a）			
站点	倾向率	站点	倾向率	站点	倾向率	站点	倾向率
安康	1.595	佛坪	1.885	安康	-0.001	佛坪	0.004
石泉	2.24	汉中	0.706	石泉	-0.003	汉中	-0.006
镇坪	1.304	留坝	0.569	镇坪	0.006	留坝	0.003
商南	2.394	略阳	-1.004	商南	0.003	略阳	-0.012
商县	1.60	宁强	-0.115	商县	0.004	宁强	-0.002
镇安	1.415	镇巴	0.97	镇安	-0.004	镇巴	0.001

根据表5.15，陕南12个站点的极端降水强度变异系数位于0.21～0.33，表明这些站点的年际变化幅度较大，但降水强度的极值在空间上存在显著差异。具体而言，商南极端降水强度的最大值和最小值均居陕南12个站点之首，分别为288.97mm/d和74.93mm/d；而商县的极端降水强度最大值和最小值均较小，分别为54.56mm/d和21.69mm/d。相比之下，陕南12个站点的极端降水比率变异系数介于9%～16%，年际变化幅度较小，且极值的空间差异也相对较小。

表 5.15 陕南 12 站点极端降水强度和极端降水比率描述性统计特征

站点	极端降水强度（RI95，mm/d）					极端降水比率（R95C,%）				
	最大值	最小值	平均值	标准偏差	变异系数	最大值	最小值	平均值	标准偏差	变异系数
安康	73.67	26.55	44.86	9.99	0.22	49%	22%	33%	5%	16%
石泉	74.14	24.84	48.30	11.24	0.23	48%	27%	35%	4%	12%
镇坪	75.00	22.64	44.87	10.09	0.22	45%	25%	33%	4%	13%
商南	288.97	74.93	116.5	34.01	0.29	54%	35%	47%	4%	9%
商县	54.56	21.69	37.22	8.16	0.22	44%	22%	31%	5%	15%
镇安	140.46	55.65	84.74	17.90	0.21	50%	37%	42%	3%	7%
佛坪	87.32	27.18	42.84	11.04	0.26	49%	23%	35%	4%	13%
汉中	73.26	24.13	43.18	11.35	0.26	46%	24%	35%	5%	14%
留坝	72.24	21.53	40.02	11.04	0.28	50%	21%	35%	5%	15%
略阳	102.06	22.50	41.21	13.55	0.33	49%	24%	35%	5%	15%
宁强	95.56	27.89	47.66	12.27	0.26	46%	26%	36%	4%	11%
镇巴	111.18	36.64	61.10	15.91	0.26	53%	26%	39%	5%	13%

（2）降水极端事件空间分布

图 5.12 展示了 60 年陕南地区平均极端降水指数 10 年倾向率的空间分布特征。从图中可以观察到，极端降水量（R95p）呈现出由南向北逐渐递减的趋势，其中镇坪和镇巴地区为极端降水量的最大值中心，而略阳和宁强地区则为最小值中心。在普通日降水强度（SDII）方面，镇巴和安康地区成为其最大值中心，降水强度从这些中心区域向四周递减，整体呈现中部高、四周低的分布态势，但各区域间的差异并不显著。持续干燥日数（CDD）的空间分布则表现为中南部较高、北部偏低的格局，镇巴和安康地区是持续干燥日数的最大值中心，其值分别为 $-0.076d/10a$ 和 $-1.079d/10a$，并从这些中心向四周逐渐递减。各站点持续湿润指数（CWD）的变化倾向率基本均为负值，表明整个区域整体上以湿润指数的降低为主，且这种降低趋势大致从中部向西部递减。

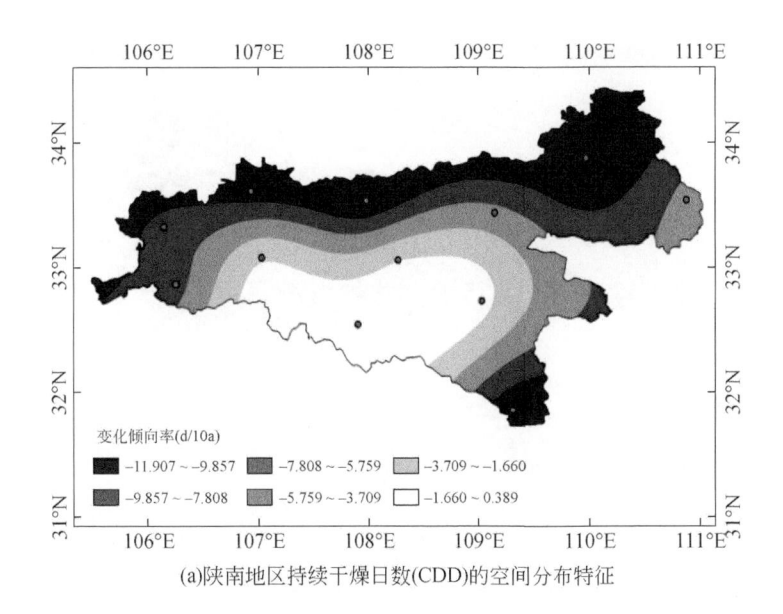

(a)陕南地区持续干燥日数(CDD)的空间分布特征

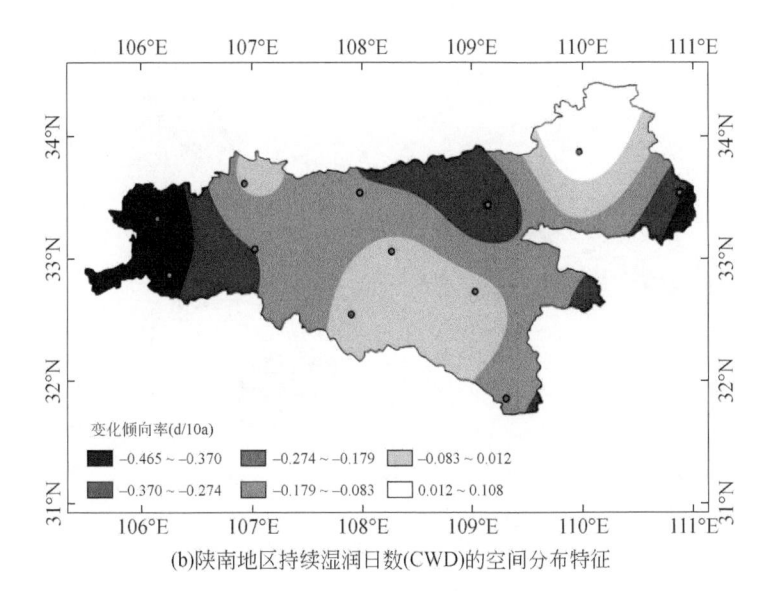

(b)陕南地区持续湿润日数(CWD)的空间分布特征

(c)陕南地区极端降水量(R95p)的空间分布特征

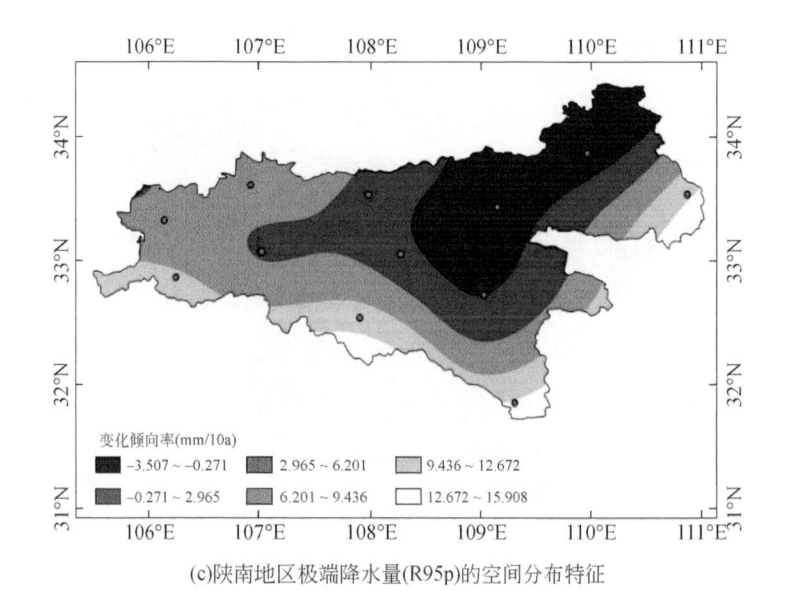

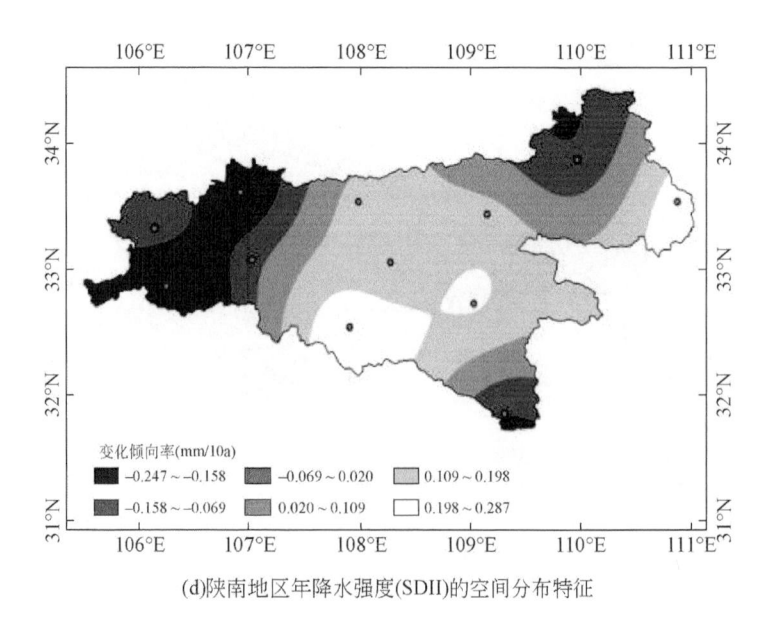

(d)陕南地区年降水强度(SDII)的空间分布特征

图 5.12 陕南 4 项极端降水指数倾向率空间分布图

5.4 研究区洪涝灾害分布特征分析

5.4.1 洪涝灾害评价模型计算

依据式（5.3）~式（5.9）计算得出目标层的靶心度，同时，按照相同计算流程，分别获取了致灾因子危险性、承灾体暴露性、孕灾环境脆弱性以及防灾减灾能力这四个准则层的靶心度，并进一步计算得出综合评价靶心度，具体数据详见表5.16。

表5.16　陕南28县区暴雨洪涝灾害靶心度

县（区）	综合评价（C）	致灾因子（W）	承载体（B）	孕灾环境（D）	防灾减灾（F）
汉台区	0.285	0.427	0.667	0.652	0.881
南郑区	0.316	0.488	0.503	0.600	0.580
城固县	0.340	0.463	0.738	0.580	0.641
洋县	0.282	0.468	0.409	0.537	0.537
西乡县	0.269	0.466	0.406	0.488	0.533
勉县	0.340	0.547	0.532	0.558	0.538
宁强县	0.293	0.557	0.400	0.448	0.519
略阳县	0.292	0.546	0.368	0.473	0.499
镇巴县	0.324	0.645	0.374	0.464	0.506
留坝县	0.277	0.549	0.342	0.420	0.483
佛坪县	0.261	0.529	0.338	0.387	0.483
汉滨区	0.346	0.437	0.575	0.891	0.793
汉阴县	0.298	0.501	0.462	0.496	0.518
石泉县	0.273	0.473	0.411	0.472	0.511
宁陕县	0.297	0.576	0.350	0.444	0.469
紫阳县	0.299	0.557	0.381	0.491	0.521
岚皋县	0.270	0.497	0.373	0.439	0.482
平利县	0.278	0.481	0.417	0.479	0.514
镇坪县	0.318	0.659	0.346	0.416	0.470
旬阳县	0.325	0.471	0.561	0.586	0.551

续表

县（区）	综合评价（C）	致灾因子（W）	承载体（B）	孕灾环境（D）	防灾减灾（F）
白河县	0.268	0.476	0.388	0.450	0.489
商州区	0.284	0.559	0.443	0.494	0.678
洛南县	0.325	0.572	0.420	0.585	0.578
丹凤县	0.302	0.606	0.410	0.442	0.560
商南县	0.253	0.452	0.403	0.463	0.557
山阳县	0.276	0.458	0.473	0.513	0.588
镇安县	0.269	0.488	0.399	0.487	0.564
柞水县	0.379	0.737	0.428	0.538	0.542

在本书中，根据目标层靶心度的数值区间，结合表5.16所列靶心度的取值范围，采用分区标准等分取整的方法，对评价等级进行了细致划分，划分结果见表5.17。

表5.17 陕南地区暴雨洪涝灾害评价等级划分标准

危险性等级	致灾危险性	承灾体暴露性	孕灾环境脆弱性	防灾减灾能力	综合评价
高（强）	>0.675	>0.679	>0.815	>0.799	>0.354
较高（较强）	0.613~0.675	0.619~0.679	0.739~0.815	0.716~0.799	0.329~0.354
中等	0.551~0.613	0.559~0.619	0.663~0.739	0.634~0.716	0.303~0.329
较轻（较弱）	0.489~0.551	0.499~0.559	0.587~0.663	0.551~0.634	0.278~0.303
轻（弱）	<0.489	<0.499	<0.587	<0.551	<0.278

5.4.2 研究区洪涝灾害风险区划

（1）致灾因子危险性风险区划

根据表5.17的标准，对表5.16的数据实施等级划分，并借助GIS技术开展区划分析。致灾因子危险性反映了灾害超过特定强度发生的可能性，是构建自然灾害风险区划的关键基础，具体区划成果如图5.13（a）所示。从图中可得到，陕南地区的高、较高及中等危险性区域主要分布于中低山地形区域，而较轻和轻危险性区域则主要分布在盆地及其边缘地带。

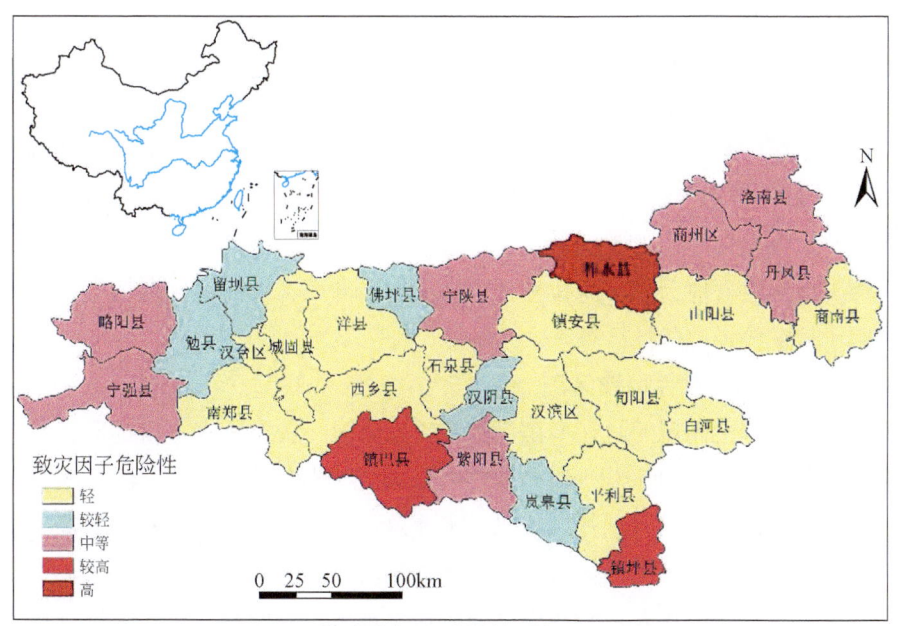

(a) 陕南致灾因子危险性风险区划

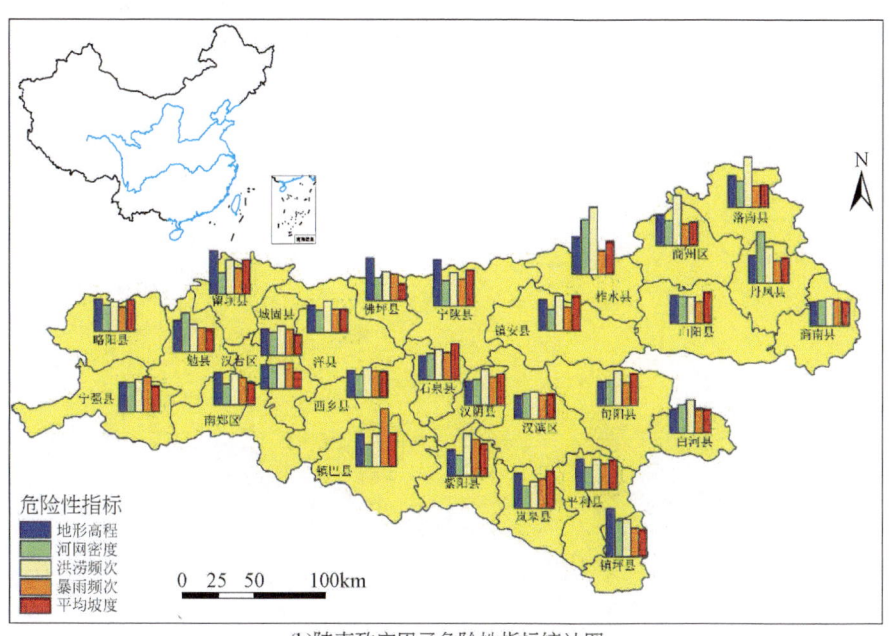

(b) 陕南致灾因子危险性指标统计图

图 5.13　陕南致灾因子危险性风险区划与指标统计图

结合图 5.13 (b) 进一步分析，柞水县因河网密集、降水充沛，洪涝灾害频发，其危险性等级最高。镇巴县与镇坪县的危险性等级也较高，如镇巴县在 2022 年 10 月 3~5 日，遭遇强降雨，多个乡镇累计降雨量超过 260mm，引发道路塌方、河堤损坏，全县 20 个镇均受灾，受灾人口达 15850 人；镇坪县在 2021 年 9 月 18~19 日则遭遇了百年一遇的洪灾，紧急撤离群众 5799 人，道路基础设施严重损毁，水毁损失高达 1.8 亿元。相比之下，汉台区、汉滨区、洛南县、岚皋县等区域因地形以盆地为主，海拔较低，地表起伏度小，洪涝灾害频次较低，属于致灾因子轻或较轻危险性区域。

(2) 承灾体暴露性风险区划

承灾体暴露性体现的是在暴雨洪涝灾害发生时，各类承受灾害的载体可能遭受损失的程度。观察图 5.14 可知，在陕南地区，仅城固县的承灾体暴露危险性处于高等级，这主要归因于其规模以上工业总产值和农业总产值相对较高；汉台区则因人口分布密度较大，导致承灾体密度较高；汉滨区与旬阳县的规模产值较高，同时农业总产值和人口分布密度处于适中水平，故而其暴露危险性等级为中等；勉县与南郑区在人口分布密度、规模以上工业总产值以及农业总产值方面均处于陕南地区的中等偏上水平，因此其暴露危险性等级相对较轻。相较于上述县

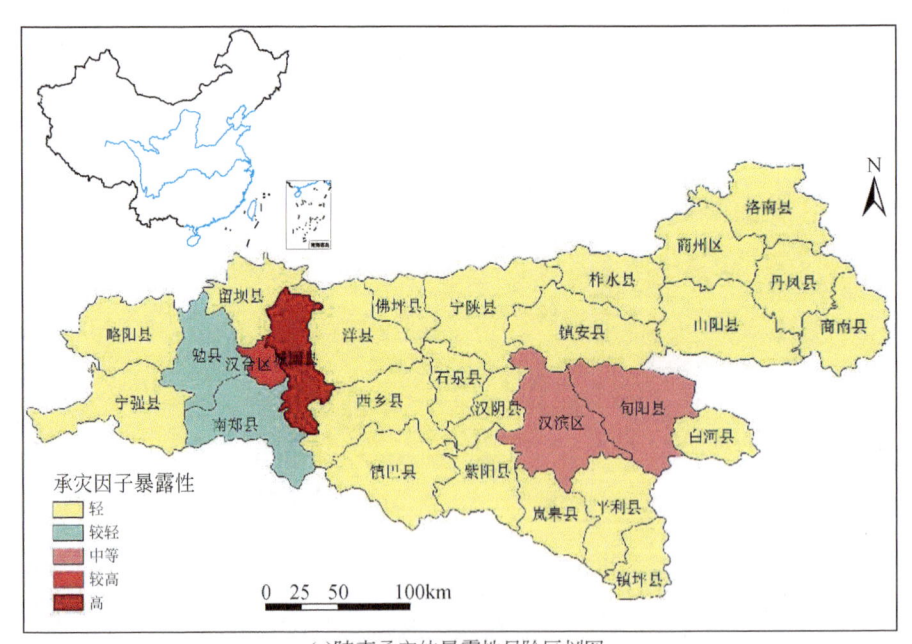

(a)陕南承灾体暴露性风险区划图

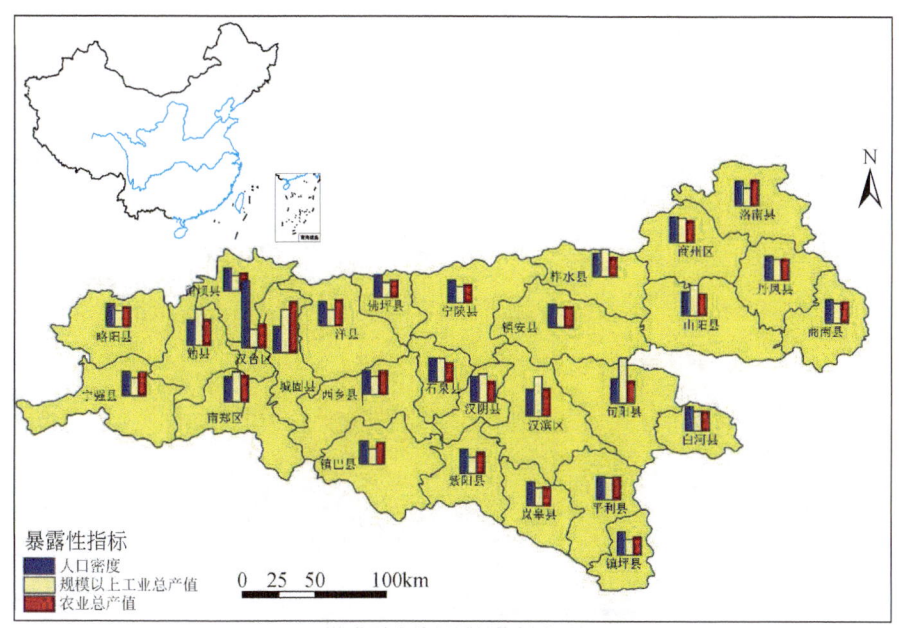

(b)陕南承灾体暴露性指标统计图

图 5.14　陕南承灾体暴露性风险区划与指标统计图

区，其余县区的各项评价指标更为均衡，大多处于中等或中等偏下水平，其暴露危险性等级为轻。

（3）孕灾环境脆弱性风险区划

孕灾环境脆弱性体现的是在暴雨洪涝灾害发生时，承灾体可能遭受灾害影响的潜在程度。根据 GIS 区划结果 [图 5.15（a）]，汉滨区的孕灾环境被评定为高脆弱性等级，而南郑区与汉台区则处于较轻脆弱性等级，其余县区均处于轻脆弱性等级。进一步结合图 5.15（b）分析，相较于其他县区，汉滨区的耕地面积、城镇人口规模及粮食总产量均较为突出，这成为其孕灾环境脆弱性评价等级较高的主要原因。

（4）防灾减灾能力风险区划

防灾减灾能力体现了一个区域在灾害发生时的应对与恢复实力。由图 5.16 可知，陕南地区在应对洪涝灾害的防灾减灾能力方面，主要划分为弱和较弱两个层级。其中，防灾减灾能力弱的区域分布最为广泛，其次为防灾减灾能力较弱的区域。防灾减灾能力强的区域十分有限，仅汉台区具备此能力；而防灾减灾能力较强的区域则包括城固县、汉滨区和商州区，这些区域在洪涝灾害后的恢复能力

(a)陕南孕灾环境脆弱性风险区划图

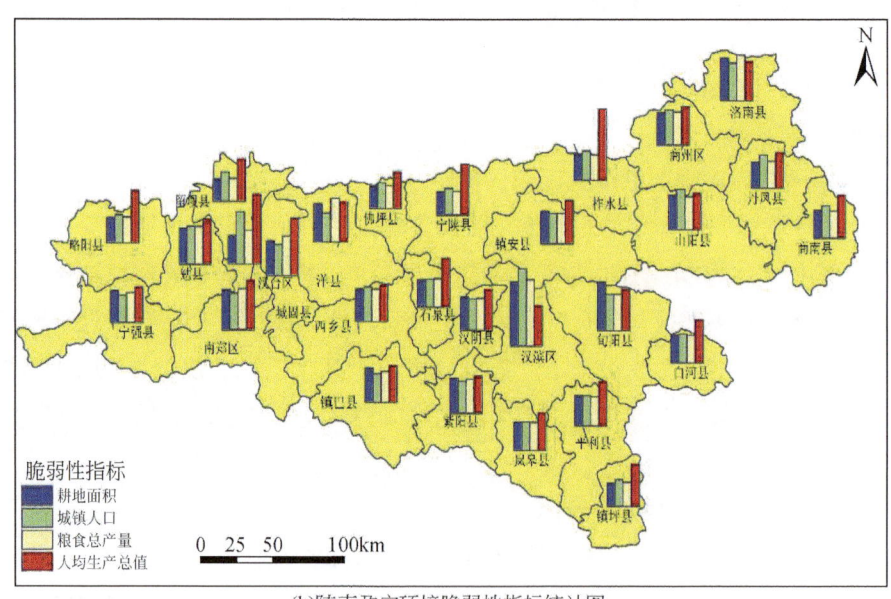

(b)陕南孕灾环境脆弱性指标统计图

图 5.15　陕南孕灾环境脆弱性风险区划和指标统计图

相对突出。南郑区、镇安县、山阳县、商南县、丹凤县和洛南县属于防灾减灾能力较弱的区域，其余县区则属于防灾减灾能力弱的区域，表明这些区域在应对洪涝灾害时的恢复能力较弱，面临的风险较大。

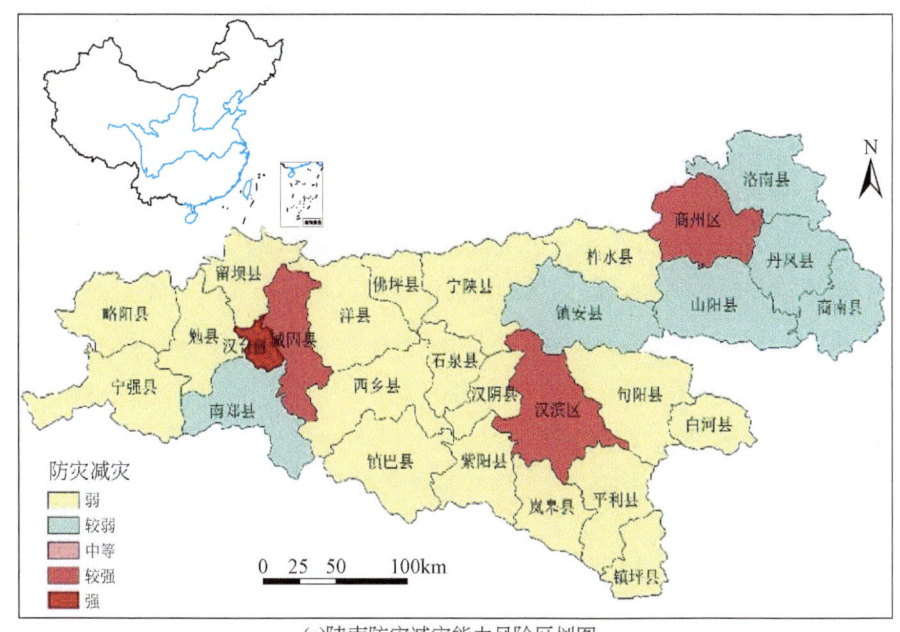

(a)陕南防灾减灾能力风险区划图

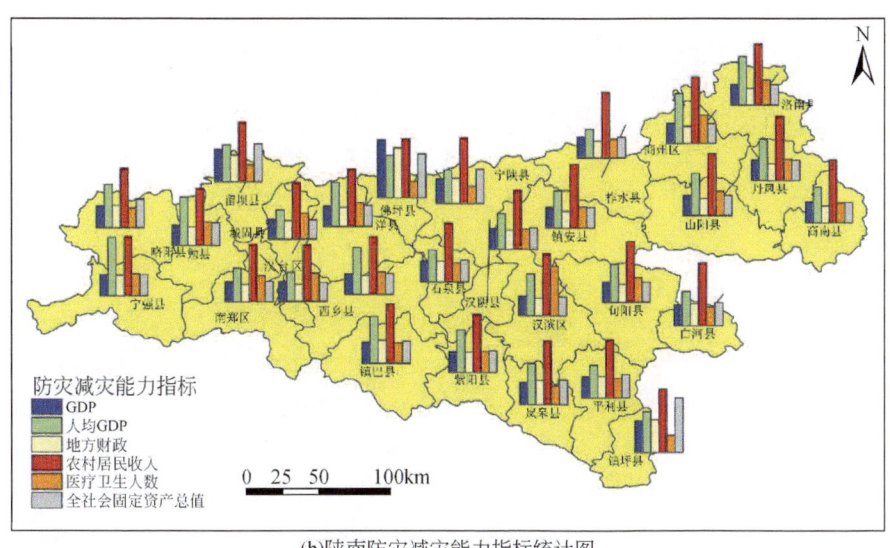

(b)陕南防灾减灾能力指标统计图

图 5.16　陕南防灾减灾能力风险区划和指标统计图

(5) 暴雨洪涝灾害综合风险区划结果

暴雨洪涝灾害风险是由危险性、暴露性、脆弱性以及防灾减灾能力这四个因素共同作用所决定的。其中，危险性、暴露性、脆弱性与灾害风险之间呈现正相关关系，即这些因素的程度越高，灾害风险也就越大；而防灾减灾能力与灾害风险则呈现负相关关系，即防灾减灾能力越强，灾害风险就越小。通过综合评价，能够更全面地反映出一个区域暴雨洪涝灾害风险的总体情况。如图5.17所示，高综合风险等级区域主要分布在柞水县；勉县、城固县、洛南县以及汉滨区则处于较高风险等级；南郑区、镇巴县、旬阳县和镇坪县属于中等风险等级区域；汉台区、略阳县、宁强县、洋县、宁陕县、汉阴县、紫阳县、商州区以及丹凤县则处于较轻风险等级；其余县区则属于轻风险等级区域。

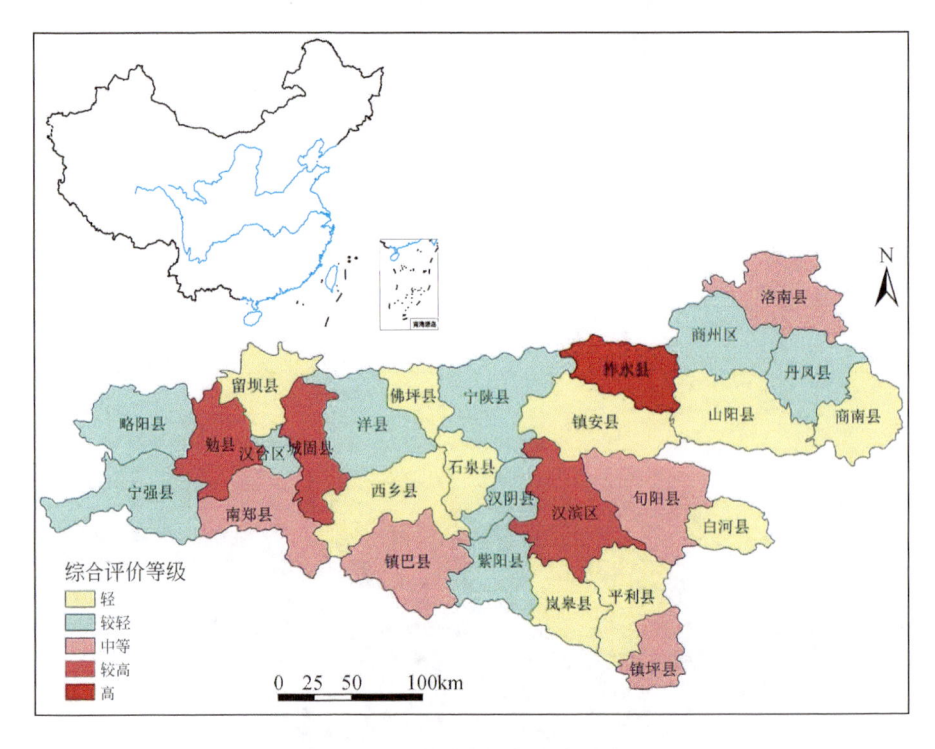

图5.17 陕南暴雨洪涝灾害综合风险区划图

在综合评价中，柞水县、洛南县、镇巴县和镇坪县以中低山地地形为主，其致灾因子风险性等级为高或较高，暴露性相对较低，脆弱性等级也仅为轻。然而，鉴于致灾因子的权重占比较大，加之这些区域的防灾减灾能力相对薄弱，故在综合评价中，这些区域发生洪涝灾害的风险被判定为中等及以上水平。城固县和汉滨区的致灾因子风险性较低，且防灾减灾能力处于中等以上水平，但城固县因承灾体暴露性较强、汉滨区因孕灾环境脆弱性较高，导致其综合评价风险等级也相应偏高。勉县防灾减灾能力较弱，致灾因子及承灾体暴露危险性均处于较轻等级，因此综合评价结果为较高风险。南郑区和旬阳县的准则层评价指标相对均衡，故综合评价风险等级为中等。汉台区承灾体暴露危险性等级较高，但孕灾环境脆弱性处于较轻等级，且其防灾减灾能力强，因此综合评价风险较轻。其他综合评价风险等级为轻或较轻的县区，其准则层评价等级主要以轻（弱）和较轻（较弱）为主。

5.5 本章小结

本章针对陕南地区的洪涝灾害风险进行了系统而深入的评价研究。通过详细分析陕南地区的地形地貌、气候特征以及历史洪涝灾害数据，揭示了该区域洪涝灾害频发的自然背景和现实状况。研究指出，陕南地区山地河流密布，降水集中且年际波动大，尤其是暴雨洪涝灾害频繁发生，给当地社会经济和生态环境带来了严重影响。

本章基于1960~2019年陕南地区12个气象站点的降水数据，运用多种统计方法，采用极端降水指数，深入分析了降水的时空变化趋势。研究发现，60年内陕南地区降水总体上呈现减少趋势，但季节和区域差异显著，夏季和冬季降水量有所增加，而春季和秋季则有所减少。同时，极端降水事件虽然频次有所减少，但单次降水量和强度呈现增加趋势，这意味着暴雨洪涝灾害的风险依然较高。

在洪涝灾害风险评价方面，本章构建了包含致灾因子危险性、承灾体暴露性、孕灾环境脆弱性和防灾减灾能力四个准则层的评价指标体系。通过收集和处理陕南28个县区的相关数据，运用熵权法和灰靶评价模型对各县区的洪涝灾害风险进行了综合评价和区划。结果显示，陕南地区洪涝灾害风险呈现出明显的空间差异性，山地地区由于地形复杂、降水集中，洪涝灾害风险较高；而盆地地区由于地形相对平坦，洪涝灾害风险相对较低。

具体而言，柞水县、勉县、城固县、洛南县和汉滨区等地由于致灾因子危险性高、承灾体暴露性强或防灾减灾能力弱等因素，综合风险等级较高，需要重点加强洪涝灾害的预防和治理工作。同时，本章还分析了影响洪涝灾害发生的主要因素，包括降雨情况、地形地貌、植被覆盖及土壤类型等，为制定针对性的防灾减灾措施提供了科学依据。

综上所述，本章通过系统评价陕南地区的洪涝灾害风险，揭示了该区域洪涝灾害的时空分布特征及其主要影响因素，为区域洪涝灾害的预防、治理和风险管理提供了重要参考。未来应继续加强洪涝灾害监测预警体系建设，提高防灾减灾能力，确保区域社会经济和生态环境的可持续发展。

第6章 陕南小流域洪涝灾害减灾能力与对策分析

近年来，随着气候变化加剧，极端降水事件频次和强度显著增加，进一步放大了陕南小流域的灾害风险。本章聚焦陕南小流域洪涝灾害的减灾能力与对策，通过分析研究区灾害发生可能性与后果严重性、灾害链形成机制，结合实地调研与案例研究，全面评估当前防灾减灾体系的成效与不足。基于此，本章从工程与非工程措施两个维度提出针对性对策，为陕南小流域洪涝灾害的科学防控提供理论支撑和实践路径。

6.1 陕南小流域洪涝灾害断链减灾现状分析

6.1.1 陕南小流域典型灾害分析

陕南小流域独特的地理环境，使得该区域自然灾害频发，主要涵盖气象灾害与地质灾害两类。在气象灾害方面，干旱、洪涝、冰雹等灾害较为常见；地质灾害则以滑坡、泥石流、崩塌等为主要表现形式。

从城乡布局角度分析，陕南小流域乡村分布广泛且呈点状分布特征。基于此，本书将人口、农业、农居环境方面的指标作为承灾体分析对象，选取水土流失、农业旱灾、农业夏涝、房屋道路受损状况、水电通信设施受损情况以及人员伤害程度等指标，对承灾体遭受灾害影响的可能性及严重程度展开评估。

研究团队通过系统梳理陕南小流域致灾因子及其致灾后果年度发生概率的调查问卷数据，构建了陕南小流域致灾因子风险矩阵（图6.1和图6.2）。分析结果显示，干旱、洪涝、农业旱灾以及滑坡灾害在该区域的发生概率较高，且造成的后果严重，属于主要的高风险灾害类型。农业夏涝（此处特指农业领域的夏季洪涝灾害）、水土流失、泥石流和崩塌等灾害风险处于中等水平。而水电通信设施受损、房屋道路受损、人员伤害、冰雹以及冻害等灾害风险相对较低。

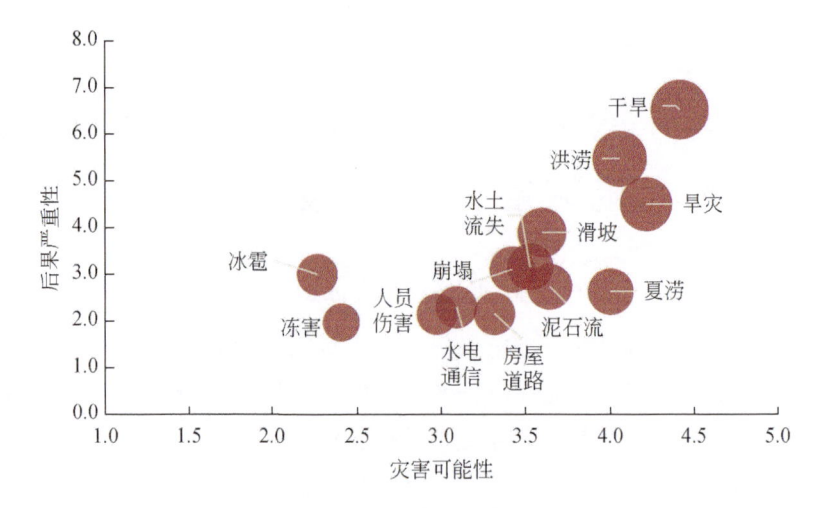

图 6.1　陕南小流域灾害风险矩阵

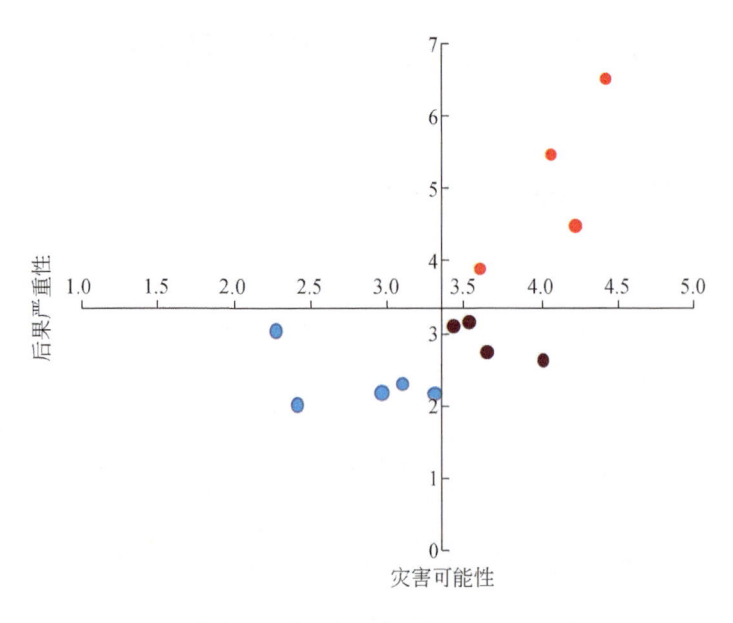

图 6.2　陕南小流域灾害可能性与后果严重性象限图

走访调研结果表明：①该研究区域在春夏两季常面临春旱与伏旱的威胁。由于山区水利设施不足，灌溉工作主要依赖人力进行，难以有效缓解干旱对农作物生长的不利影响，进而导致农业产量下降。鉴于此，当地居民普遍认为干旱及农业旱灾风险最高，且后果严重。②关于洪涝引发的农业夏涝问题，居民认为其后果相对较轻。这主要归因于山区地形坡度较大，具备良好的排水条件，一般情况下降水难以在坡面形成积水，因此农业夏涝现象并不普遍。不过，地势低洼且背阴的农田除外，这些区域因排水不畅，在遭遇强降水时易发生涝灾。③在洪涝灾害的次生灾害方面，调查显示滑坡、泥石流、崩塌以及水土流失的发生频率相近。但从后果严重性来看，滑坡造成的损失最为严重，其次是水土流失，再次是崩塌，而泥石流的影响相对较小。④针对人员伤害、水电通信中断以及房屋道路损坏等问题，调查发现洪涝灾害通常不会直接导致这些严重后果。此外，许多滑坡、崩塌和泥石流灾害发生在偏远地区，对当地居民的人身安全和生活影响有限。总体而言，洪涝灾害及其引发的次生灾害链在陕南小流域山区发生的可能性较高，且会带来一定的不良影响。因此，有必要针对陕南小流域的洪涝灾害防灾减灾能力展开深入研究。

6.1.2　陕南小流域洪灾脆弱性与灾害链分析

陕南小流域山区展现出较高的环境脆弱性，其地质特征表现为构造复杂、节理与裂隙广泛发育、岩石破碎化程度高，以及地表沉积物松散易动。该区域地貌以山地、丘陵及峡谷为主，地形陡峭、山体高耸，基岩裸露显著，风化壳覆盖层较薄。同时，该地区降水充沛且多以集中暴雨形式出现，河网虽密集但河槽调蓄能力有限。加之陕南位于南北气候过渡地带，生态系统相对脆弱，土壤结构不稳定，蓄水性能不佳。在此自然环境下，突发的重大自然灾害将对考察区域造成显著影响。从微观视角审视，已有调查揭示了村民在房屋选址时虽有意规避已知灾害点，但此举反而可能加剧了区域整体的灾害脆弱性。偏远山区基础设施薄弱，预警监测与通信网络覆盖不足，制约了灾害应急响应效能，凸显了基础设施层面的脆弱性。

陕南小流域山区在社会层面同样表现出较高的脆弱性。由于地理位置偏远、经济发展滞后，大量青壮年劳动力外出务工，导致留守人口多为妇幼老人等灾害应对能力较弱的群体，面对灾害时显得尤为脆弱。此外，该区域居民保险意识淡薄，防灾减灾知识与技能欠缺，多依赖传统习惯进行防灾，缺乏现代风险防范意识和专业技能培训，进一步加剧了社会层面的脆弱性。

世间万物的发展变化皆非孤立静止，而是相互关联、相互影响的动态过程，洪灾的发生亦遵循这一规律。陕南地区，一方面受西南与东南季风的共同作用，频繁遭受集中性暴雨及连阴雨的侵袭；另一方面，地处秦巴山区，地形错综复杂，地表稳定性差，山势陡峭，河流众多且纵比降显著，植被的调蓄功能有限。在集中性暴雨或连阴雨的天气条件下，河水迅速汇集，流速加快，极易引发洪水。同时，山区降雨不仅增加了山体的自重，还在滑坡面上产生润滑效应，诱发滑坡现象。当上游水源累积至一定程度时，还可能进一步触发泥石流灾害，形成"暴雨—洪涝—滑坡—泥石流"的连锁反应（图6.3）。从承灾体的角度来看，人类在山区的开矿、农耕、修路等活动破坏了地表植被，加剧了地表的不稳定性，使得洪灾发生时更易引发连锁反应，由单一灾害演变为系列灾害，灾害影响范围也从一个地区扩散至另一个地区。此外，山区基础设施相对薄弱，居民的风险意识不足，也在一定程度上加剧了该地区洪涝灾害的脆弱性。

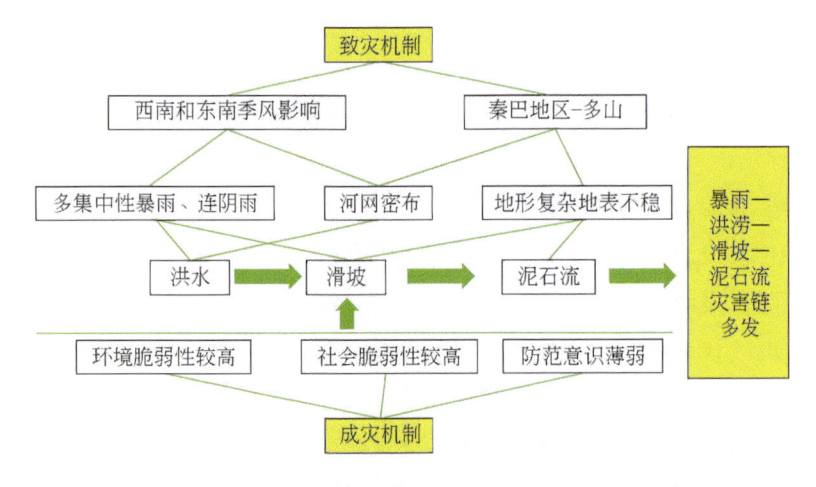

图6.3 陕南小流域洪灾脆弱性与灾害链

6.1.3 小流域洪涝灾害情景要素分析

依据5.3节所展示的陕南12个站点1960~2019年的降水数据，并参考陕西省气象台的通报内容，陕南地区单次极大降水事件的发生概率正呈上升趋势，尤其是安康、商洛两地，极端降水事件的频次总体上呈增加趋势，这与2024年陕西所经历的区域性强降雨事件相吻合，增加了陕南小流域在夏季遭遇洪涝灾害的风险。

对于风险较低或常规性的洪涝灾害，地方政府及其相关部门能够依据既定的应急预案，遵循日常救灾流程，同时乡镇村民凭借日常积累的灾害应对经验，通常能够有效开展抗灾救灾工作，从而将灾害损失控制在较低水平。然而，近年来我国南北方的极端旱涝灾害发生频率和强度不断加剧，特别是2016年长江洪水、2017年华北暴雨洪水、2020年长江洪水、2021年河南暴雨洪水，以及2022年南方高温干旱和华北、东北、华南等地的极端暴雨事件，均造成了严重的人员伤亡和财产损失。面对气候变化的"新常态"，亟需进一步提升防灾救灾能力，以有效应对这些不确定、后果严重且处置难度大的极端洪涝灾害。

在分析影响陕南小流域大型洪涝灾害应急处置的各种因素的基础上，通过定性和定量的综合分析，构建合理的情景集合，可以为小流域乡镇洪涝灾害减灾策略的制定提供科学依据。本书基于情景分析法的一般构建流程，将陕南小流域洪涝灾害应急情景的构建过程划分为情景要素分析、关键情景要素选择、情景描述三个阶段。

为提前预判未来可能出现的灾害情景及其应急处置环境，需确定能够有效描述灾害场景及应急处置环境的变量，这些变量共同构成了情景要素集。洪涝灾害情景要素集如图6.4所示，主要包括孕灾环境（即背景要素），其中特定地域的气候、地形地貌及水文水系特征是决定洪灾发生的主要环境因素；暴雨的频次、强度、持续时间以及地质条件是影响洪涝灾害及其次生灾害发生与否的关键因子；区域的人口分布、生产生活活动及基础设施状况作为承灾体，能够直观反映灾害造成后果的严重程度；而成灾前后的救援措施则是防灾减灾工作能力的体

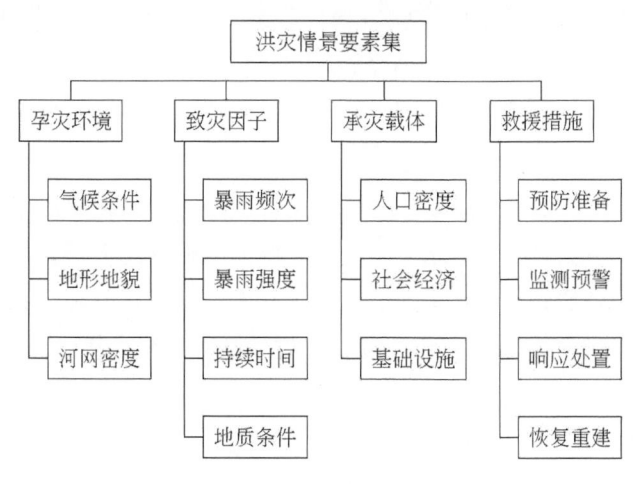

图6.4 洪灾情景要素集

现，科学有效的救援措施能够显著缓解或避免恶劣后果的发生。

针对洪灾场景，其触发条件主要涵盖暴雨频次、强度及持续时间等核心要素，这些要素构成了洪灾发生的关键驱动因素。关于极端降水特征，5.3.3 节已经详细地刻画了 1960~2019 年陕南地区的极端降水变化规律。此外，研究背景章节已在 5.1 节概述了考察区域的地理特征及陕南三市近 17 年的洪涝灾害统计概况。洪灾的直接影响集中体现在经济损失与人员伤亡上，如农业、工矿企业、基础设施、公益设施及家庭财产等多方面的损失、人员伤亡。在应急响应层面，跨部门协同核查、数据会商及遥感技术对比等措施，对于科学决策与灾后重建具有关键作用。

一个全面的灾害情景描述需涵盖灾害事件的概述、后果分析、背景信息、发展进程及应对策略。具体到 2021 年，商洛市多个县区因持续降雨遭受重创。研究过程中，我们深入了解了 2021 年商洛市洛南县"7·23"特大暴雨洪灾及镇安县"8·20"暴雨洪灾的实际情况。现基于洪灾情景要素集对这两次的洪灾事件进行表述。

(1) 洛南县"7·23"特大暴雨洪涝灾害事件

洛南县"7·23"特大暴雨洪涝灾害发生的背景信息，7 月 22 日 14 时至 7 月 23 日 14 时，洛南县突遭暴雨洪水袭击，全县最大降雨量为麻坪镇栗西口村 239.5mm。暴雨导致洛南县境内的洛河、麻坪河、石门河、石坡河、周湾河、蒿坪河等多条河流水位急剧上升。本次洪涝灾害导致洛南县大量人员受灾，多地交通、供水、电力、通信等基础设施遭到严重破坏，众多房屋、车辆等财产受损，农作物受灾情况严重，此外，多所学校、卫生院等公共服务设施受损，影响范围较广。灾害发生后，相关部门、专业救援力量、当地群众积极展开紧急救援和自救。

关于洛南县"7·23"特大暴雨洪涝灾害事件，陕西省商洛市洛南县洛源镇一位受访村民如下讲述，回忆起"7·23"特大暴雨洪涝灾害，至今想起仍心有余悸。当地夏季常有短期集中降水，河道水位夏季会显著上涨，起初对 2021 年 7 月的几场暴雨未过多关注。7 月 22 日晚，收到暴雨预警信息，但未引起重视。23 日凌晨三点左右，村委会喇叭紧急通知疏散、水位上涨，低洼处及河道旁危险。通知持续半小时后停电，手机也无信号。此时房子周边积水已过膝。村委迅速组织，帮助老人和小孩撤离低洼地带，前往地势较高的邻居家避难。在邻居家，村民看到村庄主路上全是黄泥水，夹杂着土豆、拖鞋等物品。沿河邻居称，看到水头冲过邻居厨房，直冲而下，所幸邻居已转移。大雨持续到四点半雨势才变小。天亮后，村民看到许多树木倒地，土地被冲刷破坏（图6.5），弯道处道路被冲毁（图6.6），河道被冲开。灾后，村委会集中开灶、设临时安置点，县镇政府组织救援部队修临时道路、及时抢修电力，使全村恢复通电。后期虽有短期集中降水，但都不及7月23日凌晨那场严重。

图6.5　植被土地受损
受访者供图

图6.6　被冲毁的公路
受访者供图

关于洛南县"7.23"特大暴雨洪涝灾害的救援工作,访谈了一位洛南县政府工作人员,他提供了相关救援情况。截至7月27日,洛南县多部门协同作战,全力开展抢险救灾与受灾群众安置工作。

在抢险救灾方面,各部门积极投入力量。交通局紧盯重灾镇应急通道抢修,投入施工机械与人员,抢通多条水毁道路和中断路段。省市电力公司调配多支抢修队伍,出动车辆、发电机等设备,当日恢复大量配变供电。移动、联通、电信公司也迅速行动,抢通传输光缆、基站、OLT设备等。水利部门迅速组建抢险队伍,紧急抢修供水设施,成功恢复多处集中供水工程,安装与疏通管网,使部分群众恢复供水,还出动应急送水车为多个镇办送水。

在安置受灾群众方面,全县共转移群众58345人,其中紧急避险撤离和转移安置群众分别达到一定数量。全县设立多个集中安置点,统一办灶,明确管理员,设立医疗服务点,配备医护人员,悉心做好各项服务。同时,积极筹集社会捐赠,收到资金与物资若干。防汛指挥部建立救灾物资台账,实行出入库登记管理,后勤保障组配送发放物资到村、到组,累计配送矿泉水、方便面、折叠床、被褥、帐篷以及大米、面粉、食用油、蔬菜等多种生活必需品,全力保障受灾群众基本生活。

(2) 镇安县"8.20"暴雨洪涝灾害事件

2021年8月19日14时至8月22日8时,镇安县受西风槽和低层切变线共同影响,出现了2次中到大暴雨的降雨过程,其中21日16时至22日8时,降水量大于80mm的有10个镇办,大于100mm的有6个镇办,最大降水量出现在永乐街道118.8mm,旬河、乾佑河均超过预警水位。

2021年8月,镇安县遭遇"8.20"暴雨洪涝灾害,全县15个镇办154个村(社区)625个村民小组8102户29571人受灾,直接经济损失达5.988亿元,农作物、房屋、通信、道路、饮水等多方面均受影响。

云盖寺镇一位村民讲述了此次受灾经历。8月19日起降雨,起初村民以为只是夏季常见暴雨,未太在意。然而此次暴雨持续时间长,强度大。20日早晨,一夜暴雨后,庄稼受损严重,老旧房屋因瓦片难抵暴雨开始漏雨,大雨还阻碍居民出行,限制生产活动。连续强降雨致使河水涨势汹涌,沿途水流成河(图6.7)。灾后,村里广播不断播报防灾救灾通知,严格落实全县防汛"人盯人"部署,确保每户做好撤离准备。村干部组织防灾队伍巡视靠近山体或河流的居民房屋状况,及时安排靠近山体的居民撤离,避免了人员伤亡。同时,村委会安排人员巡查道路积水、房屋受损和庄稼受灾情况，积极协助房屋被冲垮的居民重建家园并提供经济补助。此次灾害给镇安县带来了较大损失，但救援工作及时有效，保障了群众生命安全。

图 6.7　2021 年 8 月 22 日云盖寺镇段镇安县河水势
受访者供图

6.1.4　陕南小流域洪涝灾害防灾减现状分析

本书针对陕南三市 18 个乡镇的 30 个村庄，就小流域山区洪涝灾害的防灾减灾能力现状展开了实地调查。调查内容覆盖了洪灾发生频率与灾情、个人防灾行为、村委会及相关组织的防灾措施，以及民众的满意度等四个维度，共回收有效问卷 141 份。

调研结果显示，41% 的受访村民认为近十年洪涝灾害每年均有少量发生，而 24% 和 25% 的村民则分别表示灾害呈现隔几年集中爆发或偶尔发生的态势。以 2010 年 7 月为例，陕南地区遭遇了 50 年一遇的洪峰，安康水库入库流量创历史新高，安康水文站记录的洪峰流量位列建站以来第三。关于洪灾严重程度，36% 的村民认为较为严重，43% 则认为一般严重。在暴雨洪涝期间，关于断水、饮用水污染、电力通信中断及道路中断的调研显示，71% 的受访者表示这些现象偶尔发生，15%认为频繁出现，14%则认为很少发生。这些数据与6.1.1节关于灾害发生可能性及后果的评估结果相吻合，能够较为真实地反映陕南小流域洪涝灾害的实际状况。

暴雨洪涝灾害对村民身体健康的影响主要体现在伤风感冒、外伤及虫咬等方面，其中伤风感冒尤为突出。关于灾害对村民心理和情绪的影响程度，调研结果将其分为影响非常大、较大、较小、非常小及无影响等五个层次。如图6.8所示，49%的受访者认为灾害对其心理和情绪造成了较大影响，32%认为影响较小，12%和8%分别认为影响非常小和非常大。多数受访者表示，回想起较大规模的洪涝灾害仍会感到心有余悸，说明突发的极端灾害事件对他们造成了一定的心理创伤。在灾害对房屋居住的影响方面，超过42%的受访者认为暴雨灾害对其房屋居住的影响非常小；在交通出行、生产生活影响方面，约40%的人认为对交通出行造成了较大影响，约44%的受访者认为总体来看洪涝灾害对他们的生产生活影响一般，认为影响较大和不太大的分别占26%和15%。

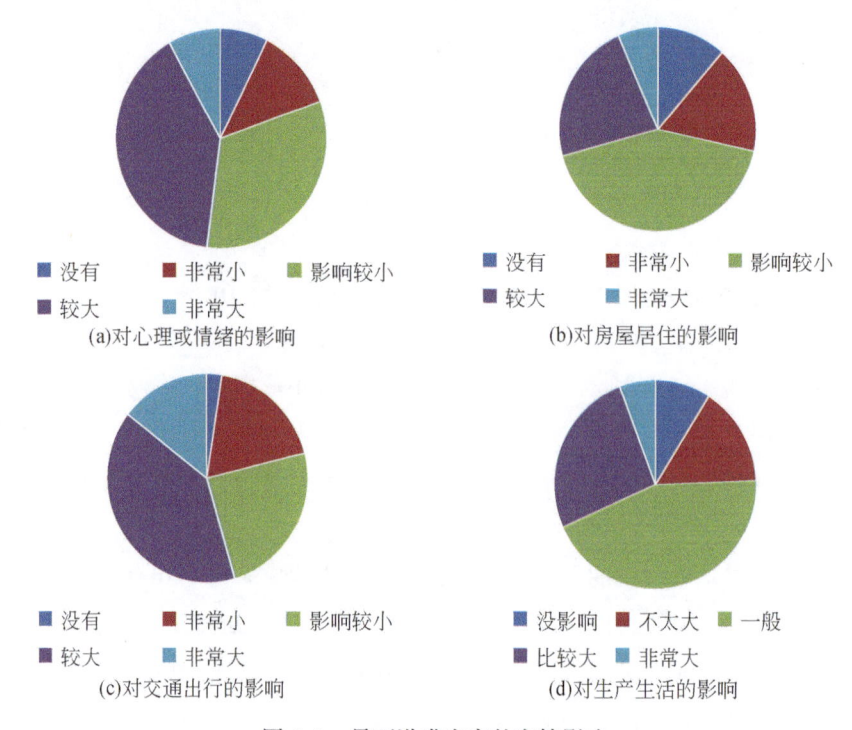

图6.8 暴雨洪涝灾害的灾情影响

在对洪涝灾害应急自救能力的调研分析中，结果显示，多数受访者掌握了一

第6章 陕南小流域洪涝灾害减灾能力与对策分析

定的暴雨洪水预警信息获取方式、雨天出行安全知识，以及针对不同预警级别的应对措施，并对此类知识有一定了解，积累了一定程度或少量实践经验（图6.9）。然而，受访者普遍缺乏对不同灾害类型（如滑坡、泥石流、洪涝）应急疏散路径或安全避难场所最佳选址的认知。

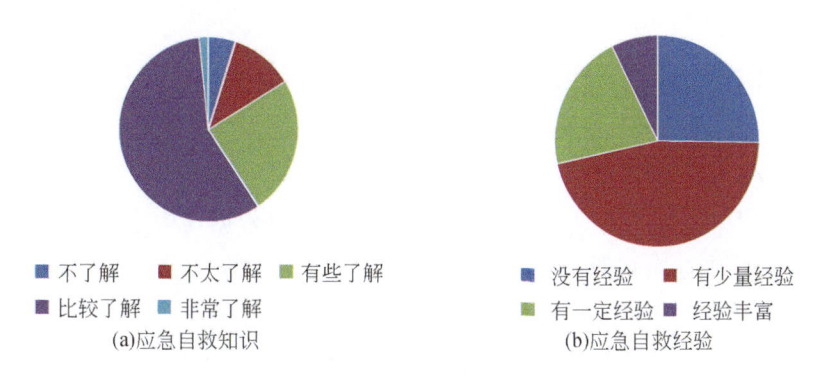

■ 不了解　■ 不太了解　■ 有些了解
■ 比较了解　■ 非常了解
(a)应急自救知识

■ 没有经验　■ 有少量经验
■ 有一定经验　■ 经验丰富
(b)应急自救经验

图 6.9　洪涝灾害的应急自救知识与自救经验

调研中进一步发现，村民获取防灾减灾知识的渠道呈现多元化特征，包括电视、广播、日常经验积累、政府入村宣传及村委会通知等。在灾害应对场景中，受访者对自救互救知识的需求最为迫切，尤其在洪涝、台风、地震等灾害发生时表现尤为明显。洪涝期间，受访者最紧缺且迫切需要补充的物资依次为生活用水、食品、生活必需品和能源供应。在防洪准备方面，多数受访者重点关注并保障房屋结构安全，采取针对性防护措施，确保预警信息接收渠道的畅通性。

在对洪涝灾害预防与应对能力的调研中，发现各村普遍设立了防灾减灾工作小组并指定了责任人。然而，多数村民认为本地区防洪设施存在不足或仅处于一般水平。尽管如此，村民对洪灾预警、应急救援及灾后重建措施的满意度或认可度总体较高，普遍认可政府在防洪减灾各环节的积极作用。

在行动准备方面，50%的受访者反映所在区域已开展防灾减灾宣传培训，但应急演练活动明显不足。尽管如此，86%的受访者表示愿意参与洪灾防治相关活动，并认可其实际价值。灾害保险方面，62%的受访者未购买任何灾害保险，38%已投保。针对未投保群体，50%表示有购买意愿，其余则持否定或观望态度。在保费接受度上，47%的受访者认为年保费应控制在100元以内，36%可接受101~200元。综上数据表明，村民的灾害保险意识仍需强化，对保险价值的认知存在提升空间，且受经济条件制约，保费承受能力普遍偏低。

6.2 陕南小流域洪涝灾害防灾减灾能力评价

6.2.1 陕南小流域洪涝灾害防灾减灾能力分析

洪灾减灾能力作为应对防灾减灾任务的核心要素，是洪灾灾害链发生前、发展中、发生后整个环节中应该具备的应对能力。本书依据《中华人民共和国突发事件应对法》的四阶段划分原则，并参考邓彩霞（2021）关于雪灾减灾能力评估体系，构建了陕南小流域洪涝灾害减灾能力评价指标体系。该体系包含预防与准备、监测与预警、处置与救援、恢复与重建四大能力维度，下设14项二级指标及36项具体能力三级指标，调研对象以村支书、村主任为主，同时覆盖部分村民群体。

调研结果显示，在洪涝灾害预防与准备阶段，除防灾减灾规划制定能力及应急演练组织能力存在短板外，其他方面均已具备相应准备（图6.10）。其中，防灾减灾规划制定能力主要指家庭层面的防灾预案制定情况，村民普遍缺乏主动制定防灾计划的意识，更多依赖上级政策指导。应急演练组织能力方面，尽管村委会与上级部门合作开展了大量防灾宣传培训，但实战演练频次明显不足。

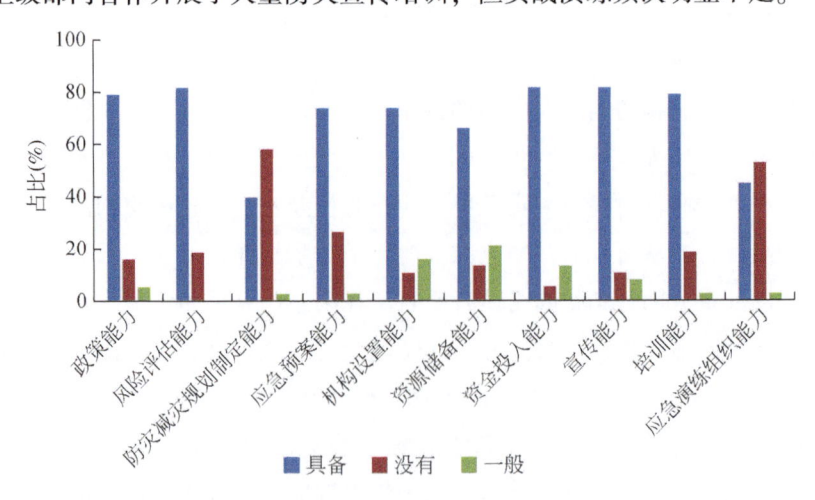

图6.10 洪涝灾害链预防与准备能力统计图

在监测与预警环节，乡镇层面普遍反映气象、水文及地质灾害监测设备覆盖不足，导致洪涝灾害链风险识别与风险等级判定存在困难（图6.11）。救援与处置能力方面，受访村干部和村民认为整体救援能力较为完备，但搜救能力存在轻微短板（图6.12）。灾后恢复与重建阶段，受访者对物资提供、及时清理、安置场所提供及房屋重建评估等环节给予肯定，但指出专业心理疏导团队资源匮乏，导致心理救助能力较弱（图6.13）。

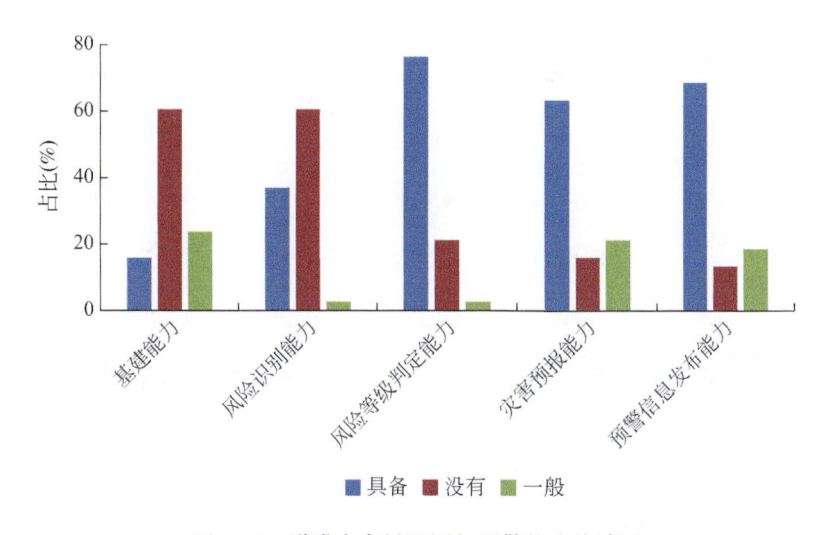

图 6.11　洪涝灾害链监测与预警能力统计图

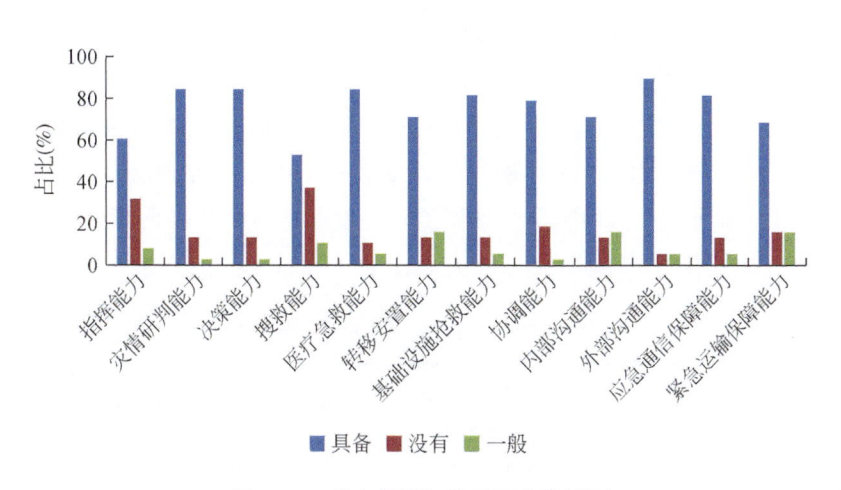

图 6.12　受灾救援与处置能力统计图

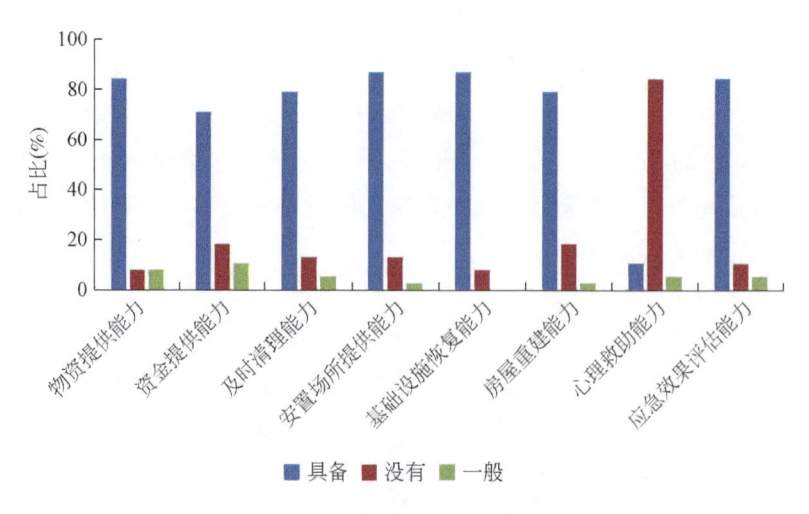

图 6.13　灾后恢复与重建能力统计图

6.2.2　陕南小流域洪涝灾害防灾减灾能力公众评价

基于对陕南小流域山区洪涝灾害链防灾减灾能力的初步调研，本书运用层次分析法构建了评价指标体系，共设置 4 个一级指标与 12 个二级指标。评估过程中，邀请气象、水文监测、防灾救灾及基层村干部等领域的 10 余位专家进行指标权重打分。通过层次分析法对专家评分数据进行一致性检验，对符合一致性要求的数据进行加权平均处理，最终确定各指标权重值。具体而言，研究将评价指标体系划分为准则层和方案层，其中准则层矩阵的最大特征根为 4.197，CR = 0.074<0.1，各方案层的一致性检验结果如表 6.1 所示，准则层和方案层的 CR 均小于 0.1，所有权重值均满足一致性要求，据此计算出各评价指标的权重和分解权重值（表 6.2）。

表 6.1　准则层和方案层权重的一致性检验

准则层	方案层	最大特征根	CR 值
预防与准备能力	规则准备能力	3.037	0.036
	资源准备能力		
	行动准备能力		

续表

准则层	方案层	最大特征根	CR 值
监测与预警能力	监测基础设施建设能力	3.039	0.038
	风险监测能力		
	预报预警能力		
处置与救援能力	决策与指挥能力	4.188	0.070
	应急救援能力		
	协调与沟通能力		
	通信与交通保障能力		
恢复与重建能力	救济民众能力	4.200	0.075
	现场清理能力		
	恢复能力		
	应急评估能力		

表 6.2 陕南小流域洪涝灾害链减灾能力评价指标权重值

准则层	权重	方案层	权重	分解权值
预防与准备能力	0.270	规则准备能力	0.193	0.052
		资源准备能力	0.498	0.134
		行动准备能力	0.309	0.084
监测与预警能力	0.308	监测基础设施建设能力	0.396	0.122
		风险监测能力	0.367	0.113
		预报预警能力	0.237	0.073
处置与救援能力	0.328	决策与指挥能力	0.302	0.099
		应急救援能力	0.421	0.138
		协调与沟通能力	0.100	0.033
		通信与交通保障能力	0.177	0.058
恢复与重建能力	0.094	救济民众能力	0.453	0.043
		现场清理能力	0.258	0.024
		恢复能力	0.183	0.017
		应急评估能力	0.106	0.010

为全面掌握民众对陕南小流域洪涝灾害减灾任务执行能力的评价，本书开展了专项公众评判调查。调查采用五级评分制，将每一项减灾能力指标的评价分值

设为1、3、5、7、9五个等级的分值,分别代表很弱、较弱、一般、较强、很强。各项指标的公众评价得分情况如表6.3所示,14项指标的均值得分在4.36~5.11,整体表现处于"一般"水平,其中洪灾监测基础设施建设和风险监测能力得分低于4.5,接近"较弱"标准。从众数分布来看,洪灾资源准备、决策指挥、通信交通保障、现场清理及恢复重建等五项能力获评"较强"(7分)的比例最高,反映村民对其实战效能的认可。而防灾减灾政策宣传、预警信息发布、应急物资储备等七项指标众数为3分,反映出村民对防灾减灾工作满意度不高,尤其是对灾前准备和预警环节满意度偏低。救灾应急响应、部门协调联动及灾后救济能力同样存在改进空间。

表6.3 陕南小流域洪涝灾害减灾能力公众评价得分

评价指标	众数	均值	标准偏差
规则准备能力	5	4.84	1.78
资源准备能力	7	5.07	1.99
行动准备能力	3	4.93	1.95
监测基础设施建设能力	3	4.40	1.99
风险监测能力	3	4.36	1.84
预报预警能力	3	4.60	1.95
决策与指挥能力	7	5.05	1.98
应急救援能力	3	5.11	2.03
协调与沟通能力	3	4.92	1.96
通信与交通的保障能力	7	5.03	2.03
救济民众能力	3	4.89	1.99
现场清理能力	7	5.01	2.07
恢复重建能力	7	4.81	2.03
应急评估能力	5	4.98	1.79

通过表6.2权重值与表6.3均值得分的加权计算,得出准则层四项能力的均值得分以及总体均值(即目标层)。如表6.4所示,防灾减灾四大能力评价中监测预警能力得分最低(4.403),救援与处置能力得分最高(5.127),其余两项能力得分均在5分左右。总体来看,陕南小流域洪灾减灾能力处于中等水平,监

测预警体系薄弱环节尤为突出，亟需通过强化基础设施建设、优化预警机制等措施提升综合减灾效能。

表6.4　准则层与总体减灾能力公众评价得分

准则层	预防与准备能力	监测与预警能力	处置与救援能力	恢复与重建能力	总体均值
均值	4.982	4.403	5.066	4.918	4.826

6.3　陕南洪涝灾害防御对策分析

6.3.1　主要结论

陕南小流域的灾害风险呈现出显著差异：干旱、洪涝、农业旱灾及滑坡等高风险灾害兼具高发生概率与严重后果；农业旱涝、水土流失、泥石流和崩塌构成中等风险；而水电通信设施受损、房屋道路损毁、人员伤害及冰雹冻害等则属于低风险范畴。暴雨洪涝对村民健康的威胁主要表现为伤风感冒、外伤及虫咬，其中伤风感冒尤为突出。受访者对重大洪涝灾害的心理阴影普遍存在，反映出极端灾害事件对民众心理的持续性影响。

在防灾准备方面，多数受访者重视房屋安全检查与预警信息获取，但对灾害保险的认知与支付意愿存在局限：47%的受访者仅接受100元以内的年险费用，36%可接受101~200元。这既体现了村民保险意识的薄弱，对灾害保险的重要性认识不足，也折射出经济承受能力的制约，使得他们可接受的保险费用相对较低。

将陕南小流域洪涝灾害减灾任务能力评价指标划分为预防和准备能力、监测与预警能力、处置和救援能力、恢复与重建能力四大维度。从村干部和村民的反馈来看，预防与准备能力的短板集中在防灾减灾规划制定及应急演练组织环节，具体表现为搜救力量不足与专业心理疏导队伍缺失。监测预警能力得分最低（4.403），显著落后于救援处置等其他能力项，这与樊建勇等（2012）对江西省山区小流域山洪灾害研究揭示的监测技术短板导致风险评估困难的现象高度契合。综合来看，陕南小流域洪灾减灾能力整体处于中等水平，监测预警体系薄弱环节尤为突出，亟需通过技术升级、能力建设等措施实现系统性提升。

6.3.2 对策建议

1. 工程措施

(1) 加强监测体系建设

从陕南小流域山区洪涝灾害链防灾减灾能力调查结果来看，洪涝灾害链监测与预警能力是预防和准备能力、监测与预警能力、处置和救援能力、恢复与重建能力四大能力中最为薄弱的一环。乡镇层面普遍存在气象、水文观测点及地质灾害监测设备布设不足的问题，导致难以通过技术手段精准识别洪涝灾害链风险等级。

陕南山区极端降水事件多发，准确预报雨情是基础，所以监测体系建设成为防灾减灾的关键基础。监测能力的提升需聚焦于脆弱性特征辨识、实时灾情预报及损失评估三大核心功能。这样才能对雨情、水情、工情、险情、灾情有效监测。以安徽某县水务局为例，通过关键区域动态监管设备实现水库水雨情实时监测，印证了监测体系对极端降水精准预报的支撑作用。同时，借助公网专线或 VPN 专线组网技术，可保障监测数据的安全高效传输，为决策提供可靠依据。吉林省水利厅在强降雨期间通过山洪灾害监测预报预警平台，实现了对降雨量的实时监测与预警信息发布，有效保障了人员安全转移。此类系统的应用，不仅提升了灾情测量的准确性，更推动了洪涝灾害全周期评估体系的建立，使脆弱性监测走向长期化、规范化。在监测体系完善过程中，需同步推进基础设施建设，强化水、电、交通、通信等生命线工程的防灾能力，构建多维度、立体化的洪涝灾害防御网络。

(2) 加强防洪工程建设

强化水利基础设施建设，尤其是完善流域防洪工程体系，是降低洪涝灾害脆弱性、保障国家水安全的核心举措。流域雨水排放、蓄存及渗透设施作为基础工程单元，其建设需统筹考虑防洪除涝标准，通过科学规划提升防洪设施的抗灾效能。

针对山区乡村区域，应严格保护农田水利设施，构建"调蓄—电排—自排—灌溉"四位一体的排灌体系，通过优化系统布局增强区域排灌能力。工程实施需遵循洪涝灾害规律，结合地域特征开展科学论证，在确保建设质量的基础上提升防洪标准，重点强化河道疏浚与人工大坝的蓄洪、泄洪功能，形成系统化的防洪减灾屏障。基于历史灾害空间分布数据，需进一步优化水文监测网络布局，通过增设站点、扩大监测范围，构建覆盖全流域的雨情监测体系，提升灾害预警的时空分辨率与精准度，为防洪决策提供坚实的数据支撑。

（3）加强生态工程建设

生态工程建设需秉持生态优先原则，协调经济发展与生态保护的关系，坚决摒弃以牺牲环境为代价的增长模式，践行生态价值与经济价值相统一的发展理念，实现洪涝灾害脆弱性的系统性降低。

林业领域中，森林植被作为天然的水源涵养体，兼具水土保持与洪涝调节功能。针对陕南小流域山区的生态特征，需通过科学论证推进生态工程实施，构建多层次防护林体系以强化水土保持能力，并提升森林蓄水调洪效能，同时严格管控森林资源开发，杜绝乱砍滥伐行为。农业领域需优化种植结构布局，在水灾频发区域推广耐涝作物品种，通过提升作物抗逆性降低洪涝损失。此外，应推动农业产业多元化发展，培育生态农业、景观农业等新型业态；加强湿地生态系统保护，增强其雨洪调蓄功能；强化天然林草资源保护与修复，协同发挥水利工程与生态工程的减灾效益。

2. 非工程措施

（1）完善洪灾应急响应机制

基于精准的灾情研判，需构建科学完备的灾害应急预案体系，强化预案的可操作性，确保防洪抗灾工作有序推进。从洪涝灾害风险管理的角度来看，洪涝灾害管理涵盖风险预测、风险降低、风险规避、风险分担、抗灾能力强化、应急响应提升及灾害承受力增强等关键环节。以湖南省永州市江华县为例，其通过高效的山洪预警与转移避险机制，成功实现零人员伤亡，印证了预警系统与应急响应在灾害防控中的核心价值。各环节均需依托应急预案，确保预测精准、措施得当，最大限度降低灾害损失。

（2）强化灾害协同应对效能

灾害应对需多主体协同参与，科学合理的组织架构是高效减灾的基石。理想的应急体系应充分激发减灾主体的能动性，整合多方资源，推动跨部门、跨领域的深度协作，构建全链条、立体化的应急联动网络。具体而言：强化各级政府部门在防洪减灾中的核心地位和主导责任；县级政府与乡镇政府作为小流域洪灾治理的核心领导机构，其应急管理局与应急小组需承担执行主体职能，基层政府尤其是县应急管理局应在防灾减灾中发挥中枢作用；坚持村社本位，激活村社自治活力：村党支部与村委会作为村社灾害治理的领导核心，需引导村民有序参与，通过政府授权建立社区支援队伍，创新农民参与灾害治理的组织形式。鉴于洪涝灾害管理的多层级、广覆盖特性，需坚持分工协作、责任共担原则，确保各级机构履职尽责，提升整体应对效率。

（3）发展防洪减灾保险保障体系

调研显示，当前村民灾害保险认知存在明显短板：保险意识薄弱、经济承受力有限导致参保意愿不足，加之"等靠要"心态盛行，过度依赖政府与社会援助。传统财政救济在巨灾面前捉襟见肘，难以满足灾后重建需求。鉴于此，需结合洪涝灾害特性，建立专项保险制度，创新补偿机制。通过开发财产保险、农业保险等特色险种，整合社会捐助、救灾储蓄等多元渠道，将不可承受之重转化为可承受之险，切实降低灾害损失。

（4）深化公众防洪减灾能力建设

调研发现，50%受访者表示，尽管所在区域开展过灾害教育宣传，但实操演练的缺失导致群众自救能力薄弱。防灾减灾宣传需以实战化演练为支撑，传统宣传方式难以形成有效记忆。做好小流域典型灾害减灾宣传是让群众参与防灾减灾的前提，尽管许多乡村在应急知识与风险意识宣传方面已有所努力，但灾害造成的损失依然严重，关键在于实战模拟的缺乏。所以，应构建"知识-技能-意识"三位一体的能力建设体系：针对区域灾害风险特征，开展针对性技能培训，通过模拟演练强化应急处置能力；系统提升公众防灾减灾意识，推动灾害风险管理从被动应对转向主动防御，最终实现防灾减灾效能的质的提升。

另外，基于陕南地区暴雨洪涝灾害风险综合区划结果，结合致灾因子风险性、承灾体暴露性、孕灾环境脆弱性及防灾减灾能力四个维度的评估，提出陕南不同县区的防洪减灾建议：

（1）针对致灾因子高风险县区（柞水县、镇巴县、洛南县、镇坪县）

这些以中低山地为主的区域，因河流落差大、暴雨频发且汇流迅速，洪涝灾害风险突出。需强化行政监管效能，深化落实河长制，重点推进河道清淤疏浚工程，从源头上降低致灾因子风险。

(2) 针对承灾体高暴露性县区（城固县、汉台区、汉滨区、旬阳市）

这些县区属于工业产值与农业产值较高、人口密集、城镇化程度相对较高的区域，内涝隐患显著，处于高/较高或中等暴露危险性等级。新城区建设应同步推进地上空间开发与地下管网建设，老城区改造则需优先完善排水系统，通过系统化工程提升城市韧性。

(3) 针对孕灾环境脆弱性县区

汉滨区孕灾环境脆弱性等级较高，其余县区相对较低。需遵循因地制宜原则，通过科学规划优化空间布局，系统提升区域生态承载力，从根源上改善孕灾环境。

(4) 针对防灾减灾能力薄弱县区

除汉台区、汉滨区、商州区等行政中心及周边区域外，其余县区普遍存在防灾体系短板。需加大防灾减灾救灾体系投入，重点强化监测预警能力建设，同步推进专业人才引进与培养，构建覆盖全域的防灾减灾网络，以全面提升防灾减灾效能。

6.4 本章小结

本章通过对陕南小流域洪涝灾害的系统分析，全面揭示了该区域洪涝灾害的高风险性及其脆弱性特征。研究首先通过问卷调查和实地走访，分析了该区域的典型灾害类型及其风险等级，发现干旱、洪涝、农业旱灾和滑坡是该区域的高风险灾害，尤其是洪涝灾害及其次生灾害链的发生概率较高，后果严重。研究进一步通过情景分析法，构建了洪涝灾害的情景要素集，分析了暴雨频次、强度、持续时间等关键因子对洪涝灾害的影响，并结合洛南县和镇安县的洪涝灾害案例，详细描述了灾害的演化过程及其对区域社会经济和生态环境的严重影响。调研结果显示，当前陕南小流域的防灾减灾能力总体一般，尤其在监测预警能力方面表现较弱，村民的灾害保险意识较低，防灾减灾知识和技能储备不足，亟需加强。

通过对防灾减灾现状的调研发现，村民虽在洪涝灾害自救上略有积累，却对不同灾害的疏散路线及避难所知之甚少。此外，村民对防灾措施满意度尚佳，唯监测预警、演练准备等存有显著短板。基于层次分析法的评估结果显示，当前的防灾减灾能力在预防与准备能力、监测与预警能力、处置与救援能力、恢复与重建能力四个方面表现不一，监测与预警能力得分最低，表明该区域的监测预警体系建设亟待加强。

基于以上分析，本书提出了加强监测体系建设、防洪工程建设、生态工程建保障体系制度、深化公众防洪减灾能力建设等非工程措施，以全面提升区域的洪涝灾害防御能力。这些对策建议不仅有助于减少洪涝灾害的发生概率和损失，还能增强区域的抗灾韧性，促进区域的可持续发展。

第 7 章　陕南秦巴天坑群区域生态脆弱性评价

生态脆弱性评价是识别生态环境风险、制定科学保护策略的基础，对于协调资源开发与生态保护、实现绿色发展具有重要意义。本章基于压力-状态-响应 (PSR) 模型，构建涵盖自然条件、人类活动和社会经济因素的生态脆弱性评价体系，对陕南秦巴天坑群区域 2002~2022 年的生态脆弱性时空变化特征进行系统分析。通过识别关键驱动因素，提出从工程建设、组织管理和规划布局三个层面优化生态保护策略，旨在推动区域生态环境与社会经济的协调发展。

7.1　PSR 评价模型构建与数据处理

7.1.1　PSR 模型评价指标体系的构建

PSR 模型，即压力-状态-响应模型 (pressure-state-responses，PSR)。PSR 模型是基于"原因—效应—响应"这一思维逻辑，反映社会经济与环境资源之间的相互关系，强调人为因素及自然因素对生态环境变化的因果关系，应用于社会经济系统和生态环境系统中"压力—状态—响应"的分析研究。在"压力—状态—响应"模型中，压力层指标反映社会经济发展和自然过程对区域生态环境造成的压力及破坏，主要源于人类在生产生活活动中对自然资源的索取，并向环境排放废弃物，影响着生态系统稳定性；状态层指标主要表征基于生态环境受扰动后，区域的生态环境、资源现状及人类的社会经济活动状态等；响应层指标表征人类通过意识和行为的改变做出响应，防治、减缓和恢复人类生产生活对生态环境造成的破坏，助推生态环境改善和资源保护。

通过参考前人对生态环境脆弱性评价的研究成果以及陕南地区相关资料，结合陕南地区生态环境的实际情况，从人类社会经济系统和生态系统选取 12 个评价指标，构建了以压力—状态—响应（PSR）模型为基础的评价指标体系。此评价体系包括人类生产活动指标，兼顾气象气候、地形地质、土地覆被等影响区域生态环境脆弱性的自然环境指标。具体的评价指标体系如表7.1所示。

表7.1 陕南地区生态脆弱性评价指标体系

目标层	准则层	指标层	与脆弱性关系	指标描述
陕南地区生态脆弱性评价	压力层	人口密度	正相关	反映区域的人口承载压力
		土地垦殖率	正相关	衡量区域的农业生产基本条件
		第二产业占比	正相关	衡量区域的工业发展水平
		土地利用强度	正相关	反映土地利用的广度和深度
	状态层	年降水量	正相关	表征区域的气候条件
		地表起伏度	正相关	表征区域的人居环境适宜性
		坡度	正相关	表征区域地形条件
		岩性	负相关	表征区域的基本地质条件
		NDVI	负相关	表征区域的生态环境优良状况
	响应层	GDP密度	负相关	衡量区域的社会发展状况
		第三产业占比	负相关	反映产业结构的优化升级
		财政支出	负相关	反映区域社会财政支出力度

7.1.2 数据来源与处理

本研究数据源包括以下几类：

1）坡度、地表起伏度、归一化植被指数（NDVI）数据来源于国家生态数据科学中心；坡度数据、地表起伏度数据是基于DEM数据应用ArcGIS软件空间分析工具处理获取，其中地表起伏度用单位面积高程最大值与最小值的差值表示。坡度、地表起伏度越大，岩土体越不稳定，引发地质灾害的概率较大，加剧区域生态环境的脆弱性；植被覆盖度用来衡量植被对环境变化的抗干扰能力和缓冲能力，植被覆盖度越高，生态环境的脆弱性越低。

2）岩性数据是基于1：250万中国地质图，在ArcGIS中裁剪出研究区域地层岩性，并进一步进行工程地质岩组分类，获得研究区岩性硬度。岩性越硬，地层稳定性越高，对生态环境脆弱性的影响越小。

3）年降雨量数据来源于中国科学院地理科学与资源研究所。基于陕南地区的气候及地质地貌特征，夏季多集中性强降雨，易发生暴雨洪涝灾害及滑坡、泥石流等次生灾害。因此，对本研究区而言，年降水量越大，对区域生态环境稳定性的威胁越大。

4）土地利用强度是通过土地利用强度分级指数和土地利用分级面积计算获得。土地利用数据来源于中国科学院地理所/地理国情监测云平台，并根据中国科学院土地利用分类体系将汉中地区土地覆盖类型分为耕地、林地、草地、灌丛地、水域、建设用地和未利用地，其中将林地、草地、灌丛地划分为 1 等级用地；将水域划分为 2 等级用地；耕地划分为 3 等级用地；建设用地划分为 4 等级用地；未利用地以裸地为主，被划分为 5 等级用地，裸地容易导致水土流失。

5）人口密度数据和 GDP 密度来源于中国科学院资源环境科学与数据中心。人口密度越大，对资源的索取越多，对区域生态环境造成压迫。GDP 密度反映区域的社会发展状况，GDP 密度越大，代表抵抗环境变化的能力越强。

6）土地垦殖率、第二产业占比、第三产业占比、财政支出均来自于陕南三市的统计年鉴，其中土地垦殖率用耕地面积占行政区域面积的比值表示；第二产业占比、第三产业占比分别为第二产业产值、第三产业产值与地区生产总值的比值。最后，利用 ArcGIS 软件将这些矢量数据转化为空间分辨率为 30m×30m 的栅格数据。

本书的岩性、坡度、地表起伏度数据为 2000 年，2010 年和 2020 年三期数据，其余数据均为 2002 年，2012 年和 2022 年三期数据。考虑到岩性、坡度、地表起伏度的变化相对稳定，所以本书将数据时间节点设为 2002 年，2012 年和 2022 年三期。将各评价因子栅格单元的空间分辨率统一为 30m×30m，研究区共被划分为 30177962 个评价单元。

7.1.3　指标量化分级与权重确定

为了消除各项指标性质、单位及数量级的差异，参照一定的标准和研究区实际情况对指标进行量化分级，并分别赋值为 1，2，3，4，5。将降水量划分为 <800mm，800~900mm，900~1000mm，1000~1100mm，>1100mm 共 5 类；将坡度划分为<2°，2°~6°，6°~15°，15°~25°，>25°共 5 类；依据石岩硬度，将岩土体划分为极软岩、软岩、较软岩、较硬岩和硬岩共 5 类；林地、草地、灌丛用地被合并为生态用地,将土地利用类型划分为生态用地、水域、耕地、建设用地和未利用土地共 5 类。将人口密度、土地垦殖率、第二产业占比、地表起伏度、NDVI、GDP 密度、第三产业占比、财政支出等 7 项指标根据指标参数特征,在 ArcGIS 软件汇中利用自然断点法进行分级,并分别赋值。

运用层次分析法和主成分分析法确定各评价因子的主观权重和客观权重。对于层次分析方法,首先构建评价层次结构模型,以陕南地区生态脆弱性评价为目标层(O),以压力层(A)、状态层(O)、响应层(C)为准则层,以 12 项指标为指标层;然后邀请相关专家依据 1~9 标度法进行指标相对重要性打分,构建判断矩阵;再计算矩阵的最大特征根及相应的归一化特征向量;最后进行判断矩阵一致性检验,当 CR<0.1 时,判断矩阵满足一致性检验要求,所得权重值可信,能用于陕南地区生态脆弱性评价分析。得到的各评价指标的权重如表 4.2 所示。主成分分析方法已在陕南地质灾害危险性评价部分介绍,这里不再赘述。应用两种方法得到的组合权重如表 7.2 所示。

表 7.2 陕南地区生态脆弱性评价指标权重

目标层	准则层	指标层	AHP 权重值	PCA 权重值	组合权重值
陕南地区生态脆弱性评价(O)	压力层(A)	人口密度(A1)	0.0791	0.0898	0.0846
		土地垦殖率(A2)	0.0858	0.0928	0.0896
		第二产业比重(A3)	0.0534	0.0835	0.0731
		土地利用强度(A4)	0.1058	0.0864	0.0926
	状态层(B)	年降水量(B1)	0.0881	0.0794	0.0840
		地表起伏度(B2)	0.1005	0.0777	0.0841
		坡度(B3)	0.0874	0.0769	0.0824
		岩石硬度(B4)	0.0944	0.0635	0.0761
		NDVI(B5)	0.0937	0.0721	0.0771
	响应层(C)	GDP 密度(C1)	0.0557	0.0957	0.0808
		第三产业比重(C2)	0.0732	0.1052	0.0967
		财政支出(C3)	0.0833	0.0769	0.0789

7.1.4 生态脆弱性指数模型

采用生态脆弱性指数(ecological vulnerability index,EVI)进行区域的生态

脆弱性评价。基于评价指标分级量化值及指标权重，在ArcGIS软件中运用加权求和计算研究区每个栅格单元的生态脆弱性指数，从而实现度陕南地区生态脆弱性生态脆弱性的定量分析（姚昆等，2020）。EVI的计算公式如下：

$$\text{EVI} = \sum_{j=1}^{n} X_j W_j \tag{7.1}$$

式中，EVI为生态脆弱性指数；X_j为第j个评价指标分级量化值；W_j为第j个评价指标的权重。EVI的值越小，表示生态系统越稳定，生态环境脆弱性越低，反之，表示生态系统越不稳定，生态环境脆弱性越高。

利用生态脆弱性综合指数（ecological vulnerability Synthetic index，EVSI）衡量研究区生态环境脆弱性的整体状况，能够更好地反映研究区生态脆弱性在时间上的差异。EVSI的计算公式如下：

$$\text{EVSI} = \sum_{i=1}^{n} P_i \frac{A_i}{S} \tag{7.2}$$

式中，EVSI为生态脆弱性综合指数；P_i为脆弱性等级；A_i为第i级生态脆弱性的像元数量；n为生态脆弱性级数；S为研究区像元总数。研究中EVSI数值越小，则表示区域整体的生态系统趋于稳定，生态环境脆弱性越高，反之，表示区域整体的生态系统越不稳定，生态环境脆弱性越高。

7.2 研究区生态脆弱性分析

7.2.1 汉中天坑群分布区生态脆弱性分布情况

由图7.1可知，2002年，宁强县、南郑区和西乡县的天坑和地质遗迹分布区生态环境以中度脆弱和轻度脆弱为主，而镇巴县的天坑及地质遗迹分布区则以中度和重度脆弱性为主；到2012年，除南郑区以外，其余三县的天坑及地质遗迹分布区的生态环境明显改善，生态脆弱性等级以轻度和微度脆弱为主。然而，2022年四县区整体生态脆弱性加剧，天坑及地质遗迹分布区的中度、重度脆弱性等级占比显著增加。根据下文7.5节生态脆弱性影响因素分析可知，区域生态脆弱性状况是区域地质生态本底条件与人类活动共同作用的结果，其中第二、三产业以及土地利用方式对区域生态环境质量的影响尤为显著。

(a)2002年

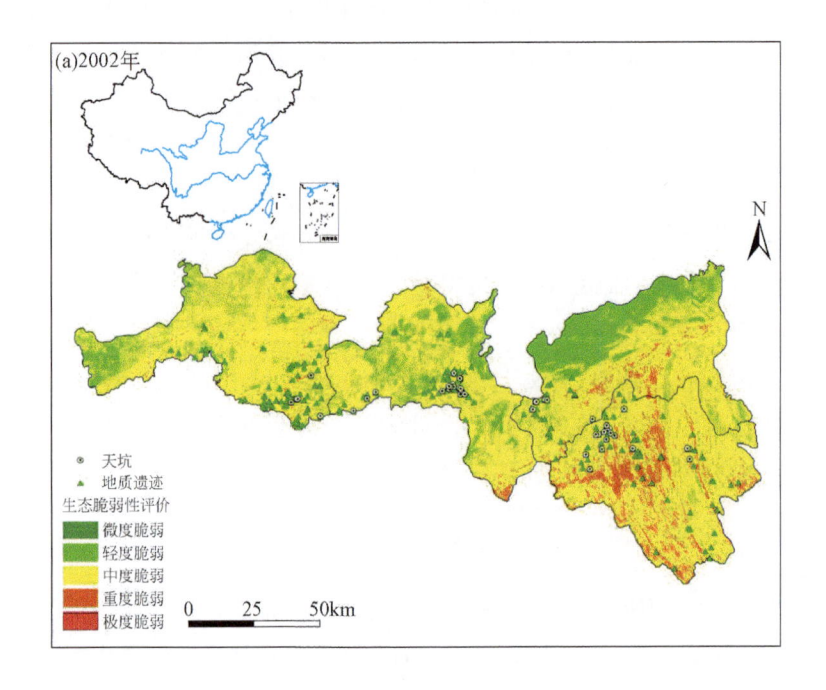

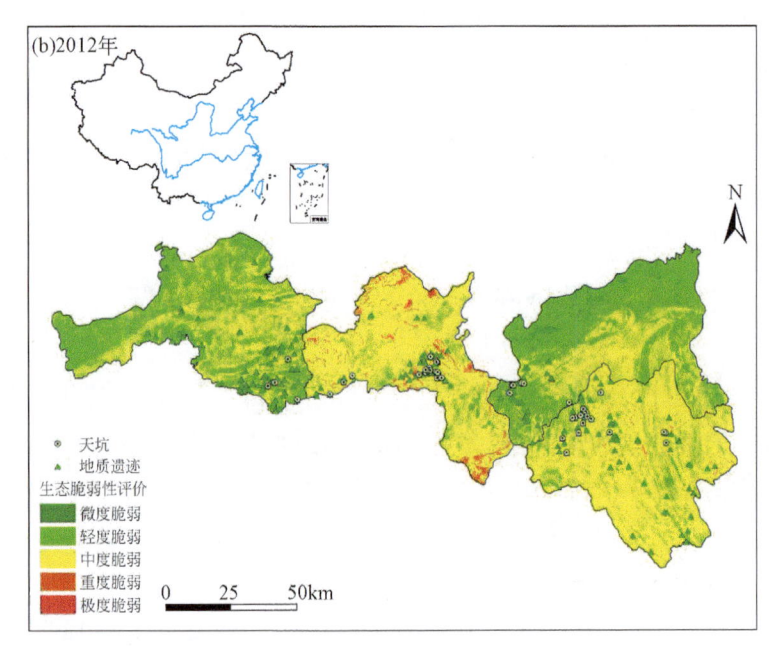

(b)2012年

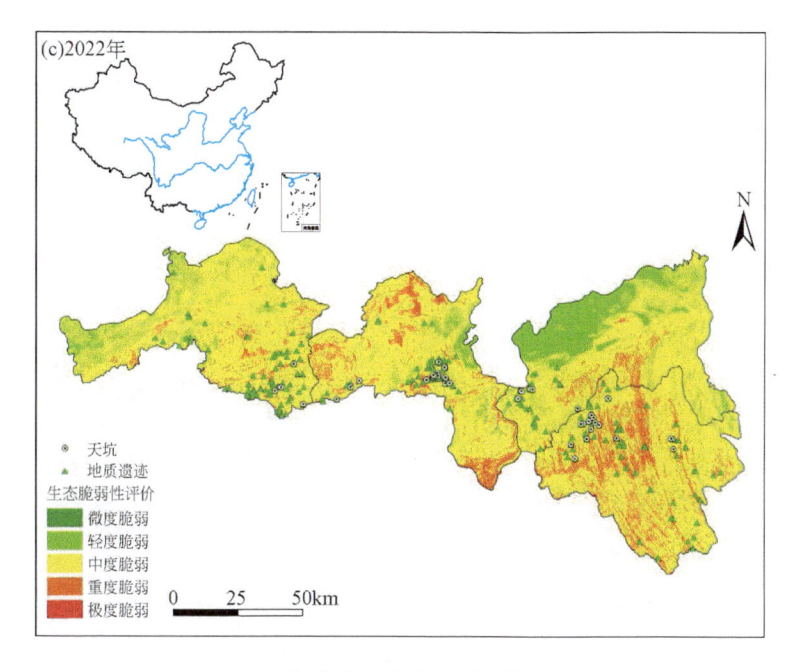

图 7.1 天坑分布区生态脆弱性等级分布图

为促进天坑区生态环境的可持续发展，建议在天坑开发与管理过程中，重点关注生产形式与土地利用方式的优化：一方面，应严格控制第二、第三产业对生态环境的干扰，避免过度开发；另一方面，在土地利用建设中，需科学规划，优先保护生态敏感区域，减少对自然地貌和植被的破坏。通过合理调控人类活动，保护天坑群分布区生态环境，才能更有效地降低生态脆弱性，实现天坑群分布区的可持续发展目标。

7.2.2 陕南地区生态脆弱性分布情况

利用生态脆弱性指数（EVI）模型［式（7.1）］在 ArcGIS 软件平台上运用栅格计算器得到陕南地区不同时期的生态脆弱性指数。为了更好地对比不同时期研究区的生态脆弱性评价结果，参考《生态环境状况评价技术规范》（HJ192－2015）以及已有相关研究，结合研究区实际情况，将陕南地区的生态脆弱性分为潜在脆弱（<2.0）、微度脆弱（2.0~2.6）、轻度脆弱（2.6~3.2）、中度脆弱（3.2~3.8）和重度脆弱（>3.8）5 个脆弱等级，从而得到 2002 年、2012 年和

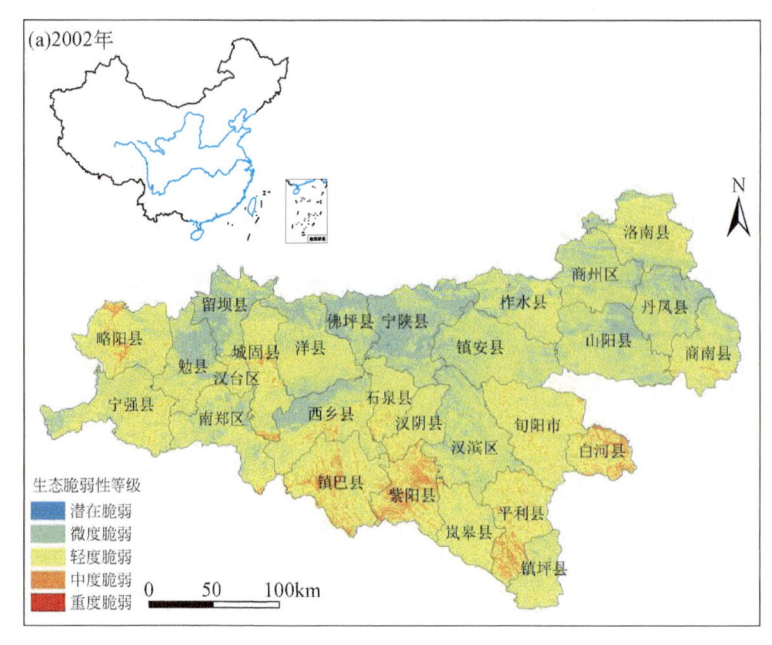

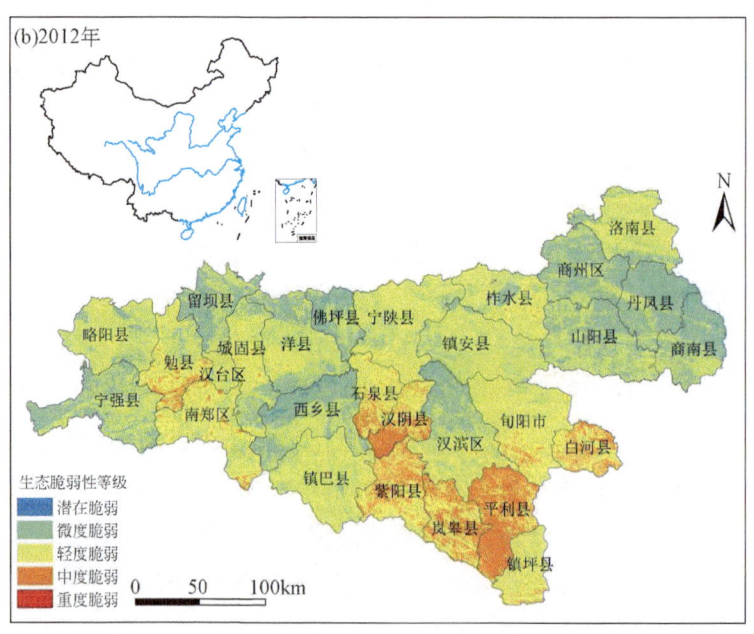

2022年陕南地区的生态脆弱性等级分布图（图7.2）。同时，在 ArcGIS 软件平台上对各生态脆弱性等级进行面积统计，处理后得到各级生态脆弱性面积及面积占比情况（表7.3）。

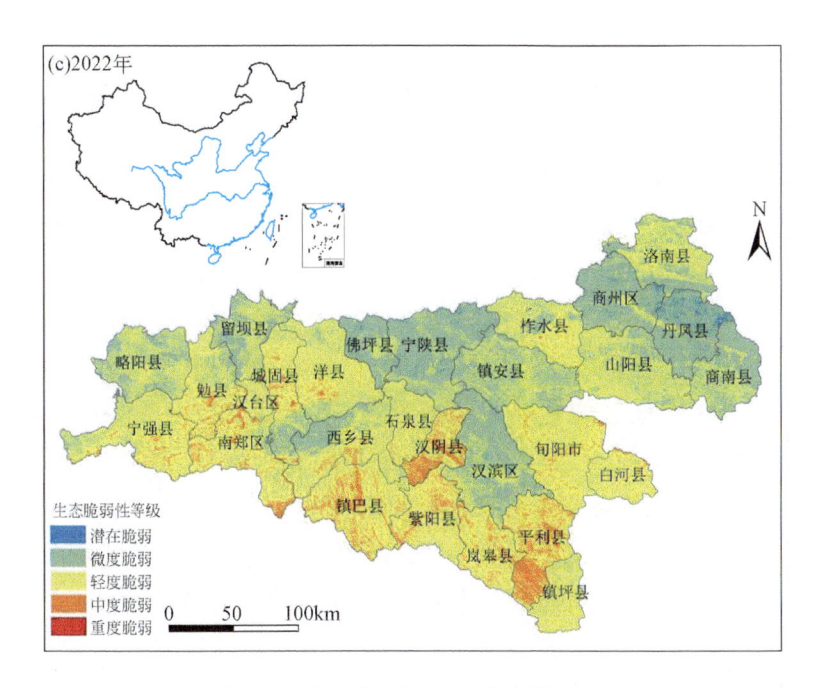

图 7.2　陕南地区生态脆弱性等级分布

表 7.3　陕南地区 2002~2022 年生态脆弱性各等级面积及占比

生态脆弱性等级	2002 年 面积（km²）	比例（%）	2012 年 面积（km²）	比例（%）	2022 年 面积（km²）	比例（%）
潜在脆弱	155.9978	0.22	71.1394	0.10	355.8595	0.51
微度脆弱	22208.0854	31.70	17309.8094	24.70	23088.6834	32.87
轻度脆弱	40890.5344	58.36	48783.3737	69.61	41274.1108	58.76
中度脆弱	6801.1219	9.71	3916.7449	5.59	5516.4704	7.85
重度脆弱	8.1304	0.01	0.3288	0.00	0.9719	0.00

2002 年，陕南地区的生态脆弱性指数介于 1.5637~4.0341，均值为 2.7656，重度脆弱区仅占研究区总面积的 0.01%；潜在脆弱区占比 0.22%，主要分布在佛坪县和西乡县；中度脆弱区 9.71%，主要位于陕南地区的西南部，以平利县最为突出，勉县南部和南郑区也有明显分布；微度脆弱区和轻度脆弱区分布面积最广，分别占 31.70%、58.36%，合计为 90.06%，前者主要分布在陕南东北部的商州区、丹凤县、商南县和山阳县，以及汉滨区、佛坪县、西乡县、留坝县宁强

县；后者分布面积广，且相对分散。

2012年，陕南地区生态脆弱性指数介于1.6148～4.0614，平均值为2.7589，无重度脆弱分布区；潜在脆弱区仅占研究区总面积的0.10%，主要位于宁陕县、佛坪县；中度脆弱区占比由2000年的9.71%降至2010年的5.59%，主要位于陕南南部，以紫阳县、白河县、镇巴县和平利县最为集中；微度脆弱区和轻度脆弱区面积占比较大，分别占24.7%和69.61%，合计为94.31%，微度脆弱区主要分布在陕南地区北部，以宁陕县和佛坪县、留坝县最为集中，在中部的汉滨区、西乡县、南郑区又有明显分布；轻度脆弱区分布面积广，在中部地区相对集中。

2022年，陕南地区的生态脆弱性指数介于1.6830～3.9061，平均值为2.7755，无重度脆弱区；潜在脆弱分布区面积占比增加至0.51%，以丹凤县分布最为集中；中度脆弱区分布面积占比由2010年的5.59%升至2022年的7.85%，相比于2000年和2010年，2020年中度脆弱区分布相对分散，在陕南地区的中南部相对集中，以平利县和汉阴县最为突出。微度脆弱区和轻度脆弱区仍然面积占比最大，分别为32.87%、58.76%，合计为91.63%，微度脆弱区主要位于陕南地区北部的丹凤县、商州区、商南北部、佛坪县、宁陕县和陕南地区中部的汉滨区、西乡的西北部，轻度脆弱区分布面积广，较为分散，以镇坪县最为突出。

7.2.3 生态脆弱性随土地利用变化的情况

由表7.4可知，对2002年，2012年和2022年不同地类的生态环境脆弱性变化情况统计分析，潜在脆弱区和微度脆弱区在不同时期中的主要土地利用类型均为林地，林地在潜在脆弱区的面积占比为87.46%～88.98%，在微度脆弱区的面积占比为84.72%～85.50%。耕地、水域在潜在脆弱区的面积占比呈现波动变化，2012年面积占比相对较高，2022年面积占比下降，总体上所占比例较小。微度脆弱区，除了林地占80%以上外，其余用地类型占比较少，且变化幅度小。2002年轻度脆弱区面积占比前三名用地类型为林地、耕地和草地；2012年、2022年三类用地面积变化不明显，整体排名未发生变化；水域和建设用地在该脆弱区中的面积占比较小。中度脆弱区占比仍以林地和耕地为主，但耕地面积占比明显增加，重度脆弱区中耕地、林地和建设用地面积占比较多，其中2002年和2012年以耕地占比最大，2022年建设用地面积比例最大。整体来看，林地主要分布于潜在脆弱区和微度脆弱区，耕地和建设用地主要分布于重度和中度脆弱区。

表 7.4　2002～2022 年生态脆弱性等级随土地利用类型的变化

年份	用地类型	潜在脆弱 面积（km²）	潜在脆弱 占比（%）	微度脆弱 面积（km²）	微度脆弱 占比（%）	轻度脆弱 面积（km²）	轻度脆弱 占比（%）	中度脆弱 面积（km²）	中度脆弱 占比（%）	重度脆弱 面积（km²）	重度脆弱 占比（%）
2002	耕地	1.30	1.82	1313.65	7.59	9082.38	18.62	1423.55	36.35	0.28	84.61
2002	林地	62.28	87.55	14799.25	85.50	36842.49	75.52	2409.25	61.51	0.03	8.23
2002	草地	7.48	10.52	1108.10	6.40	2513.95	5.15	53.33	1.36	0.00	0.55
2002	水域	0.08	0.11	68.29	0.39	156.40	0.32	3.54	0.09	0.00	0.02
2002	建设用地	0.01	0.01	20.53	0.12	188.15	0.39	27.07	0.69	0.02	6.59
2012	耕地	5.31	3.40	1847.38	8.32	7877.38	19.26	2073.25	30.48	7.44	91.55
2012	林地	136.43	87.46	18814.61	84.72	30922.98	75.62	4489.44	66.01	0.40	4.96
2012	草地	13.90	8.91	1479.37	6.66	1762.82	4.31	164.66	2.42	0.06	0.69
2012	水域	0.35	0.23	44.54	0.20	84.41	0.21	10.49	0.15	0.00	0.00
2012	建设用地	0.00	0.00	22.18	0.10	242.95	0.59	63.28	0.93	0.23	2.80
2022	耕地	2.65	0.75	1683.57	7.29	7705.76	18.67	2055.83	37.27	0.43	44.59
2022	林地	316.65	88.98	19583.10	84.82	31208.96	75.61	3153.62	57.17	0.03	3.47
2022	草地	36.29	10.20	1676.88	7.26	1603.89	3.89	87.31	1.58	0.00	0.28
2022	水域	0.23	0.06	90.59	0.39	229.93	0.56	18.97	0.34	0.00	0.47
2022	建设用地	0.04	0.01	54.55	0.24	524.89	1.27	199.19	3.61	0.50	51.19
2022	未利用地	0.00	0.00	0.00	0.00	0.68	0.00	1.55	0.03	0.00	0.00

7.2.4　陕南三市生态脆弱等级变化分析

从图 7.3（a）可知，汉中市不同生态脆弱性等级面积占比与陕南地区的总体情况相似，轻度脆弱区面积占比最大，三期平均占比为 65.76%，高于陕南地区的平均值 62.24%；脆弱等级面积占比次之的是微度脆弱区，平均占比为 28.57%，低于陕南地区平均值 29.76%。三期中度脆弱区的面积占比均值为 5.48%，低于陕南地区平均值 7.72%。从时间尺度来看，相比与 2002 年、2022

年，汉中市 2012 年整体的生态环境状况最优，表现为生态微度脆弱区分布面积较广，而生态中度脆弱区面积占比相对较低。汉中市中度生态脆弱区面积占比由 2012 年的 2.53% 增至 2022 年的 8.64%，增加约 2.4 倍，汉中市需要加强生态环境的监测力度，防范生态环境进一步遭到破坏。

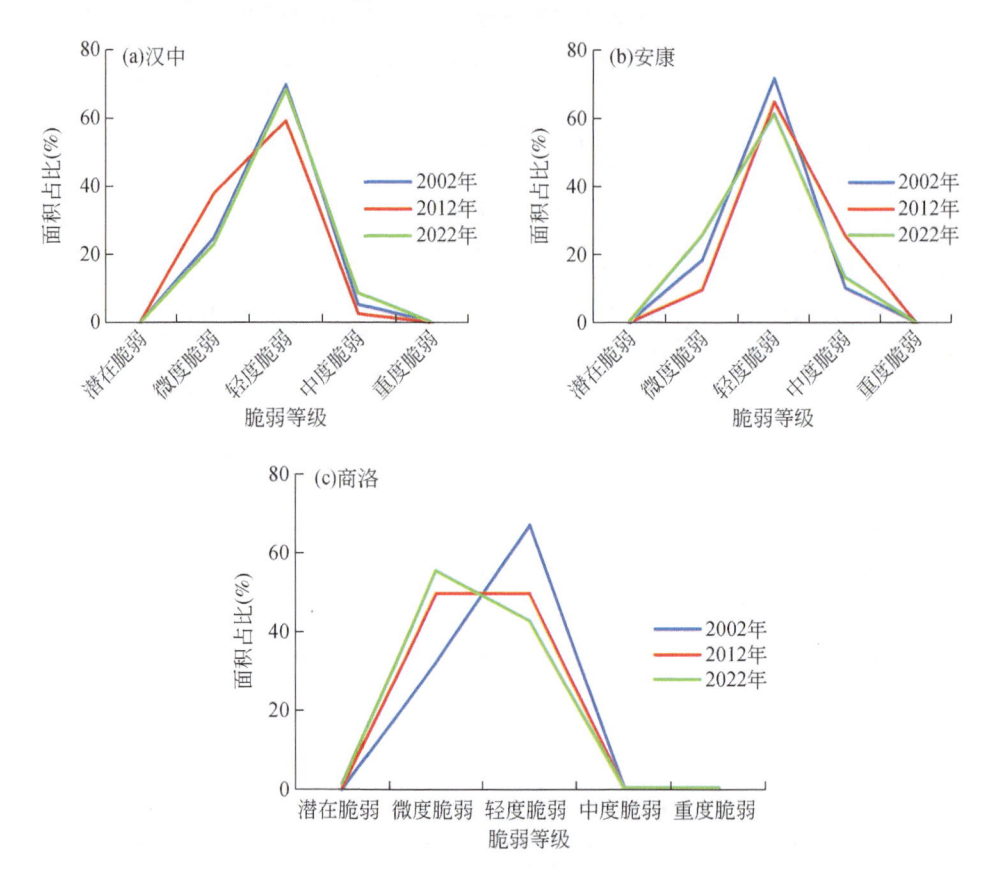

图 7.3　陕南三市生态脆弱等级变化图

从图 7.3（b）可知，安康市生态轻度脆弱区面积占比最高，三期平均面积占比为 65.84%，与汉中的均值非常接近，但安康市三期生态中度脆弱区面积占比的平均值为 16.26%，显著高于陕南地区的平均值 7.72%。需要注意的是，安康市 2002 年、2022 年生态微度脆弱区分布面积高于同年生态中度脆弱区面积，而 2012 年，安康市生态中度脆弱区面积则明显高于生态微度脆弱区的面积，意味着相比于 2002 年，安康市 2002~2012 年的 10 年间生态环境受到一定的破坏，生态中度脆弱区面积扩张，但 2012~2022 年的 10 年间安康市生态环境得到有效保护与恢复，故生态中度脆弱区面积由 2012 年的 25.61% 降至 2022 年的 13.14%。

从图 7.3（c）可知，与汉中市、安康市不同，商洛市生态微度脆弱区面积占比较高，三期的平均值为 45.81%，几乎不存在生态中度、重度脆弱区，说明陕南三市中商洛市的生态环境更为优良。从时间尺度来看，商洛市三期的生态潜在脆弱区、微度脆弱区面积占比呈上升态势，而生态轻度脆弱等级及其以上的面积占比呈下降态势，这说明自 2002 年以来商洛市整体上的生态环境保护成效愈加凸显。

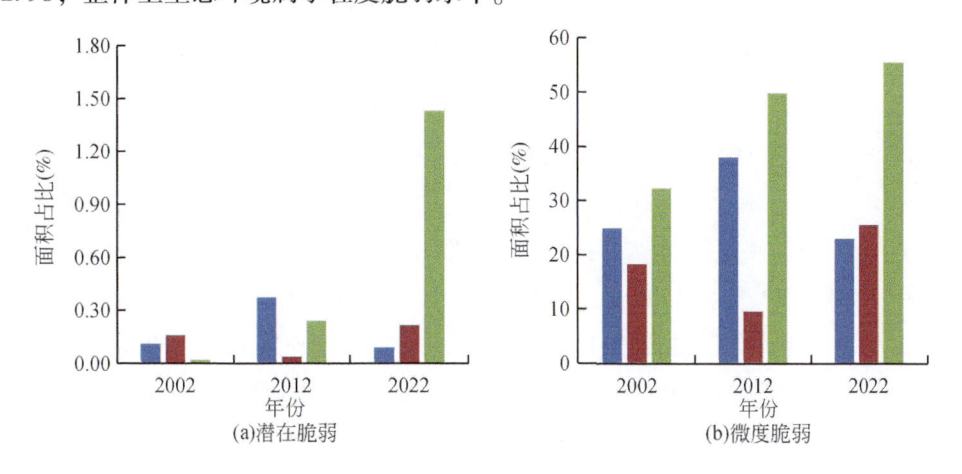

为了更好地比较陕南三市相同生态脆弱等级的面积分布情况，绘制了图 7.4。因陕南三市三个时期的生态重度脆弱等级面积占比极小或不存在，故未绘制生态重度脆弱面积占比图。关于陕南三市三期的生态潜在脆弱区和微度脆弱区面积占比的变化情况，汉中市表现为先增加后下降，安康市表现为先下降再增加，商洛市表现为持续增加［图 7.4（a）和图 7.4（b）］；关于生态轻度脆弱区和中度脆弱区分布的变化情况，汉中市则表现为先下降再增加，安康市则分别表现为持续下降、先增加再下降，商洛市则表现为持续下降。通过分析可以看出，以 2012 年作为时间节点，汉中市 2002～2012 年的生态环境质量得到提升，而 2012～2022 年生态环境质量有所下降；安康市的变化则相反，2002～2012 年安康市的生态环境质量有所下降，而 2012～2022 年生态环境质量有所提升；商洛市则表现为自 2002 年以来其生态环境质量整体得到持续改善。陕南三市的生态脆弱性综合指数变化结果也显示商洛市的生态脆弱性综合指数最低，三期均值为 2.54，整体上生态环境属于微度脆弱水平，表明陕南三市中商洛市的生态环境最为稳定，生态环境脆弱性较低，其次为汉中市和安康市，均值分别为 2.77、2.98，整体上生态环境属于轻度脆弱水平。

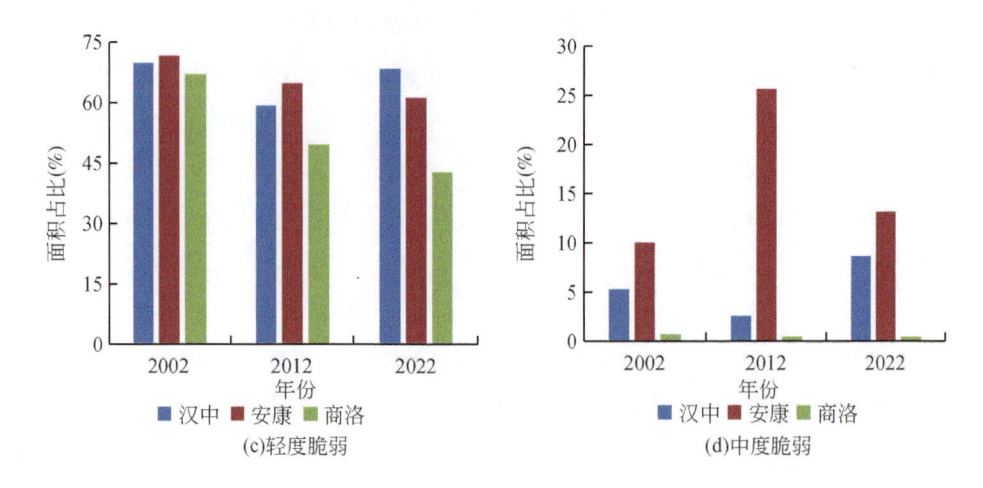

图 7.4 陕南三市不同生态脆弱等级比较

7.3 研究区生态脆弱性影响因素分析

本书将陕南生态脆弱性指数作为因变量，将 12 项评价指标作为自变量，利用地理探测器分析 12 个评价指标对陕南地区生态脆弱性的影响程度。本书通过在 ArcGIS 平台上创建 8415 个 3000m×3000m 大小的格网，同时生成格网点，应用提取分析工具中的采样功能，提取每个格点所在位置的因变量及自变量数据，将这些数据作为输入数据在地理探测器中运行。

使用因子探测模块探测各评价指标对陕南地区生态脆弱性的解释力 q。2002 年、2012 年和 2022 年各评价指标对生态脆弱性的解释力 q 值如图 7.5 所示，其中在 2002 年，q 值大小排序位于前五的依次为：岩石硬度（0.279）>财政支出（0.217）>年降水量（0.191）>土地垦殖率（0.168）=第二产业占比（0.168）；2012 年 q 值大小排序位于前五的依次为：年降水量（0.299）>第二产业占比（0.283）>土地利用强度（0.220）>第三产业占比（0.219）>土地垦殖率（0.168）；2022 年 q 值大小排序位于前五的依次为：第三产业占比（0.441）>年降水量（0.289）>岩石硬度（0.235）>第二产业占比（0.232）>财政支出（0.206）。由此可知，地质条件和财政状况是影响陕南地区 2002 年生态环境脆弱性的最重要指标，气候和第二产业发展情况是影响陕南地区 2012 年生态环境脆弱性的最重要指标，而第三产业发展状况和气候是影响陕南地区 2022 年生态环境脆弱性的最重要指标。从时间上来看，最主要的影响因素对陕南地区生态环境脆弱性的解释力不断增强。

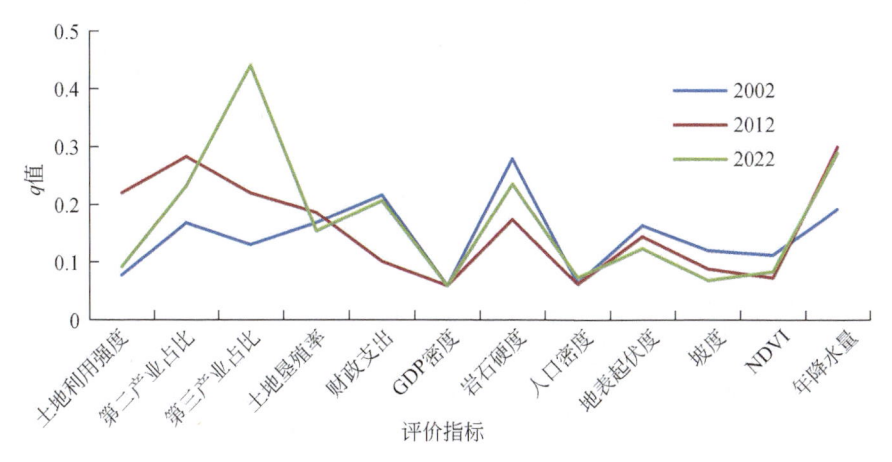

图 7.5　评价指标的因子探测结果

如表 7.5 所示，由交互作用探测结果可知，2000 年各评价因子对陕南地区生态环境脆弱性交互作用的解释力 q 值均大于单因子 q 值，表现为双因子增强或非线性增强。2010 年、2020 年各评价因子的交互作用全部表现为双因子增强或非线性增强，其中非线性增强占全部交互因子的比重在 2000 年为 54.55%，2010 年为 59.09%，2020 年为 60.61%，说明影响因素的交互作用能明显地提高生态环境脆弱性的解释力。表 7.6 列出了影响陕南地区生态环境脆弱性的主要交互作用因子的 q 值，三期主要交互因子的 q 均值依次是 2002 年的 0.455，2012 年的 0.533，2022 年的 0.589，表现为主要交互因子对陕南地区生态环境脆弱性空间分异的影响力增强。其中，财政支出、第二产业发展状况与地质、地形条件的交互作用是影响陕南地区 2002 年生态环境脆弱性空间分异的主要因素；经济活动与气候、地质条件的交互作用是影响陕南地区 2012 年生态环境脆弱性空间分异的主要因素；土地利用、第三产业发展状况与地质、气候、地形条件的交互作用是影响陕南地区 2022 年生态环境脆弱性空间分异的主要因素。综上可知，陕南地区生态环境的脆弱性是自然条件与人类活动多因素共同作用的结果，且随着时间推移，这种交互作用对区域生态环境演变的影响力不断增强，但不同时期影响生态环境变化的主导交互因素有所差异。

表 7.5 2002 年评价指标的交互探测结果

项目	土地利用强度	第二产业占比	第三产业占比	土地垦殖率	财政支出	GDP密度	岩石硬度	人口密度	地表起伏度	坡度	NDVI	年降水量
土地利用强度	0.070											
第二产业占比	0.344*	0.168										
第三产业占比	0.341*	0.282	0.130									
土地垦殖率	0.405*	0.299*	0.356*	0.168								
财政支出	0.283	0.354	0.313	0.369	0.216							
GDP密度	0.128	0.229*	0.162	0.199	0.289*	0.059						
岩石硬度	0.436*	0.446*	0.397	0.427	0.469	0.322	0.279					
人口密度	0.157*	0.181	0.135	0.208	0.225	0.151*	0.342*	0.063				
地表起伏度	0.232	0.384*	0.386*	0.371*	0.465*	0.235*	0.441	0.277*	0.163			
坡度	0.196*	0.337*	0.308*	0.312*	0.416*	0.193*	0.440*	0.195*	0.205	0.120		
NDVI	0.192*	0.224	0.188	0.211	0.255	0.191*	0.336	0.111	0.331*	0.273*	0.108	
年降水量	0.306*	0.366*	0.345*	0.392*	0.403	0.273*	0.404	0.271*	0.306	0.284	0.372*	0.191

*表示非线性增强。

表7.6 评价因子交互作用探测位列前五的 q 值统计

年份	交互因素
2002	财政支出∩岩石硬度（0.469），财政支出∩地表起伏度（0.465），第二产业占比∩岩石硬度（0.446），岩石硬度∩地表起伏度（0.441），岩石硬度∩坡度（0.440）
2012	第二产业占比∩年降水量（0.588），第三产业占比∩年降水量（0.585），第三产业占比∩土地垦殖率（0.530），第三产业占比∩岩石硬度（0.494），第二产业占比∩土地垦殖率（0.469）
2022	土地垦殖率∩岩石硬度（0.616），第三产业占比∩年降水量（0.609），土地垦殖率∩年降水量（0.596），土地垦殖率∩地表起伏度（0.589），土地利用强度∩年降水量（0.537）

基于地理探测器的探测结果，结合陕南三市各县区评价指标的实际情况，对照研究区生态脆弱性的空间分布，可以发现生态中度脆弱区域，其岩体硬度以软岩、极软岩为主，年降水量普遍在1000mm以上，土地垦殖率在陕南三市中处于中等及以上水平；而处于微度脆弱、潜在脆弱的区域，其岩体硬度以较软岩至坚硬岩为主，年降水量普遍在1000mm以下，第三产业占比较高，土地垦殖率低，土地利用类型中森林、草地占绝对优势。其中，2012年安康市的平利县、汉阴县、岚皋县、紫阳县、白河县和石泉县的生态环境中度脆弱区分布广泛，主要是因为这些县具有较高的第二产业占比、较低的第三产业占比以及较高的土地垦殖率，加之自然条件的影响，使得这6个县的生态环境脆弱等级较高；2022年这6个县的产业结构得到优化调整，第三产业占比明显增加，生态环境得到有效改善。

7.4 研究区生态地质环境保护的对策建议

7.4.1 工程建设层面

（1）健全完善"天-地-空"一体化生态地质环境监测网络体系

伴随着信息技术发的发展，应充分利用大数据、无人机技术、卫星遥感技术等技术手段，以不同地貌、岩性、气候特征、植被类型区均有控制为原则，健全完善"天-地-空"一体化生态地质环境监测网络体系，在陕南地质灾害危险等级较高的区域，以及对人类活动强度大、生态环境脆弱性偏高的区域或集中地段，布设"水-土-气-生"生态地质环境监测网，进行常态化监管，并对比不同时期的生态地质环境变化状况，及时发现问题，提前预报预警。针对区域的自然环境、社会、人类活动等特点，建立相应的生态脆弱信息数据库，实现数据实时更新，加强对人类活动对生态环境破坏的监督。

(2) 持续推进生态地质环境修复与保护工程建设

作为南水北调中线工程的重要水源区、国家重要生态功能区，陕南地区的生态地质环境保护工作意义重大。在地质灾害防范与治理方面、生态环境修改与保护方面虽然研究区已采取了诸多有效措施，取得了显著的成果。但整个研究区内高、极高地质灾害危险等级分布区的面积占比高，且地质灾害发生的不确定性以及极大的危险性等特点。另外，研究区内仍有相当一部分区域点状零散分布，或局部斑块状分布着中等生态脆弱区。因此，只对区域的现状进行治理是不够的，研究区的地质灾害防范与治理、生态环境修复与保护工作仍不容忽视，需要加强加大长期治理策略制定及实施。根据影响地质灾害危险性、生态环境脆弱性的主要因素，应加强岩土体、道路和河流边坡的防护工程，提高其整体和局部的稳定性；加强山水林草湖田一体化保护和修复工程，使良好的生态环境得到有效巩固，使受损、退化的生态地质环境得到修复和治理，持续提升陕南地区的生态地质环境质量。区域生态脆弱性是一个相对概念，处在不稳定的变化当中，受外部扰动影响大。因此对生态脆弱区有计划的实施封山育林等。

7.4.2 组织管理层面

(1) 加强和完善部门的横向协调联动机制

生态地质环境的监督、治理与保护工作需要大量组织的参与，因此一个较为科学的组织架构对于地质环境保护与生态文明建设而言能起到事半功倍的作用。理想的组织架构应该能充分发挥各部门的作用，将各种生态地质环境防治与保护力量、资源整合到一起，实现与其他部门社会各界的有效联合，从而形成建立上下联动、齐抓共管的应急联动机制。强化各级政府部门在生态地质环境防治与保护中的核心地位和主导责任，县级政府和乡镇政府都是生态地质环境防治与保护的领导机构，县级自然资源局、气象局、林业局、生态环保局、水文利局、农业农村局等下属行政部门以及乡镇分管部门是具体工作的执行机构与核心主体。因此，基层政府应在区域生态地质环境防治与保护工作中发挥主导和主要作用。基于生态地质环境保护工作管理层级多，幅度广，管理需坚持"分工不分家"原则，做到尽心尽责，履职到位，提高效率。

（2）深化生态地质环境防治与保护中的公众参与度

公众参与一直以来都是推动环境保护工作的重要力量。陕南地区生态地质环境的防治与保护工作不仅需要严格的监管，同时也需要广大群众的积极参与。充分挖掘和利用传统媒体和新媒体的力量，加强环保宣传工作；充分发挥民间环保组织的作用，广泛动员社会公众积极参与到生态环境保护工作中。不仅要提升区域及周边群众的生态文明意识，也需面向社会大范围进行宣传，要让民众真正地意识到破坏生态地质环境造成的危害是什么，加深群众对陕南地区生态环境保护重要性和必要性的认知，从而自觉地明白为什么要进行生态地质环境防治与保护，形成正确的环保意识，并能够不断地提高公众自愿参与度。这样有助于群众积极参与区域生态环境保护，也能有助于生态旅游的发展，以便更好的实现经济发展与环境保护的平衡。

7.4.3 规划管理层面

相比于汉中市和商洛市，安康市的生态环境脆弱性略高，尤其是2012年安康市的平利县、汉阴县、岚皋县、紫阳县、白河县和石泉县的生态环境中度脆弱区分布广泛，主要是因为这些县具有较高的第二产业占比、较低的第三产业占比以及较高的土地垦殖率，加之自然条件的影响，使得这6个县的生态环境脆弱等级较高。这说明在以人类活动因子为驱动因素的影响下生态地质环境质量与生态地质环境响应度密切相关，即陕南地区生态地质环境对人类活动较为敏感，应该高度重视该区域人类活动对生态地质环境质量变化的影响。

（1）加速产业结构优化升级，提高国土空间效益水平

从本研究来看，人类活动的强烈程度直接影响着区域地质灾害发生的概率、生态环境的脆弱性。地质灾害危险性和生态环境脆弱性较高的区域，生态环境抗外界干扰能力弱，要着力促进产业结构升级转型。一是，大力发展生态型第三产业，改善第三产业发展环境，推动服务业规模化经营，提高第三产业发展水平；依托区域自然资源优势，重点发展生态旅游业。二是，整顿第二产业发展方式，对不符合环保理念的企业实行停产整顿，对环境影响较大的企业依法关闭处理等，加大技术投入力度，大力发展绿色生产企业。三是，大力发展绿色、现代化第一产业，结合山水林田湖草系统治理，发展现代化生态型农林牧产业，依靠科技发展现代化农业。但需注意在资源开发中将经济效益与生态效益相结合，避免加大对生态环境的破坏。

(2) 促进城镇、农业、生态空间协调，保障国土空间永续发展

城镇空间、农业空间、生态空间是国土空间的三个重要组成部分，三者相互联系，相互影响。针对生态脆弱性问题，生态环境治理与区域城乡发展顶层设计相结合。目前，陕南地区已实现全面脱贫，但经济发展水平仍旧相对落后，而土地利用方式和利用水平对生态退化驱动较强，如耕地资源的利用情况直接影响着区域环境的生态脆弱性。因此，生态环境整治需要结合区域国土空间优化格局工作进行。在国土空间规划引导下，遵循因地制宜、合理规划原则，合规规划与布局土地资源，在相对集中的空间范围内，形成集约、合理以及功能齐全的城镇、乡村发展布局，保障生态用地安全。在城乡发展规划中，只有将生态环境保护与社会经济发展结合起来，才能使得地区的生态和社会经济得到可持续发展。

7.5 本章小结

本章通过构建基于压力—状态—响应（PSR）模型的生态脆弱性评价体系，对天坑群分布区及周边区域的生态脆弱性进行了综合评价。

首先，选取了12个评价指标，涵盖了人类活动、自然条件和社会经济因素，构建了科学合理的评价体系。其次，收集并处理了多种数据源，包括坡度、地表起伏度、NDVI、岩性、年降水量、土地利用强度、人口密度、GDP密度、土地垦殖率、第二产业占比、第三产业占比、财政支出等数据，统一投影和重采样为30m分辨率的栅格数据，并进行了标准化处理。

在评价体系构建的基础上，采用层次分析法（AHP）确定了各评价指标的权重，通过专家咨询构建判断矩阵，计算最大特征根并进行一致性检验，确保权重值的可靠性。随后，利用加权求和计算研究区每个栅格单元的生态脆弱性指数（EVI），划分生态脆弱性等级，绘制了2002年、2012年和2022年三个时期的生态脆弱性等级分布图。

通过对生态脆弱性时空变化的分析，发现2002～2022年陕南地区的生态脆弱性呈现出一定的波动变化。2002年，陕南地区的生态脆弱性以轻度脆弱为主，中度脆弱区主要分布在西南部；2012年，生态脆弱性有所改善，中度脆弱区面积减少；2022年，生态脆弱性再次加剧，中度脆弱区面积增加。天坑群分布区的生态脆弱性在2002~2022年也经历了从轻度脆弱到中度脆弱的变化，表明该区域的生态环境受到了一定程度的破坏。

此外，通过对陕南三市（汉中市、安康市、商洛市）的生态脆弱性等级变化进行比较分析，发现汉中市和安康市的生态脆弱性在2012~2022年有所波动，而商洛市的生态脆弱性持续改善，表明商洛市的生态环境保护成效显著。

最后，通过地理探测器的因子探测和交互作用探测模块，分析了各评价指标对生态脆弱性的解释力及其交互作用。结果显示，地质条件、气候条件、第二产业和第三产业的发展状况是影响陕南地区生态脆弱性的主要因素。不同时期的交互作用分析表明，自然条件与人类活动的交互作用对生态脆弱性的影响不断增强，且不同时期的主导交互因素有所差异。

第8章 陕南秦巴天坑群区域生态环境变化公众感知研究

秦巴山区是我国重点生态功能区之一，该地区的地质环境、气候水文条件、生态环境以及人工环境等的改变对国家生态安全或区域发展具有重要的影响。民众作为各类自然资源与人类工程的消费主体，是环境退化负面效应最为直接和深刻的承受者，尤其对山区居民而言，这种影响更为突出。民众对环境变化的感知和认知影响着其对待资源环境的行为方式，影响着能否采取合理决策参与人与自然的和谐发展之中。在生态文明和乡村振兴视域下，为了探究民众对秦巴山区地质生态环境变化的感知，本书开展了公众对秦巴山区地理环境五大因素（地气水土生）和人工环境评判的调查研究。

8.1 问卷设计与描述性分析

8.1.1 调查问卷的设计

本研究在陕南三市13个村镇、社区开展了调查，调查内容主要包括受访者基本信息、对地理环境变化的感知和对人工环境的感知三个方面。其中，受访者基本信息中设计了"居住地海拔"这一问题，这是因为陕南三市地貌以山地丘陵为主，海拔因子是影响区域地理环境变化的重要因素之一。关于对地理环境变化的感知，从地球表层系统的概念出发，围绕地理环境的四大圈层五大要素（地貌、气候、水文、土壤、生物）设计了6个问题，分别从发生频率、危害程度、不可控程度、惧怕程度4个维度展开调查。关于对人工环境的感知，选取城镇及乡村布局、道路和电网工程、水利工程、垃圾废物等的排放4个问题，从对环境影响程度、不合理程度2个维度进行公众感知评判。公众环境感知评估方式采用李克特（Likert）5级量表法，取值为1~5，数值越大表示环境问题越突出（表8.1）。

表8.1 调查问卷的变量选取级赋值说明

受访者基本信息					
项目	性别	年龄	是否担任村/镇/社区干部	文化程度	居住地海拔
赋值说明	1=女性；2=男性	1=20岁以下；2=20~30岁；3=30~40岁；4=40~50岁；5=50岁以上	0=否；1=其他村干部；2=村长；3=村支书 同等级划分其他职务	1=初中及以下；2=高中；3=本科生及以上	1=坝区（海拔<550m）；2=低山区（海拔550~1100m）；3=中高山区（海拔>1100m）
均值	1.51±0.50	37.7±1.322	0.24±0.460	2.09±0.835	1.50±0.645

对居住地近年来地理环境变化的感知						
项目		水土流失速度	极端灾害天气	地质灾害	自然植被破坏	水资源紧缺	耕地质量退化
赋值说明						
发生频率从1到5：1=减少许多；2=减少一些；3=没变化；4=增加一些；5=增加许多						
危害程度从1到5：1=没有危害；2=少许危害；3=危害一般；4=危害较大；5=危害极大						
不可控程度从1到5：1=完全可控；2=比较可控；3=一般不可控；4=比较不可控；5=完全不可控						
惧怕程度从1到5：1=不惧怕；2=少许惧怕；3=一般惧怕；4较为惧怕；5=十分惧怕						
均值	发生频率	2.54±1.027	3.21±1.124	2.65±1.000	2.49±1.094	2.61±1.181	2.94±1.120
	危害程度	2.52±1.095	2.76±1.180	2.75±1.123	2.54±1.081	2.70±1.153	2.83±1.223
	不可控程度	2.43±1.084	2.93±1.120	2.77±1.201	2.05±0.935	2.35±1.071	2.41±1.115
	惧怕程度	2.50±1.116	2.84±1.175	2.72±1.449	2.26±1.188	2.60±1.277	2.46±1.198

对居住地近年来人工环境的感知				
项目		城镇或村落布局	道路、电网工程	水利工程	垃圾废物等的排放
赋值说明				
对环境影响程度从1到5：1=没有影响，5=极大影响				
不合理程度从1到5：1=非常合理，5=极不合理				
均值	影响程度	2.79±1.154	2.66±1.172	2.45±1.231	3.47±1.311
	不合理程度	2.59±1.062	2.64±1.174	2.40±1.139	2.92±1.173

调查共发放问卷 400 份，回收有效问卷 372 份，问卷有效率为 93%。使用 SPSS 22 统计分析软件对地理环境变化感知、人工环境感知进行信效度检验。其中，二者的 Cronbach's α 系数值分别为 0.9086、0.916（>0.7），说明问卷的信度非常好；KMO 和 Bartlett 检验结果显示二者的 KMO 值分别为 0.866、0.875 (>0.6)，对应卡方值分别为 2724.074 和 2778.056（$P=0.000$），表示变量之间具有较高的内在一致性，说明问卷具有很好的结构效度。总之，问卷的信效度检验结果表明问卷设计得可靠有效，能满足调查研究的需求。

8.1.2 问卷的描述性统计

关于受访者的基本信息，在 372 份有效调查问卷中，男性样本数量占比为 50.68%，女性样本为 49.32，均值为 1.51，性别比例适当；从年龄构成来看，以年龄 30~50 岁的为主，合计占比 53.43%，年龄均值为 37.7；从是否担任职务来看，77.08% 的受访者表示未在村镇、社区担任职务，受访者以普通居民为主；从受教育程度来看，受访者的文化程度以高中为主，均值为 2.09，说明对问卷设计的问题具备很好的理解能力；从居住地海拔来看，60.27% 的受访者居住在平坝区、低山区的受访者分别占 59.22%、31.51%，均值为 1.50。

从受访者对居住地地理环境变化的感知调查来看，6 个问题四个维度的均值介于 2.05~3.11，表现为受访者总体上认为近些年当地环境变化不明显，危害程度变化不突出，不太惧怕地理环境事件的不良影响。在对人工环境的感知方面，对垃圾废物等的排放感知得分最高，其余问题的调研得分接近均值 2.5。

8.2 公众对地理环境变化感知的多重比较分析

8.2.1 公众对地理环境变化感知的定量描述分析

为了更好地进行公众对地理环境感知的纵向与横向比较分析，本书绘制了雷达图（图 8.1）。公众对六类地理环境问题四个维度感知的纵向比较如图 8.1 (a) 所示，其中公众对水土流失速度、地质灾害各自四个维度的感知均值非常相近，均值分别约为 2.5、2.7，呈现很好的内部一致性，表现为近年来这两种地理环境问题在陕南山区发生的频率变化不明显，危害程度、可控程度和惧怕程度均接近一般。公众对其余四种地理环境问题四个维度的感知呈现一定的内部差异，其中对自然植被破坏的感知为危害程度 2.54>发生频率 2.49>惧怕程度 2.26>可控程度 2.05，即公众认为自然植被破坏会有一定的危害，但植被破坏可以通过约束人类行为得到比较有效的控制，所以并不太惧怕自然植被破坏的影响；水资源紧缺方面，四个维度中危害程度的得分最高，不可控程度得分最低，认为水资源紧缺对人类的生产生活带来一定影响，但通过一定的举措又能调控水资源紧缺的发生或影响；耕地质量退化方面，受访者认为近些年的变化不明显，有一定能力减少耕地质量退化；极端灾害天气方面，受访者总体认为近些年当地的极端灾害天气事件发生频率变化不明显或略微增加，危害程度、不可控程度和惧怕程度的得分也相对偏高一些，可能是因为受制于区域地理条件的影响，在气象灾害面前人们还是显得力不从心。

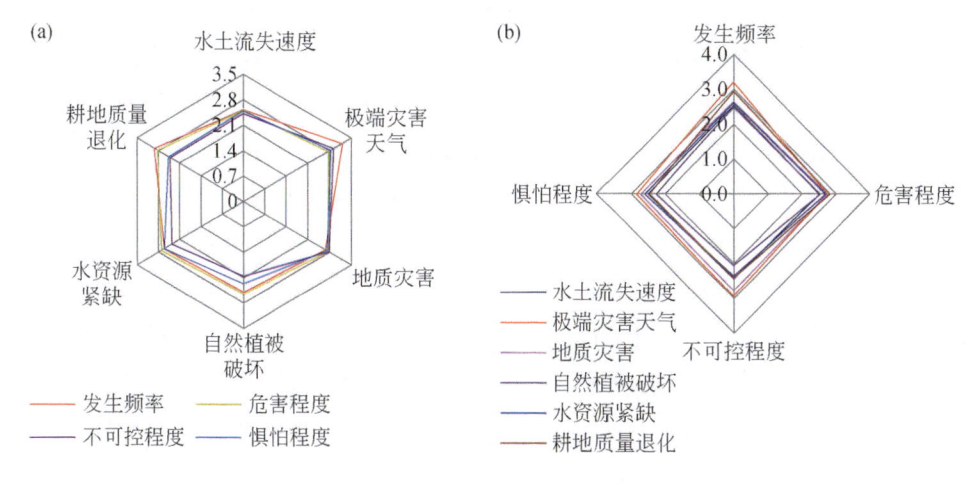

图 8.1 公众对地理环境变化感知评价的雷达图

同维度六类地理环境问题感知情况的横向比较如图 8.1（b）所示，在发生频率中，公众总体上认为近些年极端灾害天气的发生频率变化不大或略有增加，而其他五类地理环境问题发生频率略有减少或几乎变化不大，其中自然植被破坏和水土流失速度发生频率的感知度值较小，约为 2.5，介于减少一些与没有变化之间。在危害程度中，公众对耕地质量退化造成的危害感知度最大，其次是极端灾害天气，再次是地质灾害和水资源紧缺，自然植被破坏和水土流失速度的危害程度较小。公众之所以对耕地质量退化危害程度的打分相对最高，这可能是因为民以食为天，耕地种植是山区农民获得生计的主要途径，耕地质量退化直接影响这农业收益。在可控程度中，极端灾害天气和地质灾害被认为是不可控性最高的，其次是耕地质量退化、水资源紧缺和水土流失速度，自然植被破坏的不可控性相对较低，这是因为前两类问题的发生主要因素多与区域自然特征有关，普通民众防控自然灾害的能力有限，而后四类问题的发生多与人类不合理的活动有关，可以通过科学合理的行为决策减少问题的发生。在惧怕程度中，公众对极端灾害天气和地质灾害惧怕程度的得分较高，这与可控程度的得分较为一致，民众更担心自然灾害发生带来的不良后果。

8.2.2 基于 Friedman 检验的地理环境感知多重比较分析

（1）地理环境变化发生频率感知的 Friedman 检验

采用 Friedman 检验六类地理环境问题整体发生频率感知的的统计学差异，其中通过差异效应量 Cohen's d 值判断差异幅度：值小于 0.2 表示差异幅度非常小；值域 [0.2, 0.5) 表示差异幅度较小；值域 [0.5, 0.8) 表示差异幅度中等；值大于 0.8 表示差异幅度非常大。Friedman 检验分析显示六类环境问题的整体发生频率在 $p=0.05$ 水平上总体表现出差异性（$p=0.000<0.05$），但整体差异程度较小（Cohen's f 值 $=0.205\approx0.2$）。进一步做多重比较分析如表 8.2 所示，极端灾害天气发生频率的感知度值最大，与其余五类地理环境问题的发生频率均达到了显著性差异（$p<0.01$），其中与水土流失速度、地质灾害、自然植被破坏发生频率的差异幅度达到中等水平（Cohen's d 值 >0.5），与水资源紧缺、耕地质量退化的发生频率差异幅度较小（$0.2<$ Cohen's d 值 <0.5）。耕地质量退化发生频率与

表 8.2 地理环境变化发生频率感知的 Friedman 检验多重比较

项目	极端灾害天气	地质灾害	自然植被破坏	水资源紧缺	耕地质量退化
水土流失速度	0.619***	0.108	0.043	0.148	0.37***
极端灾害天气		0.524***	0.560***	0.436***	0.240***
地质灾害			0.061	0.050	0.271***
自然植被破坏				0.104	0.318***
水资源紧缺					0.202

注：表格中的数值为 Cohen's d 值。

***代表 1% 的显著性水平。

除水资源紧缺外的其余四类地理环境问题均达到了显著差异（$p<0.01$），但差异幅度较小（$0.2<$Cohen's d 值<0.5）。水资源紧缺发生频率与除极端灾害天气外的其余四类地理环境问题发生频率均为达到差异水平（$p>0.1$）。

（2）地理环境变化危害程度感知的 Friedman 检验

Friedman 检验分析显示六类地理环境问题的整体危害程度感知在 $p=0.05$ 水平上总体表现出差异性（$p=0.000<0.05$），但整体差异程度非常小（Cohen's f 值 $=0.099<0.2$）。从多重比较的结果来看（表8.3），极端灾害天气的危害程度感知仅在 0.1 显示水平上与极端灾害天气达到了差异（$p=0.094<0.1$），说明二者之间的差异并不十分显著，且差异幅度比较小（Cohen's f 值 $=0.21<0.5$）；与自然植被破坏的危险程度感知在 0.05 水平上达到了差异显著水平（$p=0.019<0.05$），但二者的差异幅度非常小（Cohen's f 值 $=0.191<0.2$）；耕地质量退化危险程度感知与水土流失速度仅在 0.1 水平上达到显著差异水平（$p=0.089<0.1$），与自然植被破坏在 0.05 水平上达到显著性差异（$p=0.017<0.05$），但与二者的差异幅度均较小（$0.2<$Cohen's f 值 $=0.276$、$0.258<0.5$）；地质灾害危害程度感知与自然植被破坏仅在 0.1 水平上达到显著（$p=0.080<0.1$），且差异幅度非常小（Cohen's f 值 $=0.196<0.2$）。总的来看，部分地理环境问题的危害程度感知度彼此间存在一定的差异性，但差异幅度均偏小，而多数地理环境问题之间的危害程度感知并不存在显著差异。

表8.3 地理环境变化危害程度感知的 Friedman 检验多重比较

项目	极端灾害天气	地质灾害	自然植被破坏	水资源紧缺	耕地质量退化
水土流失速度	0.21*	0.215	0.21	0.167	0.276*
极端灾害天气		0	0.191**	0.043	0.069
地质灾害			0.196*	0.044	0.07
自然植被破坏				0.418	0.258**
水资源紧缺					0.112

注：表格中的数值为 Cohen's d 值。
**、*分别代表5%、10%的显著性水平。

（3）地理环境变化不可控程度感知的 Friedman 检验

Friedman 检验分析显示六类地理环境问题的不可控程度感知在 $p=0.05$ 水平上总体表现出差异性（$p=0.000<0.05$），但差异程度比较小（$0.2\leqslant$Cohen's f 值 $=0.222<0.5$）。多重分析结果如表8.4所示，公众对极端灾害天气、地质灾害、

自然植被破坏在不可控程度感知方面与其他地理环境问题的差异较为明显，其中前两者的发生主要源于自然条件，普通民众对其发生的调控能力相对较弱，所以不可控程度得分较高，而自然植被破坏的发生多是因为人类不合理的活动方式，人们对其进行调控的主观能动性较强，故不可控程度得分相对较低。具体来看，极端灾害天气的不可控程度感知得分与水土流失速度、自然植被破坏、水资源紧缺、耕地质量退化在0.01水平上达到了极显著差异水平（$p<0.01$），且差异幅度达较小至中等程度水平；公众对地质灾害的不可控程度感知与除耕地质量退化外的其余四类地理环境问题的感知达到了0.05或0.01水平上的显著差异，但差异幅度总体较小。自然植被破坏的不可控程度感知与其余5类地理环境问题均达到了差异性水平，差异幅度处于较小与中等水平之间（0.2≤Cohen's f 值<0.8）。

表8.4 地理环境变化不可控程度感知的Friedman检验多重比较

项目	极端灾害天气	地质灾害	自然植被破坏	水资源紧缺	耕地质量退化
水土流失速度	0.452***	0.299***	0.275	0.021	0.071
极端灾害天气		0.134	0.753***	0.433***	0.376***
地质灾害			0.577***	0.281**	0.229
自然植被破坏				0.300*	0.346***
水资源紧缺					0.050

注：表格中的数值为Cohen's d值。

***、**、*分别代表1%、5%、10%的显著性水平。

（4）地理环境变化惧怕程度感知的Friedman检验

Friedman检验分析显示六类地理环境问题的惧怕程度感知在$p=0.05$水平上总体表现出差异性（$p=0.000<0.05$），但差异程度比非常小（Cohen's f 值=0.145<0.2）。多重分析结果如表8.5所示，公众对极端灾害天气惧怕程度的感知在0.01水平上与水土流失速度、自然植被破坏、耕地质量退化达到了极显著差异（$p=0.000<0.01$），差异幅度较小（0.2<Cohen's f 值<0.5），与水资源紧缺在0.05水平上达到了显著差异（$p=0.041<0.05$），但差异幅度非常小（Cohen's f 值=0.197<0.2）；公众对自然植被破坏惧怕程度的感知在0.01水平上与极端灾害天气、地质灾害、水资源紧缺达到极显著差异水平（$p=0.000<0.01$），差异幅度较小（0.2<Cohen's f 值<0.5）；公众对地质灾害惧怕程度的感知还与水土流失速度、耕地质量退化分别在0.05、0.01水平上到了差异显著水平，差异幅度分别表现为非常小、较小。

表 8.5 地理环境变化惧怕程度感知的 Friedman 检验多重比较

项目	极端灾害天气	地质灾害	自然植被破坏	水资源紧缺	耕地质量退化
水土流失速度	0.295***	0.186**	0.193	0.081	0.044
极端灾害天气		0.074	0.475***	0.197**	0.330***
地质灾害			0.349***	0.105	0.220***
自然植被破坏				0.259**	0.144
水资源紧缺					0.120

注：表格中的数值为 Cohen's d 值。
***、** 分别代表 1%、5% 的显著性水平。

8.2.3 基于配对 t 检验的地理环境感知差异性分析

（1）水土流失速度问题感知的配对 t 检验

公众对六类地理环境问题四个维度感知的配对 t 检验结果如表 8.6 ~ 表 8.11 所示，公众对水土流失速度问题四个维度感知的内部差异非常小（Cohen's f 值 <0.2），且彼此间不存在显著差异（表 8.6）。根据整理数据可知，水土流失速度发生频率为 2.54，危险程度为 2.52，不可控程度为 2.43，人们的惧怕程度是 2.50，说明其发生的频率减少了一些，但是变化不是很大，水土流失速度会对居住地的生态地质环境带来少许危害，水土流失速度的不利后果基本是可控的，因而人们对它的惧怕程度相对来说比较低。

表 8.6 公众对水土流失速度问题感知的配对 t 检验

项目	危害程度	不可控程度	惧怕程度
发生频率	0.014	0.074	0.082
危害程度		0.060	0.032
不可控程度			0.053

注：表格中的数值为 Cohen's d 值。

（2）极端灾害天气问题感知的配对 t 检验

公众对极端灾害天气问题四个维度感知的配对 t 检验结果如表 8.7 所示，公众对极端灾害天气发生频率的感知值在 0.01 水平上与对危害程度、不可控程度、惧怕程度的感知均达到了极显著差异水平（$p<0.01$），差异幅度较小（Cohen's f 值 <0.5）；危害程度与不可控程度、惧怕程度在 0.1 水平上呈一般显著性差异

（$p<0.1$），差异幅度非常小（Cohen's f 值 = 0.128、0.127<0.2）；不可控程度与惧怕程度的一致性非常好，不存在显著差异。从整理的数据可知，受访者认为近些年当地的极端灾害天气发生的频率没有变化或略微有点增加，而其余三个维度呈现没有变化或略微减小，危害程度感知得分最小为 2.76，这可能源于防灾减灾工程、管理办法等落实一定程度上减少了极端灾害天气不良后果的影响。

表 8.7　公众对极端灾害天气感知的配对 t 检验

项目	危害程度	不可控程度	惧怕程度
发生频率	0.34***	0.213***	0.201***
危害程度		0.128*	0.127*
不可控程度			0.008

注：表格中的数值为 Cohen's d 值。
***、*分别代表 1%、10% 的显著性水平。

（3）地质灾害问题感知的配对 t 检验

公众对地质灾害问题四个维度感知的配对 t 检验结果如表 8.8 所示，四个维度感知的内部差异非常小（Cohen's f 值<0.2），且彼此间不存在显著差异（表 8.8）。根据数据可知，整体上，受访者认为近年来当地灾害发生的频率略有减少，可变化不明显。虽然地质灾害对当地的危害程度不是太大，但对普通民众而言地质灾害不太可控，故对地质灾害事件有一定的担心。

表 8.8　公众对地质灾害问题感知的配对 t 检验

项目	危害程度	不可控程度	惧怕程度
发生频率	0.079	0.089	0.11
危害程度		0.017	0.045
不可控程度			0.035

注：表格中的数值为 Cohen's d 值。

（4）自然植被破坏问题感知的配对 t 检验

公众对自然植被破坏问题四个维度感知的配对 t 检验结果如表 8.9 所示，公众对自然植被破坏不可控程度的感知与对其余三个维度的感知得分均在 0.05 水平上达到了显著差异，其中与发生频率、危害程度的差异幅度相对偏大（Cohen's f 值 = 0.313、0.300<0.2），而与惧怕程度的差异相对较小（Cohen's f 值 = 0.146<0.2）；惧怕程度也与其余维度的感知得分存在一定的差异，但差异幅度非常小

(Cohen's f值<0.2）。陕南地区的植被覆盖度高，植被破坏问题不突出，虽然植被破坏会带来一定的后果，但受访者整体认为自然植被破坏行为是可控的，并不太担心自然植被破坏问题。

表8.9　公众对自然植被破坏问题感知的配对 t 检验

项目	危害程度	不可控程度	惧怕程度
发生频率	0.044	0.313***	0.155**
危害程度		0.300***	0.131*
不可控程度			0.146**

注：表格中的数值为Cohen's d 值。

***、**、* 分别代表1%、5%、10%的显著性水平。

（5）水资源紧缺问题感知的配对 t 检验

公众对水资源紧缺问题四个维度感知的配对 t 检验结果如表8.10所示，公众对水资源紧缺不可控程度的感知得分最低，公众与对其余三个维度的感知得分均在0.05水平上达到了显著差异，但差异幅度非常小（Cohen's f值<0.2）；其余维度感知得分彼此间均未达到差异显著。

表8.10　公众对地水资源紧缺问题感知的配对 t 检验

项目	危害程度	不可控程度	惧怕程度
发生频率	0.003	0.162**	0
危害程度		0.179***	0.003
不可控程度			0.172**

注：表格中的数值为Cohen's d 值。

***、** 分别代表1%、5%的显著性水平。

（6）耕地质量退化问题感知的配对 t 检验

公众对耕地质量退化问题四个维度感知的配对 t 检验结果如表8.11所示，结合数据整理结果，耕地质量退化的不可控程度和惧怕程度感知得分与危害程度和惧怕程度的感知得分均在0.01水平上达到极显著差异，差异幅度较小（02<Cohen's f值<0.5）；不可控程度与惧怕程度、发生频率与危害程度彼此一致较好，均未表现出显著差异。

表 8.11　公众对耕地质量退化问题感知的配对 t 检验

项目	危害程度	不可控程度	惧怕程度
发生频率	0.087	0.345 ***	0.286 ***
危害程度		0.224 ***	0.208 ***
不可控程度			0.031

注：表格中的数值为 Cohen's d 值。

***代表 1% 的显著性水平。

8.3　公众对人工环境感知的多重比较分析

8.3.1　公众对人工环境感知的定量描述分析

如图 8.2 所示，本书从纵向视角和横向视角分别绘制了公众对四类人工环境感知的得分。其中，从纵向视角来看［图 8.2（a）］，垃圾废物排放问题被认为是对环境影响最大、布设不合理程度最大的一项，会对环境造成一定的不利影响，且布设合理程度一般；水利工程对环境的影响程度和布设的不合理程度的感知得分最低，分别为 2.45、2.40，被认为其对环境的不利影响较小，布设得较为合理；城镇/村落布局和道路电网工程在两个维度的得分较为接近，表现为二者对环境存在一定影响，布设尚合理，但可以进一步优化。从横向视角来看［图 8.2（b）］，对环境影响程度的感知得分由高至低依次为在垃圾废物排放>城

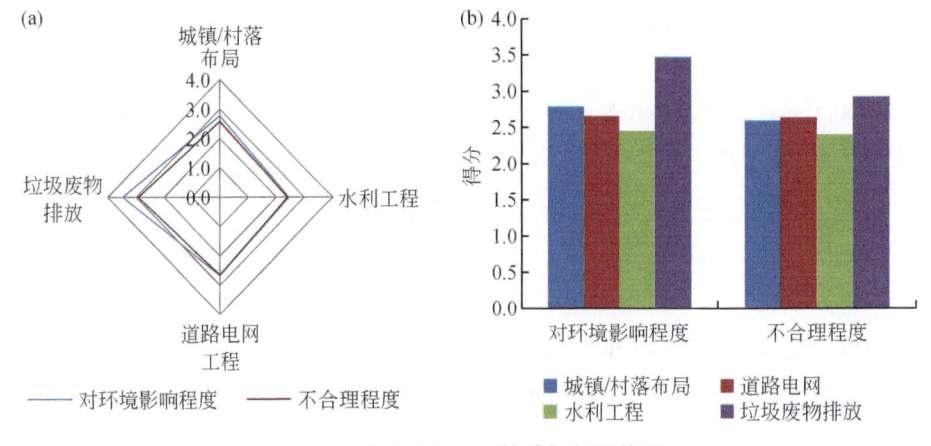

图 8.2　公众对人工环境感知的评价图

镇/村落布局>道路电网工程>水利工程四个指标的不合理程度大致相同,垃圾废物排放的不合理程度相对较高,其次是道路电网工程,城镇/村落布局和水利工程的不合理程度相对较小。

8.3.2 公众对人工环境感知的 Friedman 检验

(1) 人工环境对环境影响程度的 Friedman 检验

Friedman 检验分析显示公众对四类人工环境影响程度的感知得分在 $p=0.05$ 水平上总体表现出差异性($p=0.000<0.05$),差异幅度较小(Cohen's f 值 = 0.458<0.5)。通过进一步的多重比较分析(表8.12),并结合感知得分数据,可知垃圾废物排放对环境的影响程度的感知得分最高,与其余三类人工环境在0.01水平上达到了极显著差异,其中与城镇/村落布局、道路电网工程的差异幅度处于中等水平(0.5<Cohen's f 值 = 0.555、0.657<0.8),与水利工程的差异幅度较大(Cohen's f 值 = 0.804<0.8)。

表8.12 人工环境对环境影响程度感知的 Friedman 检验多重比较

项目	道路电网工程	水利等工程	垃圾废物排放
城镇/村落布局	0.114	0.283 ***	0.555 ***
道路电网工程		0.171	0.657 ***
水利工程			0.804 ***

注:表格中的数值为 Cohen's d 值。

***代表1%的显著性水平。

(2) 人工环境不合理程度的 Friedman 检验

Friedman 检验分析显示公众对四类人工环境不合理程度的感知得分在 $p=0.05$ 水平上总体表现出差异性($p=0.000<0.05$),但差异幅度较小(0.2<Cohen's f 值 = 0.341<0.5)。通过进一步的多重比较(表8.13),可知仅垃圾废物

表8.13 人工环境不合理程度感知的 Friedman 检验多重比较

项目	道路电网工程	水利等工程	垃圾废物排放
城镇/村落布局	0.141	0.013	0.29 **
道路电网工程		0.124	0.142
水利工程			0.268 **

注:表格中的数值为 Cohen's d 值。

**代表5%的显著性水平。

排放的不合理程度感知得分与城镇/村落布局、水利工程在0.05水平上达到显著差异，差异幅度较小（0.2<Cohen's f 值<0.5）。

8.3.3 公众对人工环境感知的配对 t 检验

配对 t 检验结果显示，公众对城镇/村落布局的环境影响程度与不合理程度的感知评判在0.01水平上达到了极显著差异，但差异幅度相对较小（0.2<Cohen's f 值=0.299<0.5）；道路电网工程、水利工程的环境影响程度与不合理程度的感知得分不存在差异性，表现为对环境的不利影响较小，布局比较合理；垃圾废物排放的环境影响程度与不合理程度的感知得分在0.01水平上达到了极显著差异，且差异幅度处于中等水平（0.5<Cohen's f 值=0.561<0.8）。

8.4 公众环境感知的回归分析

8.4.1 公众对地理环境变化感知的回归分析

(1) 公众对地理环境变化感知的相关分析

公众对地理环境变化感知的相关分析如表8.14所示，可知受访者对居住地地理环境事件发生频率的感知与年龄呈现显著正相关关系（$R=0.237$，$p<0.05$），与文化程度呈现一定的负相关关系（$R=-0.148$，$p<0.1$）；对地理环境事件危害程度的感知与年龄呈现显著正相关关系（$R=0.225$，$p<0.05$），与居住地海拔呈现一定的负相关关系（$R=-0.142$，$p<0.1$），与事件发生频率呈现显著的正相关关系（$R=0.485$，$p<0.05$），表现为事件发生越频繁，事件造成的危害程度越大；地理环境事件的不可控程度与是否担任村干部呈一定的正相关，与事件发生频率、危害程度呈现显著的正相关关系，相关程度分别为 $R=0.465$（$p<0.05$）、$R=0.598$（$p<0.05$），即事件发生频率、危害程度的增加，将会增加事件的不可控程度；对地理环境事件的惧怕程度感知与文化程度呈显著的负相关关系（$R=-0.190$，$p<0.05$），与事件发生频率、危害程度、不可控程度呈现显著的正相关（$R=0.431$、0.605、0.619，$p<0.05$），即公众对地理环境事件的惧怕、担心程度会随着发生频率、危害程度、不可控程度的增加而增加，但文化程度越

高，将有助于其理性、客观地看待地理环境事件的影响，会减少对事件发生的惧怕、担心。

表8.14 公众对地理环境变化感知的相关分析

项目	性别	年龄	是否担任村干部	文化程度	居住地海拔	发生频率	危害程度	风险可控性	惧怕程度
发生频率	0.042	0.237**	0.103	-0.148*	-0.029	1			
危害程度	-0.022	0.225**	0.068	-0.114	-0.142*	0.485**	1		
不可控程度	-0.054	0.041	0.136*	0.037	-0.061	0.465**	0.598**	1	
惧怕程度	-0.079	0.103	-0.042	-0.190**	-0.044	0.431**	0.605**	0.619**	1

**、*分别代表1%、5%、10%的显著性水平。

(2) 公众对地理环境变化感知的一般线性回归分析

利用SPSS 22分别地理环境变化的惧怕程度、不可控程度、危害程度感知与其影响因素进行一般线性回归，回归结果见表8.15。之所以未进行发生频率感知的回归分析，是基于在发生频率与其余三个维度的因果关系逻辑中，发生频率一般属于自变量，不适合将其作为因变量其余三个维度作为自变量进行影响因素的回归分析。

进行一般线性回归时，首先检查多重共线性，通常容差越大、VIF越小，表示自变量之间的多重共线性问题越小。由表8.15可知，所有变量容差均界于0~1，均>0.5，VIF均处于1~2，明显在5以下（<10），表明自变量间的共线性问题很小。公众对地理环境变化的惧怕程度感知、不可控程度感知、危害程度感知的拟合优度R^2分别为0.483、0.505、0.492（>0.4），说明受访者文化程度、对地理环境时间发生频率、危害程度、不可控程度的感知可解释公众对地理环境问题惧怕程度感知因素48.3%的变化；受访者是否担任村干部、对发生频率、危害程度、惧怕程度的感知能解释公众对地理环境问题不可控程度感知因素50.5%的变化；受访者年龄、居住地海拔对发生频率、不可控程度、惧怕程度的感知能解释公众对地理环境问题危害程度感知因素49.2%的变化，故认为多重线性方程拟合优度较好。

在公众对地理环境问题惧怕程度的感知因素中，发生频率感知的Beta对应的p值=0.104>0.05，与惧怕程度感知不存在显著的相关关系；危害程度感知、不可控程度感知的Beta对应的p值为0.000，与惧怕程度感知在0.01水平上存

表8.15　公众对地理环境变化感知的回归模型

因变量	自变量	回归系数 B	Std. Error	标准化回归系数 Beta	T	Sig.	共线性统计 容差	VIF
惧怕程度	常数	0.739	0.208		3.554	0.000		
	文化程度	-0.158	0.049	-0.160***	-3.219	0.001	0.949	1.053
	发生频率	0.071	0.061	0.067	1.169	0.104	0.703	1.423
	危害程度	0.323	0.066	0.310***	4.876	0.000	0.578	1.729
	不可控程度	0.464	0.072	0.408***	6.463	0.000	0.586	1.707
	复相关系数 $R=0.707$ 确定系数 $R^2=0.500$，调整确定系数 $R^2=0.483$，估计标准误=0.579							
	F 值=53.453，$df=4$，p 值=0.000							
不可控程度	常数	0.423	0.145		2.910	0.004		
	是否担任村干部	0.190	0.081	0.116**	2.353	0.020	0.974	1.027
	发生频率	0.136	0.054	0.147**	2.519	0.013	0.699	1.431
	危害程度	0.269	0.060	0.289***	4.452	0.000	0.563	1.775
	惧怕程度	0.362	0.058	0.395***	6.268	0.000	0.595	1.680
	复相关系数 $R=0.717$ 确定系数 $R^2=0.514$，调整确定系数 $R^2=0.505$，估计标准误=0.529							
	F 值=54.272，$df=4$，p 值=0.000							
危害程度	常数	0.456	0.198		2.302	0.022		
	年龄	0.076	0.030	0.127**	2.515	0.013	0.919	1.088
	海拔	-0.107	0.060	-0.087*	-1.793	0.074	0.978	1.022
	发生频率	0.171	0.058	0.169***	2.952	0.004	0.710	1.408
	不可控程度	0.336	0.070	0.309***	4.797	0.000	0.562	1.779
	惧怕程度	0.311	0.060	0.324***	5.157	0.000	0.589	1.698
	复相关系数 $R=0.710$ 确定系数 $R^2=0.504$，调整确定系数 $R^2=0.492$，估计标准误=0.563							
	F 值=43.281，$df=5$，p 值=0.000							

***、**、* 分别代表1%、5%、10%的显著性水平。

在显著正相关关系，说明受访者认为地理环境问题的危害越严重、不可控程度越大，对地理环境问题的担心、惧怕感知越强烈；受访者文化程度的Beta对应的 p 值=0.001，与惧怕程度感知在0.01水平上存在显著负相关关系，表示受访者受教育程度越高，对地理环境问题的心理承受能力越强，越能理性看待地理环境问题,惧怕感越小。同理可证,是否担任村干部、对发生频率、危害程度、惧怕程度的感知显著正向影响不可控程度感知;受访者年龄、发生频率、不可控程度和惧怕程度感知显著正向影响危害程度感知,受访者居住地海拔 Beta 对应的 p 值=0.074>0.1,但其<0.05,说明居住地海拔对危害程度感知的影响不显著。

8.4.2 公众对人工环境感知的回归分析

(1) 公众对人工环境感知的相关分析

公众对人工环境感知的相关分析如表 8.16 所示,可知公众对人工环境对环境影响程度的感知与年龄呈显著正相关关系（$R=0.202$，$p<0.05$）,与文化程度呈现一定的负相关关系（$R=-0.151$，$p<0.1$）；对人工环境不合理程度的感知与文化程度存在一定的负相关关系（$R=-0.161$，$p<0.1$）,与对环境影响程度呈显著的正相关关系（$R=0.532$，$p<0.05$）。

表 8.16 公众对人工环境感知的相关分析

项目	性别	年龄	是否担任村干部	文化程度	居住地海拔	对环境影响程度	不合理程度
对环境影响程度	-0.064	0.202**	0.030	-0.151*	-0.116	1	
不合理程度	-0.099	0.000	-0.104	-0.161*	-0.031	0.532**	1

**、*分别代表5%、10%的显著性水平。

(2) 公众对人工环境感知的一般线性回归分析

同样使用 SPSS 22 分别对人工环境的环境影响程度、不合理程度感知进行一般线性回归,回归结果见表 8.17。由表 8.17 可知,影响人工环境感知的所有变量容差均界于 0~1, 均>0.5, VIF 均处于 1~2, 明显在 5 以下（<10）, 表明自变量间不存在共线性问题。对环境影响程度因素、不合理程度的拟合优度 R^2 分别为 0.316、0.307（>0.2）, 说明受访者年龄、文化程度、对人工环境不合理程度的感知可解释人工环境对环境影响程度 31.6% 的变化, 年龄、文化程度、对环境影响程度的感知可解释不合理程度感知 30.7% 的变化, 仍有约 70% 的差异不能被模型中的自变量所解释, 故认为多元线性方程拟合优度一般。

表 8.17　公众对人工环境感知的回归模型

因变量	自变量	回归系数 B	Std. Error	标准化回归系数 Beta	T	Sig.	共线性统计 容差	VIF
对环境影响程度	常数	0.686	0.188		3.655	0.000		
	年龄	0.092	0.027	0.214***	3.432	0.001	0.804	1.244
	文化程度	0.020	0.043	0.029	0.460	0.646	0.783	1.278
	不合理程度	0.550	0.058	0.538***	9.450	0.000	0.968	1.033
	复相关系数 $R=0.571$ 确定系数 $R^2=326$，调整确定系数 $R^2=0.316$，估计标准误$=0.468$							
	F 值$=34.6$，$df=3$，p 值$=0.000$							
不合理程度	常数	1.083	0.176		6.166	0.000		
	年龄	−0.075	0.027	−0.179***	−2.827	0.005	0.790	1.266
	文化程度	−0.104	0.042	−0.157**	−2.502	0.013	0.805	1.243
	对环境影响程度	0.533	0.056	0.545***	9.450	0.000	0.955	1.048
	复相关系数 $R=0.562$ 确定系数 $R^2=316$，调整确定系数 $R^2=0.307$，估计标准误$=0.461$							
	F 值$=33.164$，$df=3$，p 值$=0.000$							

***、**分别代表1%、5%的显著性水平。

8.5　本章小结

本章通过问卷调查和统计分析，系统研究了秦巴山区居民对生态环境变化的感知及其影响因素，主要结果如下所示。

1）信效度检验结果表明问卷设计的可靠有效，能满足调查研究的需求；受访者群体的基本信息为受访者性别比例适当，以年龄30~50岁的群体为主，文化程度以高中为主，大多居住在平坝区、低山区；受访者总体上认为近些年当地环境变化不明显，危害程度变化不突出，不太惧怕地理环境事件的不良影响；在对人工环境的感知方面，对垃圾废物等的排放的感知得分最高，其余问题的调研得分接近均值2.5。

2）通过雷达图、Friedman 检验和配对 t 检验，分析了公众对六类地理环境问题在四个维度的感知差异。同一维度下公众对六类地理环境问题的感知存在一定的差异，但仅极端灾害天气与其他地理环境问题的差异最大，表现为公众总体上认为近些年极端灾害天气的发生频率变化略有增加，对其灾害的惧怕程度最高。公众对水土流失速度、地质灾害内部四个维度的感知判断存在很好的一致性，认为其发生频率变化不明显，危害程度、不可控程度和惧怕程度均接近一般；公众对其余四种地理环境问题内部四个维度的感知存在一定差异，如水资源亏缺危害程度的感知得分最高，不可控程度感知得分最低。

3）在人工环境感知方面，公众对垃圾废物排放的感知打分最高，与其余人工环境的感知形成明显差异，认为其对环境影响较大且不合理程度较高，而对水利工程的感知得分最低，认为其环境影响较小且布局较为合理。通过 Friedman 检验和配对 t 检验，验证了公众对不同人工环境感知的存在一定差异性。

4）通过回归分析，探讨了公众对地理环境和人工环境感知的影响因素。多重线性回归模型拟合结果显示，公众对地理环境问题惧怕程度的感知主要与受访者文化程度、对地理环境问题发生频率、危害程度、不可控程度的感知有关；公众对地理环境问题不可控程度的感知主要与受访者是否担任村干部、对发生频率、危害程度、惧怕程度的感知有关；公众对地理环境问题危害程度的感知主要与受访者年龄、居住地海拔、对发生频率、不可控程度、惧怕程度的感知有关；人工环境感知的拟合优度稍差，约30%的差异能被模型中的自变量所解释。

第 9 章　乡村振兴背景下天坑群分布区旅游新质生产力培育

在实施乡村振兴战略的背景下,旅游业作为连接生态保护与经济发展的纽带,为陕南秦巴天坑群区域的可持续发展提供了新路径。本章以陕南秦巴天坑群区域为研究对象,在乡村振兴背景下探讨旅游新质生产力的培育路径。本章在分析天坑群地质景观的科学与旅游价值、乡村旅游资源特征的基础上,提出特色旅游线路优化布局策略;通过地方感塑造和区块链技术应用,构建"文化-生态-科技"协同发展的旅游新模式,旨在为区域乡村振兴提供理论与实践支撑。

9.1　汉中天坑群分布区岩溶地质景观开发价值评价

天坑是汉中天坑群分布区最主要的景观,具有极高的科学价值、美学价值、科普价值和旅游价值,天坑群分布区的岩溶地质景观是大自然赋予人类的宝贵财富,天坑的神秘与壮观、溶洞的奇幻、山水的秀丽,吸引着众多探险爱好者和游客前来探索,为当地旅游业的发展提供了得天独厚的资源优势。

9.1.1　天坑群岩溶地质景观开发价值

1. 科学价值

汉中天坑群分布区以其独特的天坑地貌、丰富的地下溶洞和众多地质遗迹,为地质学、生态学等学科研究提供了珍贵样本和天然实验室,具有多方面的独特价值。

(1) 独特位置填补研究空白

汉中天坑群位于33°N附近,是湿润热带、亚热带岩溶地貌区最北界首次发现的地质景观，也是国内最高纬度的大型天坑群。这一发现填补了世界岩溶地质研究在高纬度地区的空白，为地质学家研究不同纬度岩溶地貌的形成与演化提供了珍贵样本。

(2) 丰富景观揭示地质关系

汉中天坑群包含天坑、地下河和相互连通的溶洞，不仅具有极高的景观价值，还对揭示地表水流变迁与地下溶洞发育的关系、地下形态与地表形态的相互转化关系、汉中盆地断陷与洞穴峡谷形成的关系等具有重要意义，有助于深入研究地质构造的演变过程。

(3) 特殊环境提供研究素材

汉中天坑群区域拥有悠久稳定的地质历史和半封闭的地貌环境，加上天坑周边复杂的地形和地理位置，为植物的生息繁衍创造了良好条件。此外，丰富的古地下河冲积物、次生化学沉积物以及重力崩塌堆积物等，为研究地下河演化和秦岭南部古环境变化提供了有力依据，增加了生物研究的原始样本。

(4) 原始状态助力科学探索

汉中天坑群的地质遗迹核心区域保持着原始、自然、天然的状态，基本未受人为干扰和破坏。这为研究洞穴的发育提供了清晰的历史记录，对恢复洞穴所在区域的新构造活动史、厘定地壳抬升速率以及恢复区域古环境具有不可替代的科学价值。

2. 美学价值

汉中天坑群分布区以其独特的自然景观组合，展现出大自然的鬼斧神工。大小天坑星罗棋布，形态各异，坑壁陡峭，岩石嶙峋；地下溶洞内石笋、石柱、石幔等地质景观琳琅满目，构成神秘的地下世界。四季各异的山峦风光、发达的水系，更是增添了如诗如画的美感，具有强烈的视觉冲击力和审美感染力。

(1) 独特的空间组合层次美

秦巴岩溶分布区既有高原台地耸入云霄，又有深切峡谷郁郁葱葱，还有十里干沟地缝绵延，尽显大自然雕刻地貌之神奇。天坑与瀑布、峡谷与溪流、洞穴与地下河交相辉映，增添无穷魅力。

(2) 神秘天坑与恢宏溶洞

世界最美的地洞河天坑、形态最典型的天悬天坑、圈子崖超级天坑等，四周绝壁环绕，如巨大竖井。与天坑相连的地下溶洞中，大厅高大，支洞众多，次生化学沉积物色彩斑斓，石田、石钟乳等让人目不暇接，兼具科学与美学价值。

(3) 原始森林的独特韵味

汉中天坑群处于丰美茂盛的原始森林中，原始植被幽闭奇特。雨水沿洞顶而下，形成五彩斑斓的水帘动感效果，幽静环境与幽闭森林景象交相辉映，赋予了汉中天坑群独特的韵味。

3. 科普价值

汉中天坑群作为世界级喀斯特地貌奇观，不仅揭示了秦岭造山带古地理演化奥秘，更可以通过实现地质资源向生态资产与科普资源的转化。

(1) 大巴山弧形构造带：地质构造实地教材

大巴山弧形构造带位于上扬子克拉通北，原属四川盆地和秦岭造山带过渡地带，是研究盆山耦合和陆内造山作用的理想区域。其独特的弧形构造形态以及在全球造山带中的普遍性，通过构造解析和古地磁等专业手段的研究，能为地质学专业人士及爱好者生动呈现陆内造山作用的复杂过程，是不可多得的地质构造演化科普实地教材。

(2) 地层地质剖面：古环境演化科普基地

地质剖面出露的石炭系、二叠系、三叠系地层沉积连续、层序规律，剖面完整、特征明显、界限清楚、古生物化石典型。对于地质专业的学生来说，这里清晰展示的地层连续沉积和典型古生物化石，可为其学习地层学、古生物学等学科提供直观且专业的研究样本，它是开展专业科普教学实习的绝佳场所。

(3) 岩溶地貌景观：岩溶地质科普平台

岩溶地貌类型众多，包括天坑、漏斗、竖井、溶洞、断崖、地下河等，是开展岩溶地貌类地质遗迹科普教育的理想基地。从专业角度看，其特殊地理位置及组合因素对岩溶地貌发育的控制作用，为研究岩溶发育机理、介质条件、演化变迁等提供丰富的实证案例，是岩溶地质学专业科普与深入研究的重要平台。

(4) 流水侵蚀和水体景观：水文地质野外课堂

流水侵蚀地貌景观以峡谷地貌居多且典型，能反映区域新构造运动强度和时间，天坑是学生关于峡谷类型特征、发育演化方面较好的科普教育基地。从专业研究层面，瀑布、泉水等水体景观的构造条件、岩性差异、水动力条件等，为研究地下水运移规律提供了关键线索和专业研究场所，有助于深入理解水文地质学的相关原理。

4. 旅游价值

汉中天坑群分布区旅游价值独特，具有带动陕南文旅产业升级，带动乡村振兴与生态产品价值转化的价值。

(1) 景观资源丰富且独特

以天坑为主的岩溶地质遗迹景观类型齐全，生态良好，与人文、生态及红色旅游资源结合，形成完整旅游资源配置格局，具备多种功能。

(2) 开发利用潜力巨大

保持原始自然状态，植被覆盖率高，生态环境良好，开发利用潜力大，对全域旅游和地方经济发展有重要现实意义。

(3) 市场吸引范围广阔

汉中天坑群地处秦岭之南、成都之北，西成高铁打通为成都、西安和重庆数千万人口提供良好交通条件，让人们无需远涉西南喀斯特分布区，就能欣赏独特岩溶奇观。

9.1.2 天坑群岩溶地质景观的综合评价

陕西省地质调查研究院洪增林团队（2019），通过层次分析法，从价值评价和条件评价两个方面构建了评价指标体系（表9.1），对汉中天坑群地区的岩溶地质景观价值进行了综合评价。

表9.1 地质遗迹评价因子及评价指标权重（洪增林等，2019）

评价因子	权重	评价指标	权重
价值评价	0.6	科学价值（科学性）	0.3（0.1）
		美学价值（观赏性）	0.1（0.3）
		稀有性	0.1
		完整性（系统性）	0.1
条件评价	0.4	通达性	0.1
		保存程度	0.1
		可保性	0.1
		安全性	0.1

1. 评价指标体系构建

价值评价聚焦于四大核心维度：其一为科学性，即评估景观所蕴含的地质科学价值；其二为稀有性与典型性，此维度凸显景观在自然界中的独特性与代表性；其三为观赏价值，主要考量景观对旅游人群的吸引力大小；其四为自然完整性，反映景观生态与地质特征的原始保持状态。

条件评价则涵盖四个关键要素：保存程度，关乎景观当前的保存状况及其未来持续存在的稳定性；通达性，不仅影响游客的便利访问，也关乎旅游开发的潜在价值；可保护性，是确保景观得以长久保存与传承的重要考量；安全性，作为保障游客安全与景观免受损害的基础条件，不可或缺。

2. 综合评价结果分级

依据洪增林团队（2019）所制定的综合评价体系，汉中天坑群的地质遗迹资源被科学划分为四个不同等级（表9.2）。

表9.2 地质遗迹资源等级划分一览表（洪增林等，2019）

序号	等级	数量	地质遗迹类型名称
Ⅰ	世界级	5	地洞河天坑、天生桥天坑、巴山弧形构造带、圈子崖天坑、天悬天坑
Ⅱ	国家级	7	落水洞、东方剑齿象化石、消洞天坑、凌冰洞、大凌冰洞天坑、小凌冰洞天坑、老虎天坑
Ⅲ	省级	16	龙王洞、神洞崖洞、大洞门洞、罐坪里瀑布、西流河峡谷、道洞、苍垭天坑、下刘家湾天坑、上刘家湾天坑、箭杆山、星月湖、林罗城石林、阴司天坑、扁口洞、青龙潭洞、白天河峡谷
Ⅳ	省以下级	27	大竹坝背斜、牛屎洞、大地梁地层界线、落水洞村褶皱、冷水沟断层、地洞河地层剖面、冷水沟石芽群、寨洞、小沟里地层界线、桃儿洞新店子洼地、倒水洞竖井、梨溪坪洼地、仇家洼洼地、火地坝化石点、道洞化石点、双河村腕足化石点、双河村向斜、新店子背斜、梨溪坪向斜、双河村有孔虫化石点、白龙洞、千株莲花台（石芽）、茅草梁瀑布、孙家坪向斜、孙家坪地质界线点、仁和村地质界线点

(1) 世界级地质遗迹

该级别共包含5处地质奇观，分别为地洞河天坑、天生桥天坑、巴山弧形构造带、圈子崖天坑及天悬天坑。这些地质遗迹凭借其独特的地质构造与壮丽的自然景观，不仅吸引了国内外众多地质学家的深入研究，更成为了游客们探访的热门景点。地洞河天坑以其深邃幽静、生态环境原始纯净而著称；天生桥天坑则以其造型奇特、自然雕琢之精妙令人叹为观止；巴山弧形构造带作为地质研究的宝贵样本，为揭示地球演化历程提供了重要线索；圈子崖天坑与天悬天坑则以其险峻的地貌特征与壮丽的景色，共同构成了令人震撼的自然画卷。

(2) 国家级地质遗迹

国家级地质遗迹共有 7 处，包括落水洞、东方剑齿象化石、消洞天坑、凌冰洞、大凌冰洞天坑、小凌冰洞天坑及老虎天坑。这些地质遗迹在国内享有较高的知名度与影响力，其中东方剑齿象化石更是成为了研究远古生物演化的重要实物证据；而消洞天坑等天坑景观则以其独特的岩溶地貌特征，展现了自然界的鬼斧神工。

(3) 省级地质遗迹

省级地质遗迹共计 16 处，涵盖了龙王洞、神洞崖洞、大洞门洞、罐坪里瀑布、西流河峡谷、道洞、苍垭天坑、下刘家湾天坑、上刘家湾天坑、箭杆山、星月湖、林罗城石林、阴司天坑、扁口洞、青龙潭洞及白天河峡谷等众多自然景观。这些地质遗迹各具特色，为人们深入了解当地的地质历史与自然风貌提供了丰富的素材。罐坪里瀑布以其磅礴的气势令人印象深刻；西流河峡谷则以其秀丽的景色吸引着无数游客的目光；而天坑、洞穴等景观更是充满了神秘与探索的乐趣。

(4) 省以下级地质遗迹

省以下级地质遗迹共有 27 处，包括大竹坝背斜、牛屎洞、大地梁地层界线、落水洞村褶皱、冷水沟断层、地洞河地层剖面等。尽管这些地质遗迹的规模相对较小，但它们同样具有重要的科学价值与观赏价值，为深入研究当地的地质构造与生态环境提供了宝贵的资料。

9.2 乡村振兴视角下天坑群区域乡村旅游资源综合评价

天坑群深藏于巴山腹地，区域内村落分布零散，交通条件欠佳，当地经济活动以传统农业为主，收入水平较低，导致人口外流现象较为严重。宁强县禅家岩镇的地洞河天坑作为汉中天坑群中的两大超级天坑之一，以其优美的形态、完善的天坑系统和极高的景观价值脱颖而出，被中国科学院院士、地质学家袁道先以及法国洞穴专家盛赞为"世界最美天坑"。禅家岩镇周边的毛坝河、巴山镇与之地质演化背景相似，岩溶景观分布集中，为乡村振兴提供了得天独厚的资源基础。本节以宁强县南部的禅家岩、毛坝河、巴山、二郎坝四镇为研究区，深入探讨天坑群分布区旅游资源的总体特征及其开发利用路径，旨在为当地乡村振兴提供科学依据。

9.2.1　宁强天坑群区域乡村旅游资源概况

宁强天坑群区域的山区村落古朴典雅，石板路、古桥、古井等传统建筑随处可见，民居多采用传统建筑工艺，展现出古朴的风貌。当地居民保留着丰富的民俗文化，民间歌舞形式多样，尤其是羌族歌舞极具特色；传统手工艺如编织、刺绣、木雕等，造型美观且实用，作品细腻独特。毛坝河、禅家岩地区还留存众多红色文化遗迹，见证着革命先烈的丰功伟绩。此外，宁强县的特色美食也令人难忘，如口感酥脆、香气四溢的核桃馍，味道鲜美、麻辣可口的麻辣鸡，以及口感独特、营养丰富的根面角。

宁强县天坑群分布区位于秦巴山区，拥有大片原始森林，生物多样性极为丰富，负氧离子含量高，为野生动物提供了优良的栖息地。该地区气候适宜、土壤肥沃，是中药材的重要产地，盛产天麻、杜仲、黄连等多种名贵中药材，中药材种植基地也展示了中医药文化的深厚底蕴。巴山镇石坝子村的大坪山草甸位于高山之巅，远离村寨，绿草如茵，山花烂漫，牛羊成群，山坡间散落着奇形怪状的巨石，充满梦幻色彩。而石羊栈的梯田在油菜花盛开时，金色的花田层层叠叠，与青山、溪水、公路、民居交相辉映，构成了一幅醉人的乡村春日画卷，成为游客观赏油菜花的绝佳地点。

9.2.2　宁强天坑群区域乡村旅游资源评价

1. 宁强天坑群区域乡村旅游资源的分类体系

旅游资源分类是旅游资源评价的基础，我国在旅游资源调查方面，已经建立了相应的国家标准（GB/T 2260）。乡村旅游是一种重要的旅游活动类型，乡村旅游资源分类遵从旅游资源调查国标要求，但是也存在特殊性。近年来，众多学者从不同地区和视角出发,对乡村旅游资源进行了分类研究。毛凤玲(2009)在研究银川地区乡村旅游过程中,将乡村旅游资源划分为乡村休闲旅游地类型、休闲度假型、民俗文化体验型、高科技生态农业型、农家乐型、特色种植养殖型、特色采摘型等7种类型。杜忠潮(2009)等在对陕西关中地区乡村旅游资源评价中,将乡村旅游资源划分古村镇与民居、乡村休闲娱乐类、森林旅游景点、观光农业庄园类、乡村旅游节庆类、其他类等六类。王爱忠和娄兴彬(2010)在重庆市乡村旅游资源空间分布格局研究中,将乡村旅游资源划分为农家乐、生态及高科技农业园、乡村自然生态景观、乡村遗产与建筑景观、乡村人文民宿活动、乡村旅游商品与工艺六种类型。孙瑞丰和张晓雪(2015)在针对长春双阳地区的研究中,将乡村旅游资源划分为乡村特色产业资源、乡村自然生态资源、历史文化资源、乡村农业资源等四大类型。陈宇(2019)采用多目标多因子评价方法并结合湘西少数民族地区旅游现状,从旅游资源要素价值、资源开发条件和社会效应3个方面构建评价指标体系,采用专家打分法对主要单体进行打分,定量评价乡村旅游资源的等级。赵希勇(2019)在对哈尔滨乡村旅游资源研究中,将乡村旅游资源划分为山林田园景观类、水域风光类、民俗文化类、历史遗址遗迹类、特色村落与建筑类、休闲度假设施类、农业科普教育类、乡村特色物产类8类。本节参考国家旅游资源调查标准、已有研究成果以及陕西省"十二五"乡村旅游发展规划项目成果,结合研究区乡村旅游资源的属性、特征和赋存状况,将研究区乡村旅游资源划分为主类、亚类两个层次,包括乡村自然景观类、乡村特色聚落与建筑类、乡村农业产业类、乡村民俗类、乡村休闲度假设施类5个主类,17个亚类(表9.3)。

表9.3　宁强县天坑分布区旅游资源分类表

主类	亚类	代表性景观
乡村自然景观类	山地景观类	草川子景区、西流河大峡谷
	天坑溶洞类	禅家岩天坑溶洞景观组合、西流河大峡谷断崖洞穴组合、巴山镇石芽群
	水域风光类	毛坝河镇区河段、西流河
	生物景观类	森林景观、大坪山草甸、张家山高山草甸、张家山云杉林海、汤家坝天池菊海、柿子树坪里、麻池河
乡村特色聚落与建筑类	传统特色村落类	西方沟村、星级地质文化村、三道河古镇
	新农村风貌类	草川子村、文家坪悬崖村
	公共空间类	羌文化民俗广场

续表

主类	亚类	代表性景观
乡村农业产业类	农业产业基地	禅家岩天麻种植产旅融合示范园区、禅家岩张家坝村西洋参高山特色药谷、高山蔬菜种植示范园、千亩烟叶示范园
	休闲农业园	石坝子村石羊栈梯田
	传统农业生产类	锣鼓草、放懒牛、八庙河梯田
乡村民俗类	特产	优质牛肉、羌绣、根雕、奇石
	饮食	宁强核桃馍、麻辣鸡、根面角、羌族坝坝宴
	演艺	巴山民歌、羌族歌舞、羌族傩舞
	活动类	研学科考活动、羌文化节庆活动、集市活动
	工艺类	羌文化遗存、西方沟挂壁公路
乡村休闲度假设施类	民宿集群	禅家岩特色民宿、草川子特色民宿
	其他	禅家岩户外运动场地、禅家岩市级科普研学基地

2. 宁强天坑群区域乡村旅游资源评价指标体系

(1) 评价指标体系构建

乡村旅游资源的科学评价是开发乡村旅游的前提，乡村旅游资源评价体系是否科学合理，对资源综合评价的准确性有着直接影响，从而得到了相关学者的高度重视。尹占娥（2007）等从资源的特征、开发条件、地理位置等三方面进行资源评价。唐黎和刘茜（2014）从乡村旅游资源价值、环境氛围、开发条件三个方面，运用AHP法，分析了福建长泰山重村乡村旅游资源。赵希勇等（2019）采用AHP法构建哈尔滨乡村旅游资源评价体系，通过资源类型、质量及开发条件三个维度划分一级（中心城区）、二级（近郊区）、三级（远郊区）开发区，发现资源分布不均且需差异化开发；王丽和敖成欢（2023）结合AHP与GIS空间分析，从自然、旅游基础、社会经济三层面评价贵阳乡村旅游适宜性，揭示其极度适宜区仅占0.1%（集中于乌当区、白云区），较适宜区占6.8%（息烽县、开阳县等），并指出生态敏感区开发受限；陈宇（2019）通过多因子评价与专家打分构建湘西少数民族地区四级分类体系，发现五星级资源32处（如凤凰古城、老司城遗址）占优良级资源的16.3%，但资源单体分散且需强化主题整合。

通过以上研究可以看出，学者们均强调资源价值与开发条件的核心地位，但有些更侧重地域文化特色，有些更突出空间技术应用，有些更注重民族文化独特性，反映出乡村旅游资源评价指标体系构建既具有共同之处，但是也形成了因地制宜的特征。参考杜忠潮（2009）、赵希勇（2019）、陈宇（2019）等确定的乡村旅游评价指标体系，结合宁强天坑群区域的地理环境特点，运用层次分析法，同时征求旅游学、生态学等专家意见，选取资源禀赋、开发条件、市场潜力等关键因素，构建包含 3 个因素层、13 个评价指标的乡村旅游资源评价指标体系（图 9.1）。

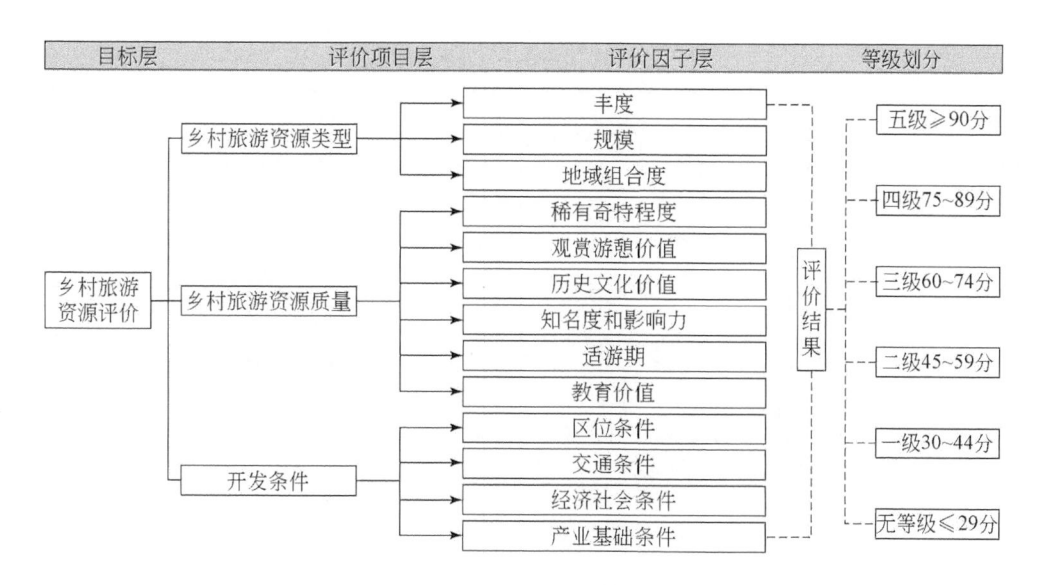

图 9.1 乡村旅游资源评价指标体系构建

（2）评价指标权重确定

1）构造判断矩阵。

层次分析法中同一层次各因子对更高层因素的影响，采用两两对比的方式，用数字 1~9 及其倒数来标定重要性［式（9.1）］，最终形成层次分析中的判断矩阵 M［式（9.2）］。

$$m_{ij} = \frac{1}{m_{ji}} \tag{9.1}$$

m_{ij}—对上一层因子而言，i 因子相比 j 因子的重要性程度；m_{ji}—对上一层因子而言，j 因子相比 i 因子的重要性程度。

$$M = \begin{bmatrix} m_{11} & m_{12} & \cdots & m_{1n} \\ m_{21} & m_{22} & \cdots & m_{2n} \\ \vdots & \vdots & & \vdots \\ m_{n1} & m_{n2} & \cdots & m_{nn} \end{bmatrix} \quad (9.2)$$

判断矩阵构建中，通过专家咨询法收集各层次因素之间的相对重要性判断（表9.4）。

表9.4 比较打分标准量化表

m_{ij}赋值	含义
$m_{ij}=1$	元素i与元素j对上一层次因素的重要性相同
$m_{ij}=3$	元素i比元素j略重要
$m_{ij}=5$	元素i比元素j明显重要
$m_{ij}=7$	元素i比元素j重要得多
$m_{ij}=9$	元素i比元素j极其重要
$m_{ij}=1/3$	元素i比元素j稍不重要
$m_{ij}=1/5$	元素i比元素j明显不重要
$m_{ij}=1/7$	元素i比元素j不重要得多
$m_{ij}=1/9$	元素i比元素j极其不重要
$m_{ij}=2,4,6,8$（$n=1,2,3,4$ 对应2、4、6、8）	元素i比元素j重要性介于相邻两赋值对应的重要性之间

2）计算权重。

采用和积法计算权重。首先，将判断矩阵M中各列元素进行求和，即用每一列元素的和作为分母，各元素作为分子，得到新的矩阵M'，即归一化矩阵；其次，对得到归一化矩阵的每一行进行求和［式（9.3）］，将得到的向量再进行归一化处理，最终得到的就是各指标的权重向量［式（9.4）］。

将归一化矩阵M'的行向量进行相加：

$$A_i = \frac{\sum_{j=1}^{n} m_{ij}}{n} \quad (9.3)$$

将向量 $A_i = \begin{bmatrix} A_1 \\ A_2 \\ \cdots \\ A_n \end{bmatrix}$ 进行归一化：$W_i = \dfrac{A_i}{\sum\limits_{i=1}^{n} A_i}$ 得到特征向量

$$W_i = \begin{bmatrix} W_1 \\ W_2 \\ \cdots \\ W_n \end{bmatrix} \tag{9.4}$$

3）一致性检验。

判断矩阵的初始影响因素的权重具有一定的人为性、主观性，理论上不具有客观性，因此，需要对判断矩阵进行一致性检验，一致性检验步骤如下：

首先，计算判断矩阵的最大特征值（$\lambda_{\max}$）：

$$\lambda_{\max} = \frac{1}{n} \sum_{i=1}^{n} \frac{[MW]_i}{w_i} \tag{9.5}$$

式中，MW 为判断矩阵各因子权重。

其次，计算一致性指标（CI）：

$$CI = \frac{\lambda_{\max} - n}{n - 1} \tag{9.6}$$

CI=0 时为一致矩阵；CI 越接近 0，一致性越好，越大则不一致越严重。

最后，随机一致性指标（RI）：

$$CR = \frac{CI}{RI} = \frac{\lambda_{\max} - n}{(n-1)RI} \tag{9.7}$$

式中，RI 为常量，与矩阵阶数相关，是多个随机生成判断矩阵的平均一致性指标，可通过查表获取（表 9.5）。

表 9.5 判断矩阵平均随机一致性指标 RI 值

矩阵阶数 n	1	2	3	4	5	6	7	8	9	10	11	12	13
RI	0	0	0.58	0.90	1.12	1.24	1.32	1.41	1.45	1.49	1.51	1.54	1.56

若 CR<0.1，认为判断矩阵具有满意一致性；若 CR≥0.1，需调整判断矩阵。

$$AB = \begin{bmatrix} & B_1 & B_2 & B_3 & w \\ B_1 & 1 & 1/9 & 1/7 & 0.3728 \\ B_2 & 9 & 1 & 3 & 0.4111 \\ B_3 & 7 & 1/3 & 1 & 0.2611 \end{bmatrix} \quad (9.8)$$

$\lambda_{max} = 3.081, CI = 0.04 \quad RI = 0.52, CR = 0.077 < 1$

$$B_1 C = \begin{bmatrix} & C_{11} & C_{12} & C_{13} & w_{c1j} \\ C_{11} & 1 & 2 & 4 & 0.5714 \\ C_{12} & 1/2 & 1 & 2 & 0.2857 \\ C_{13} & 1/4 & 1/2 & 1 & 0.1429 \end{bmatrix} \quad (9.9)$$

$\lambda_{max} = 3.054, CI = 0.027 \quad RI = 0.52, CR = 0.052 < 1$

$$B_2 C = \begin{bmatrix} & C_{21} & C_{22} & C_{23} & C_{24} & C_{25} & C_{26} & w_{c2j} \\ C_{21} & 1 & 3 & 5 & 7 & 5 & 6 & 0.4479 \\ C_{22} & 1/3 & 1 & 3 & 5 & 3 & 4 & 0.2313 \\ C_{23} & 1/5 & 1/3 & 1 & 3 & 2 & 3 & 0.1259 \\ C_{24} & 1/7 & 1/5 & 1/3 & 1 & 1/3 & 1/2 & 0.0413 \\ C_{25} & 1/5 & 1/3 & 1/2 & 3 & 1 & 2 & 0.0934 \\ C_{26} & 1/6 & 1/4 & 1/3 & 2 & 1/2 & 1 & 0.0602 \end{bmatrix} \quad (9.10)$$

$\lambda_{max} = 6.231, CI = 0.02 \quad RI = 1.26, CR = 0.016 < 1$

$$B_3 C = \begin{bmatrix} & C_{31} & C_{32} & C_{33} & C_{34} & w_{c3j} \\ C_{31} & 1 & 2 & 4 & 3 & 0.4658 \\ C_{32} & 1/2 & 1 & 3 & 2 & 0.2771 \\ C_{33} & 1/4 & 1/3 & 1 & 1/2 & 0.096 \\ C_{34} & 1/3 & 1/2 & 2 & 1 & 0.1611 \end{bmatrix} \quad (9.11)$$

$\lambda_{max} = 5.068, \quad CI = 0.017 \quad RI = 1.12, CR = 0.015 < 1$

(3) 评价因子赋值标准

依据旅游资源发展现状对各评价指标进行赋分（表9.6）。

乡村旅游资源类型是评价体系中的一个重要维度，总分值25分。主要从资源的丰度、规模和地域组合度三个评价因子来衡量，资源的丰度划分为非常大（5分）、很大（4分）和一般（1~3分）三个等级，用于评估资源数量的丰富程度；规模根据资源的大小分为非常大（9~10分）、很大（6~8分）和一般（1~5分）三个等级，体现资源的体量；地域组合度分为非常大（9~10分）、很大（6~8分）和一般（1~5分）三个等级，反映资源在地理空间上的集中性和组合情况。

表9.6 乡村旅游资源评价因子权重表

目标层A	评价项目层B	评价项目权重	评价因子层	评价因子权重	总权重
乡村旅游资源评价	乡村旅游资源类型 B_1	0.3278	丰度 C_{11}	0.5714	0.18730492
			规模 C_{12}	0.2857	0.09365246
			地域组合度 C_{13}	0.1429	0.04684262
	乡村旅游资源质量 B_2	0.4111	稀有奇特程度 C_{21}	0.4479	0.18413169
			观赏游憩价值 C_{22}	0.2313	0.09508743
			历史文化价值 C_{23}	0.1259	0.05175749
			知名度和影响力 C_{24}	0.0413	0.01697843
			适游期 C_{25}	0.0934	0.03839674
			教育价值 C_{26}	0.0602	0.02474822
	开发条件 B_3	0.2611	区位条件 C_{31}	0.4658	0.12162038
			交通条件 C_{32}	0.2771	0.07235081
			经济社会条件 C_{33}	0.096	0.0250656
			产业基础条件 C_{34}	0.1611	0.04206321

乡村旅游资源质量是评价体系中的核心部分，总分值40分，涵盖稀有奇特程度、观赏游憩价值、历史文化价值、知名度和影响力、适游期以及教育价值六个评价因子。其中，稀有奇特程度分为十分奇特（8~10分）、奇特（6~8分）和一般（1~5分）三个等级，用以衡量资源的独特性和稀缺性；观赏游憩价值根据资源的观赏性和娱乐性分为很高（9~10分）、高（6~8分）和一般（1~5分）三个等级；历史文化价值则依据资源所蕴含的历史文化内涵分为很高（5分）、高（4分）和一般（1~3分）三个等级；知名度和影响力按照资源的知名度范围分为全国知名（9~10分）、省内知名（6~8分）和一般（1~5分）三个等级；适游期根据资源适宜旅游的时间长度分为非常好（5分）、好（4分）和一般（1~3分）三个等级；教育价值则根据资源在教育方面的价值分为很强（5分）、强（4分）和一般（1~3分）三个等级。这些因子综合反映了乡村旅

游资源的内在品质和吸引力,是评价资源价值的关键指标。

开发条件是乡村旅游资源评价体系中的另一个关键维度,总分值30分。主要从区位条件、交通条件、经济社会条件和产业基础条件四个评价因子来评估资源的开发潜力。区位条件根据资源所处的地理位置对游客的可达性分为非常大(9~10分)、大(6~8分)和一般(1~5分)三个等级;交通条件依据交通的便利程度分为非常便捷(9~10分)、便捷(6~8分)和一般(1~5分)三个等级;经济社会条件根据当地经济社会发展水平和基础设施完善程度分为很强(5分)、强(4分)和一般(1~3分)三个等级;产业基础条件则根据当地旅游产业的发展基础和配套设施分为很强(5分)、强(4分)和一般(1~3分)三个等级。这些因子反映乡村旅游资源的开发条件,帮助决策者了解资源开发的可行性和优势(表9.7)。

表9.7 评价因子赋值表

资源评价 (总分值)	评价项目 (分值)	评价因子(分值)	因子赋值标准
乡村旅游 资源评价 (100)	乡村旅游 资源类型 (25)	丰度(5)	非常大(5)、很大(4)、一般(1-3)
		规模(10)	非常大(9~10)、很大(6~8)、一般(1~5)
		地域组合度(10)	非常大(9~10)、很大(6~8)、一般(1~5)
	乡村旅游 资源质量 (45)	稀有奇特程度(10)	十分奇特(8~10)、奇特(6~8)、一般(1~5)
		观赏游憩价值(10)	很高(9~10)、高(6~8)、一般(1~5)
		历史文化价值(5)	很高(5)、高(4)、一般(1~3)
		知名度和影响力(10)	全国知名(9~10)、省内知名(6~8)、一般(1~5)
		适游期(5)	非常好(5)、好(4)、一般(1~3)
		教育价值(5)	很强(5)、强(4)、一般(1~3)
	开发条件 (30)	区位条件(10)	非常大(9~10)、大(6~8)、一般(1~5)
		交通条件(10)	非常便捷(9~10)、便捷(6~8)、一般(1~5)
		经济社会条件(5)	很强(5)、强(4)、一般(1~3)
		产业基础条件(5)	很强(5)、强(4)、一般(1~3)

(4) 乡村旅游资源等级划分

根据以上赋分标准(表9.7),邀请5位旅游学专家、当地文化名人通过打分法对主要单体进行打分后求平均值,进一步通过加权求和的方法得到乡村旅游资源的综合评价结果。根据乡村旅游资源等级划分标准(图9.1),按照综合评价结果，将宁强天坑群分布区旅游资源划分为三个等级（图9.2）。

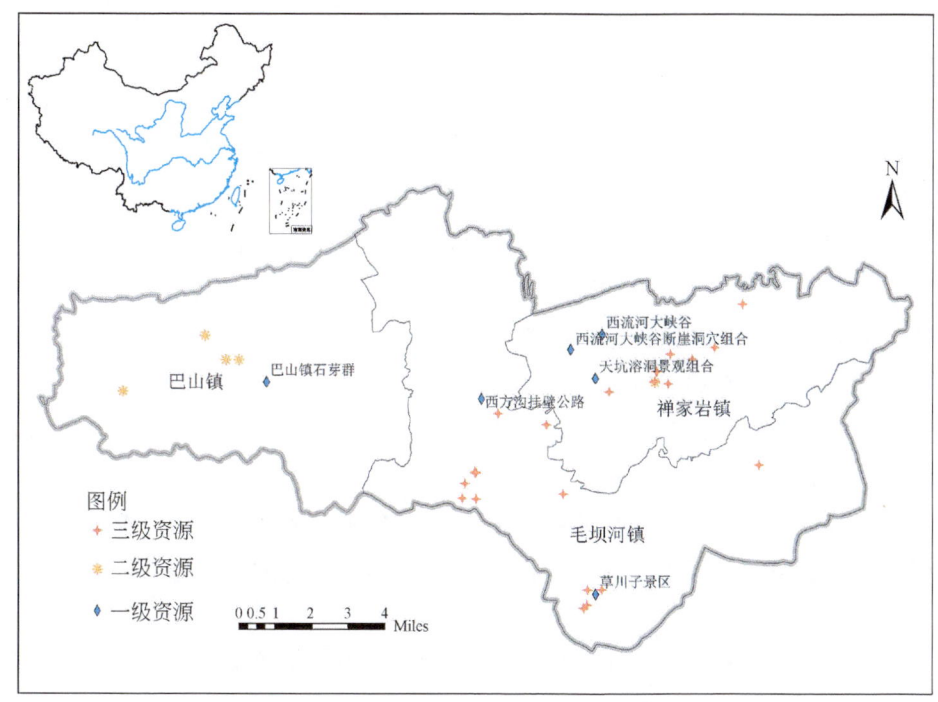

图9.2 宁强天坑群分布区旅游资源分布图

三级旅游资源。宁强天坑群分布区的三级旅游资源以自然景观和乡村风情为主，具有较高的开发潜力。具体包括草川子、西流河大峡谷和禅家岩天坑。禅家岩镇的地洞河天坑，容积排名世界第六，集天坑、洞穴、峡谷、溶洞、飞瀑、峰丛、洼地等景观于一体，展现出大自然的鬼斧神工，具有极高的科学研究、科普教育和旅游观光价值。毛坝河镇的草川子，形成优美的山水画卷，山峰多姿多层、色彩丰富，小河蜿蜒流淌形成瀑布群，还有奇特的龙鳞石和众多洞穴，犹如大自然赐予的浓缩盆景。西方沟挂壁公路惊险与美景共存，见证了当地人民的勤劳与坚韧，为游客提供了别样的观光体验。这些资源景观独特、开发条件相对较好，且已经形成一定的知名度和开发基础，未来在生态康养旅游方面具有突出价值，可有效带动当地经济发展。

二级旅游资源。宁强天坑群分布区的二级旅游资源融合了文化传承与田园风光，具有一定的开发基础和文化价值。具体包括羌族民俗、星级地质文化村、三道河古镇、石坝子村石羊栈梯田和巴山民歌等。羌族歌舞、傩舞等民俗活动，以及星级地质文化村的科普教育功能，为游客提供了深入了解当地文化的窗口。三道河古镇以其明清建筑和深厚的历史文化底蕴，吸引着对历史感兴趣的游客。巴山镇石坝子村的梯田油菜花海和金色稻田，在特定季节成为网红打卡地，为游客带来乡村田园的宁静与美好。星级地质文化村依托禅家岩天坑开展地质文化科普考察活动，已经形成一定的影响力。这些资源适合打造具有文化内涵和教育意义的旅游产品，未来可通过深入挖掘文化内涵进一步提升旅游品质。

一级旅游资源。宁强天坑群分布区的一级旅游资源具有较高的开发潜力，适合打造高端度假产品和特色旅游线路。具体包括羌文化民俗广场、草川子特色民宿、禅家岩市级科普研学基地、羌族傩舞、禅家岩特色民宿和八庙河梯田等。羌文化民俗广场和特色民宿为游客提供了多元化的体验，科普研学基地则为游客提供了深入了解地质文化和自然景观的机会。八庙河梯田在不同季节展现出不同的美景，春季油菜花海和秋季金色稻田成为游客向往的田园风光。这些资源开发潜力大，通过提升基础设施和服务质量，能够吸引更多高端游客，进一步提升宁强天坑群分布区的旅游吸引力。

无等级旅游资源。宁强天坑群分布区的无等级旅游资源数量最多，具有浓郁的乡村特色和生态体验价值。具体包括西方沟村、禅家岩天麻种植产旅融合示范园区、锣鼓草、放懒牛、集市活动、羌族歌舞、森林景观、高山草甸、巴山镇石芽群等。森林景观、高山草甸、云杉林海等自然景观为游客提供了亲近自然的机会，适合开展生态旅游和户外活动。大坪山草甸、张家山高山草甸等开阔地带，是放松身心、享受宁静的理想场所。游客可以参与农事活动，如放懒牛、集市交易等，体验乡村生活的宁静与质朴。羌族歌舞等民俗活动则为游客提供了丰富的文化体验。这些资源虽然知名度较低，但具有独特的乡村特色和生活气息，适合开发特色体验项目，通过与当地居民的互动，增强游客的参与感和体验感，为乡村旅游增添更多色彩。

宁强天坑群分布区的旅游资源丰富多样，涵盖了自然景观、历史文化、民俗风情等多个方面。三级旅游资源以自然奇观和乡村风情为主，适合打造亲民、日常的旅游产品；二级旅游资源以文化传承和田园风光为特色，适合打造具有文化内涵的旅游产品；一级旅游资源以高端体验和特色度假为目标，适合打造高端旅游产品；无等级旅游资源则以乡村特色和生态体验为亮点，适合开发特色体验项目。通过合理规划和开发，宁强天坑群分布区可以成为具有重要影响力的旅游目的地，推动当地经济和文化的发展。

9.3 乡村振兴视角下天坑群区域旅游新质生产力培育

2024年，中国明确提出加快发展新质生产力，扎实推进高质量发展。新质生产力以创新为核心驱动力，摒弃传统经济增长模式，具有高科技、高效能、高质量的特征，是符合新发展理念的先进生产力形态。旅游业作为天坑群区域的战略性支柱产业、民生产业和幸福产业，已成为推动区域现代化进程的重要舞台，其社会效应与经济属性相互交织，形塑着旅游发展与社会变迁互嵌互融的复杂图景。

9.3.1 天坑群分布区乡村旅游资源空间特征及优化

1. 乡村旅游资源空间分布特征

(1) 基于核密度估计法的空间分布特征

核密度分析（kernel density estimation，KDE）是一种通过数学函数对空间点数据进行平滑处理、估算其分布密度的统计方法，其核心是利用核函数结合带宽参数，计算每个空间位置受周围点的影响强度，最终生成连续的密度表面，以直观展示点要素的聚集或分散特征。通过调整核函数类型和带宽大小，可平衡结果的平滑性与局部细节，帮助快速识别热点区域或低密度空白区，为决策提供可视化支持。核密度估计的数学表达式为：

$$\hat{f}(x) = \frac{1}{nh}\sum_{i=1}^{n}K\left(\frac{x-X_i}{h}\right) \qquad (9.12)$$

式中，$\hat{f}(x)$表示空间位置x处的核密度估计值；n为样本量，即地理标志农产品的数量；h为带宽（bandwidth），控制核函数的平滑程度，带宽的选择对核密度估计的结果有重要影响；$K(\cdot)$为核函数（kernel function），常用的核函数包括高斯核（Gaussian kernel）、均匀核（uniform kernel）、三角核（triangular kernel）等，本研究选择高斯核函数；X_i为第i个区县的地理标志农产品数量及其地理坐标。

陕南秦巴天坑群区域生态环境与社会经济协调发展研究

　　通过对宁强天坑群分布图旅游资源的核密度分析，得到核密度分析结果专题地图（图9.3）。可以发现，三镇乡村旅游资源呈现"围绕高等级资源，四核心聚集"的分布格局，形成四个不同等级的集聚区。首先，在禅家岩镇，围绕世界最美天坑落水洞，聚集了天坑、溶洞、峡谷、森林、农耕、羌族民俗等旅游资源，且已经进行了一定程度的开发，形成了天坑探险旅游、羌族民俗旅游、自然生态旅游、特色民宿等业态。其次，在毛坝河挂壁公路至毛坝河镇区之间形成第二个集聚区，聚集了挂壁公路、西流河峡谷、天然奇石、羌族文化广场、羌族集镇、羌族手工艺等资源，虽然以挂壁公路驰名，但是目前开发程度不高。第三个聚集区是草川子村，围绕草川子石林地质景观，集聚了三道河古街、喀斯特溶洞、特色农家乐等资源，旅游资源特色强、等级高，前期已经具备一定的开发基础，目前伴随着资本的进入正在提升对外交通的可进入性，未来具有成为区域旅游龙头的潜质。第四个集聚区是巴山镇围绕石羊栈梯田形成的，这里虽有一些旅游资源，但是普遍等级不高，特色不强，属于本地市场型资源，可做本区域交通沿途短憩功能。

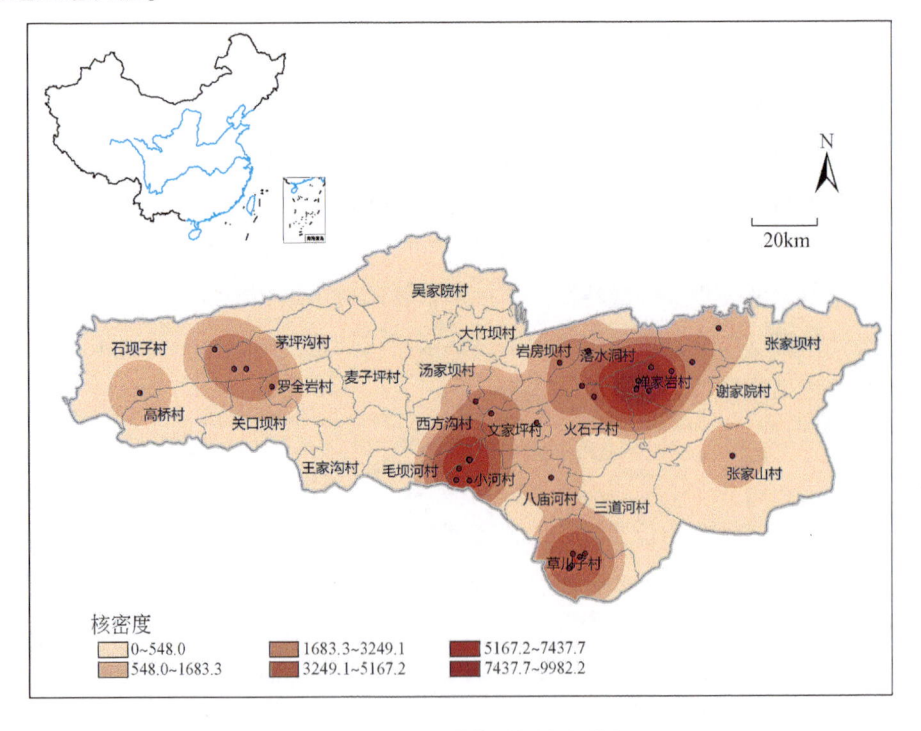

图9.3　乡村旅游供给核密度分析

(2) 基于 Getis-Ord Gi * 热点分析方法的空间分布特征

Getis-Ord Gi 指数法（Getis-Ord Gi statistic）是一种用于识别空间数据中局部显著热点（高值聚集）和冷点（低值聚集）的统计方法，其核心思想是通过计算某一空间单元与其邻近单元属性值的关联强度，结合距离权重矩阵，生成 Z-score 值以判断聚集的显著性，反映某点周围邻域内属性值的总和与其全局平均值的偏离程度，正 Z 值表示该区域为高值热点（显著高于整体水平），负 Z 值则表示低值冷点（显著低于整体水平）。该方法能够有效揭示空间异质性并验证热点/冷点的统计显著性。

$$Z(G_i^*) = \frac{G_i^* - E(G_i^*)}{\sqrt{\operatorname{var}(G_i^*)}} \tag{9.13}$$

$$G_i^* = \frac{\sum_{j=1}^{n} w_{ij}(d) X_j}{\sum_{j=1}^{n} X_j} \tag{9.14}$$

式中，X 为 i 地或 j 地供给服务数量；w_{ij} 为空间权重系数（当 i 地与 j 地相邻，$w_{ij}=1$；否则，$w_{ij}=0$）；var（G_i^*）为变异系数。

通过对宁强天坑群分布图旅游资源的 Getis-Ord Gi 指数分析，并利用自然断点分级法（Jenks）将区域划分为极热点区、热点区、不显著区、冷点区、极冷点区五类（图 9.4）。极热点区包括禅家岩镇区周边村庄，有世界级天坑资源加持，知名度高。热点区为草川子至毛坝河镇区各村，有极有特色的草川子石林、挂壁公路等资源加持，未来开发潜力高。不显著区包括三道河、西方沟、石坝子等地，有特色旅游资源，如梯田、溶洞、古街等，但是受到区位、资金等因素闲置，短期价值不高。冷点区和极冷点区旅游资源少，区位条件差，虽然有一定的旅游资源，但是受到各方条件制约，开发价值不高。总体上，立足本地资源条件，三镇需要协同开发，充分发挥高等级资源、交通沿途特色资源价值，共同打造宁强天坑群分布区"羌风山水"区域旅游名片。

2. 基于空间生产理论的宁强天坑群分布区特色旅游空间优化

空间生产理论是由法国马克思主义哲学家亨利·列斐伏尔（Henri Lefebvre）在 1974 年出版的《空间的生产》一书中提出的，强调空间不仅是物质的存在，更是社会关系和社会实践的产物（黄昕怡等，2025）。在旅游空间研究中，空间

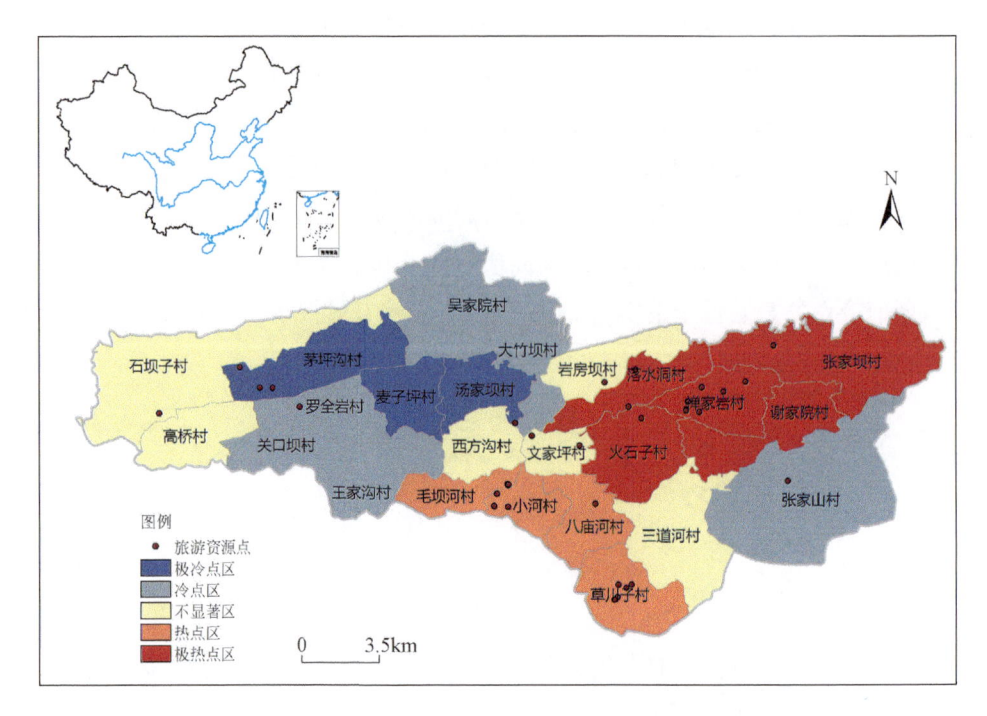

图9.4 乡村旅游供给冷热点分析

生产理论关注旅游活动所涉及的空间是如何被生产、使用和体验的（蓝希瑜等，2024），认为旅游线路不仅是连接各个景点的路径，更是一个包含物质空间、社会空间和文化空间的综合体（牛闯等，2024），而旅游线路优化布局就是通过空间的重新组织和利用，提升游客的体验，以促进当地社会经济的发展（王悦等，2024）。

(1) 旅游线路优化中的空间生产要素

在旅游线路优化中，空间生产要素主要涵盖物质空间、社会空间和文化空间。首先，物质空间涉及交通设施、景点布局以及住宿餐饮设施等。优化旅游线路的关键在于合理规划这些物质空间的分布与连接，确保游客能够便捷地抵达各个景点，同时降低交通拥堵和时间浪费。其次，社会空间关乎游客、当地居民以及旅游从业者等不同主体之间的互动和关系。在优化旅游线路时，应着重关注游客的参与性和体验感，同时充分考虑当地居民的利益和需求，避免旅游开发对当地社会生活产生负面影响。最后，文化空间则需要挖掘和展示当地的文化特色，通过文化活动、历史遗迹等元素，增强游客的文化体验。

（2）旅游线路优化的具体策略

根据空间生产理论，旅游线路优化策略包括三个方面：一是主题化与特色化。根据空间生产理论，旅游线路应具有明确的主题和特色，以吸引游客并提升旅游产品的竞争力。二是空间整合与协同。优化旅游线路需要对沿线的空间资源进行整合，打破行政区划和部门之间的壁垒，实现区域内的协同发展。三是动态调整与持续优化。旅游线路的空间生产是一个动态的过程，需要根据游客需求、市场变化和社会经济发展等因素进行持续优化。

（3）宁强县天坑分布区旅游线路优化布局

基于空间生产理论，结合宁强县的"世界最美天坑"和高山环境优势，以及"绿水青山就是金山银山"的理念，构建以下三条特色旅游线路，打造"最美天坑"秦巴岩溶景观旅游带，探索"休闲康养+地质文化+户外运动"的特色文化旅游。

线路一：地质奇观探险线，形成"汉中—宁强—西流河峡谷溯溪—草川子生态科考—禅家岩天坑—汉中"大环线。此线路以地质奇观为核心，根据空间生产理论，将自然景观转化为旅游产品。西流河峡谷和草川子的生态科考点，不仅是自然景观的展示，更是地质文化教育的空间。禅家岩天坑作为"世界最美天坑"之一，其独特的地质结构和生态环境，为游客提供了探险和研学的场所。通过优化交通连接和设施布局，增强游客的可达性和体验感。该线路的特色与价值在于强调地质文化的传播和探险体验，游客可以在专业导游或科研人员的带领下，通过生态科考活动，深入了解天坑和岩溶地貌的形成过程，感受大自然的鬼斧神工，同时提升游客对生态保护的意识。

线路二：非遗传承体验线，形成"汉中—宁强—毛坝河镇巴山民歌—非遗工坊手作—八庙河梯田农耕体验—草川子羌族山居体验—汉中"的大环线。此线路注重文化空间的生产与利用，将非物质文化遗产与旅游线路相结合。毛坝河镇的巴山民歌和非遗工坊的手作体验，为游客提供了深入了解当地文化的平台。八庙河梯田的农耕体验和草川子的羌族山居体验，不仅展示了传统的农耕文化和羌族民俗，还通过空间的重新组织，让游客能够亲身参与其中，增强文化体验的深度。特色与价值在于以文化传承为核心，通过非遗展示和体验活动，让游客在旅游过程中感受传统文化的魅力，促进文化的传承与发展。同时，结合当地的自然景观和民俗文化，打造具有地方特色的旅游产品，推动文旅融合。

线路三：田园牧歌休闲线，形成"汉中—宁强—石羊栈梯田摄影—汤家坝天池菊海—西方沟田园羌村—八庙河梯田农耕体验—汉中"的大环线，此线路以田园风光和休闲康养为主题，根据空间生产理论，将田园景观转化为旅游休闲空间。石羊栈梯田和汤家坝天池菊海的自然景观，为游客提供了摄影和休闲的好去处。西方沟田园羌村的田园风光和农耕体验，结合当地的羌族文化，打造了具有特色的田园康养旅游产品。通过优化线路布局，将自然景观和文化体验相结合，提升游客的休闲体验。特色与价值在于该线路以休闲康养为核心，结合田园风光和农耕体验，为游客提供了放松身心的场所。同时，通过文化与自然景观的融合，推动了乡村旅游的发展，促进了当地经济的可持续发展。

9.3.2 基于地方感塑造的天坑群分布区旅游新质生产力构建

1. 地方感、空间吸引力、旅游新质生产力的理论认知

地方感是人与地方相互作用的产物，是由地方产生的、并由人赋予的一种体验。从某种程度上说是人创造了地方，地方不能脱离人而独立存在（王进等，2024）。地方感体现了人在情感上与地方之间的一种深切的连结，是一种经过文化与社会特征改造的特殊的人地关系（王进等，2024）。地方感所体现的是人在情感上与地方之间的一种深切的连结，是一种经过文化与社会特征改造的特殊的人地关系（温勇伟，2022）。地方感往往能重塑人的生活方式与生活态度，并且借助不同的方面体现出来，如城市郊区的乡村景观被称为城市居民对于乡愁的体现（蔺国伟，2020）。空间吸引力是空间活力的基础，通过丰富的服务设施、良好的环境设计、较高的空间品质可以创造出既有吸引力又具有深厚地方特色和文化认同的空间，增强居民和游客的地方依恋与地方认同，从而提升区域的整体价值和竞争力（胡烨莹，2019）。

2. 地方感、空间吸引力、旅游新质生产力的作用机制

地方感塑造、空间吸引力提升与旅游新质生产力形成之间存在着紧密的内在联系，它们相互作用、相互促进，共同推动区域旅游的高质量发展。

（1）地方感塑造是基础

地方感是人与地方之间情感联系的体现，是地方独特魅力的源泉。通过挖掘和整合地方的自然、文化、社会等资源，塑造具有独特魅力的地方特色，能够增

强居民和游客对地方的认同感和归属感。例如，宁强禅家岩天坑群通过建设地质文化村、开发地质科普项目，将地质遗迹与羌族文化相结合，塑造了独特的"地质+文化"地方特色。这种地方感的塑造为后续的空间吸引力提升和旅游新质生产力形成奠定了基础。

(2) 空间吸引力提升是核心

空间吸引力是指一个地方对游客的吸引力，它取决于地方的资源质量、环境品质和文化内涵。地方感的塑造能够提升空间吸引力，因为独特的文化体验和自然景观能够吸引更多的游客。例如，宁强禅家岩天坑群通过限量预约制和生态旅游设施的建设，优化了游客体验，保护了自然环境，从而提升了空间吸引力。这种吸引力不仅能够吸引更多的游客，还能增强游客的满意度和重游意愿。

(3) 旅游新质生产力形成是目标

旅游新质生产力是指通过创新和科技手段，提升旅游产品的质量和供给能力，从而推动旅游业的高质量发展。空间吸引力的提升为旅游新质生产力的形成提供了基础，因为只有具有吸引力的地方才能吸引更多的游客和投资。例如，宁强禅家岩天坑群通过开发地质科普体验项目、建设研学基地等创新举措，提升了空间吸引力，还形成了新的旅游产品和服务。这些新质生产力的形成，能够满足游客日益多样化和个性化的需求，进一步提升空间吸引力。

(4) 三者相互作用的理论机制

地方感塑造是基础，空间吸引力提升是核心，旅游新质生产力形成是目标。三者之间的关系可以概括为：地方感塑造通过整合资源和文化创新，提升空间吸引力；空间吸引力的提升为旅游新质生产力的形成提供基础；旅游新质生产力的形成进一步反哺地方感塑造，推动地方的可持续发展。

9.3.3 宁强县乡村旅游资源旅游新质生产力构建

1. 地方感重塑：羌族文化解码与在地化表达

(1) 文化 DNA 萃取工程

以构建数字时代的文化基因库为核心，全力打造羌族非遗数字档案馆。通过高精度影像采集、三维建模等前沿技术，系统收录羌绣技艺、释比图经、沙朗舞等非遗资源，将其转化为可永久保存、随时调取的数字化资产。同时，借助 AR

技术打破时空界限，让古老非遗文化"触手可及"，在文旅场景中实现活态展示。此外，深度开发非遗文化衍生文创产品，将其融入学校课程体系，推动非遗文化在教育领域的传承与创新。

推进羌族民俗文化多媒体数据库建设，组织专业团队深入羌族聚居地，全方位采集羌族民俗文化影像，涵盖传统节庆、生活习俗、民间传说等内容。基于海量数据，构建精细化的羌族文化基因图谱，系统梳理文化脉络，为后续文化传承与创新提供坚实的数据支撑。

（2）文化符号系统重构

深入挖掘羌族文化精髓，提炼羊图腾、白石崇拜、释比文化三大核心符号，将其融入现代设计理念，应用于建筑立面、导视系统、文创产品开发等多个领域。通过艺术化处理，让古老符号焕发出新的生命力，成为羌族文化的鲜明标识。

系统开发羌族特色色彩体系与纹样库，以青灰、褐红、土黄为主色调，结合羊角纹、云雷纹、火镰纹等经典纹样，构建具有浓郁羌族风情的视觉语言体系。编制《羌族视觉识别标准手册》，为文化符号的规范应用提供权威指导，并将之系统全面应用于旅游空间形象塑造，从景区建筑外观到内部装饰，从旅游标识到宣传物料，全方位营造羌风浓郁的沉浸式体验环境，让游客深刻感受羌族文化的独特魅力。

（3）社区参与式活化

秉持以民为本理念，实施羌民主体性培育计划。设立羌族文化传承人工作室，邀请资深非遗传承人入驻，开展技艺传授、文化交流等活动，为当地居民提供学习和传承传统文化的平台。在毛坝河镇区、禅家岩镇区等地，大力扶持家庭工坊，鼓励居民从事羌绣、木雕等传统手工艺生产，并通过订单式合作模式，帮助工坊对接市场需求，实现传统文化与现代经济的有机融合。

建立完善的羌民讲解员认证体系，通过专业培训课程，培养一批熟悉羌族历史文化、风土人情的本土文化解说员。同时，精心策划并制作《羌寨故事》系列文化宣传片，以生动的影像语言讲述羌族文化故事，多维度展示羌族文化的丰富内涵。通过这些举措，激发当地居民的文化自信和参与热情，形成社区参与式活化的良好格局，为游客带来更真实、更深入的文化体验。

（4）社区共生经济模式

创新打造羌族文化合作社，整合草川子梯田认养、西方沟民宿集群等特色文旅项目资源，建立科学合理的收益分配机制，确保村民在项目经营中获得可观的经济回报，充分调动村民参与文化旅游发展的积极性。同时，探索"镇村+非遗工坊"联动机制，通过优化镇村空间布局、完善旅游配套设施、加强宣传推广等措施，引导镇村居住空间的游客流向手工作坊，实现资源的高效转化，推动传统文化产业与乡村旅游协同发展，为乡村振兴注入新动力。

2. 空间引力场构建：多维感知体验与价值重塑

以自然为基底、人文为脉络、田园为延伸，构建层次分明、体验多元的沉浸式空间。

（1）自然乐章——地质奇观生态交响

以"地球脉动"为主题，深度挖掘西流河大峡谷、草川子石林、禅家岩天坑的地质资源，打造秦巴岩溶地质奇观体验轴。西流河大峡谷两岸峭壁如刀削，谷内飞瀑流泉叮咚作响，规划建设玻璃悬索桥，桥面采用超透玻璃材质，搭配 LED 动态投影技术，白天可直观感受脚下百米深涧的震撼，夜晚能观赏投影在峡谷岩壁上的星空与自然影像；设置威亚仙侠体验项目，游客如仙人般穿梭于峡谷云雾间，360 度俯瞰峡谷全景，感受风在耳边呼啸、云雾在身旁缭绕的刺激，配合仙侠风格的音效与光影特效，仿佛置身于仙侠世界之中。草川子石林内，形态各异的石柱林立，宛如天然迷宫，打造石林探险步道，沿途设置生态科普标识牌，介绍石林形成的地质变迁过程；在石林中心区域，搭建观景平台，配备专业望远镜，供游客观察珍稀动植物。禅家岩天坑直径达数百米，底部植被茂密，隐藏着神秘的地下暗河，设计天坑垂直观光电梯，游客乘坐电梯可直达坑底，漫步在原生态的雨林小径上，聆听虫鸣鸟叫，探索暗河源头。同时，在整个地质奇观体验轴沿线，设置生态摄影打卡点，举办季度性的"最美秦巴瞬间"摄影大赛，吸引摄影爱好者前来创作。

（2）人文乐章——羌风古韵文化长卷

以毛坝河、禅家岩为双核心，串联三道河古街以及沿途村落，构建特色鲜明、层次丰富的"羌风体验环"。建筑外墙以当地特有的青灰色页岩装饰，以青灰色的石墙、错落有致的建筑，打造高低错落的羌族特色突出的山地城镇聚落景观。在羌绣工坊，游客不仅能近距离观看绣娘飞针走线，亲手体验羌绣针法，还可根据自己的喜好定制羌绣丝巾、抱枕等文创产品；释比文化馆内，通过实物陈列、场景复原、多媒体互动等形式，系统展示羌族释比文化的神秘内涵，定期举办释比祈福仪式表演；羌族美食街汇聚了咂酒、洋芋糍粑、血肠等特色美食，采用开放式厨房设计，让游客在品尝美食的同时，了解羌族饮食文化的独特魅力。定期举办"河畔羌歌节"，歌手们在河畔对唱山歌，歌声在山水间回荡，形成天然混响，让游客感受原生态的羌族音乐魅力。此外，根据山区人民传统生活场景，设置锣鼓草竞赛、天坑篝火狂欢夜等主题活动，通过游客的深度参与，活化传承并创造性转化羌族古老文化价值。

(3) 田园乐章——诗意栖居田园牧歌

开发八庙河梯田、汤家坝天池菊海、石羊栈梯田艺术区等田园景观，实现农旅深度融合。八庙河梯田随山势层层叠叠，宛如大地的指纹，在不同季节呈现出不同色彩，春季注水时波光粼粼，夏季绿意盎然，秋季金黄灿烂，冬季银装素裹。在梯田内设置观景栈道，游客可漫步其中，感受田园风光；开展"我在梯田有块田"认养活动，游客可认养一块专属稻田，参与播种、插秧、收割等农事活动，体验农耕乐趣。汤家坝天池菊海种植百万株各色菊花，花开时节，漫山遍野，香气四溢，打造菊花主题摄影基地，举办菊花文化节，推出菊花美食宴、菊花手工艺品 DIY 等活动。石羊栈梯田艺术区邀请艺术家，利用梯田地形，创作大型大地装置艺术作品，如稻草人、光影艺术秀等，让游客在欣赏田园美景的同时，感受艺术的熏陶。

3. 新质生产力赋能：科技+生态双轮驱动

通过科技与生态双轮驱动，从智慧旅游体系、数据精准运营、特色场景打造、标志性 IP 培育及循环经济实践等方面全面升级，构建具有竞争力的多维旅游体验体系。

(1) 智慧旅游与数字科技：沉浸式文化体验革新

部署"羌寨精灵"智慧导览系统，集成语音导航、AR 导览等功能，游客借助该系统，在游览过程中不仅能获得精准路线指引，还能通过 AR 技术，让虚拟的羌族历史文化场景、神话故事在现实景点中生动呈现，实现"一步一景，一景一故事"的沉浸式体验。

搭建"羌族文化数字孪生平台"，利用大数据与人工智能技术，深度分析游客行为，为景区优化服务资源配置提供依据。开发"羌族文化消费热力图"，促进区域内景区间的客源共享与协同发展。推出"羌族守护神"数字人 IP，担任虚拟导游，全程陪伴游客讲解景点与文化知识；结合 AR 寻宝游戏，让游客在探索中解锁丰富的羌族传说与文创内容。

打造"羌族文化时间舱",运用全息投影技术,生动再现羌族迁徙历史与定居生活场景。游客扫码输入个人信息,即可生成专属的羌族文化基因图谱。建设"羌族天籁音乐厅",采用3D环绕声场技术,还原羌笛、口弦等传统乐器音效,并策划实景演出。构建"羌族神秘村落"元宇宙空间,游客通过VR设备可沉浸式体验羌族婚俗、祭祀等场景。开发"羌族文化盲盒",扫码能解锁AR形式的羌族传说与手工艺品制作教程。

(2) 生态文明建设:生态保护与旅游发展共生

秉持生态优先原则,严格遵循"最小干预"理念,让生态环境成为新质生产力。

筑牢生态防线,实施全维度环境守护。建立无痕山林管理体系,通过智能监测设备和人工巡查相结合的方式,保护自然环境。对因开发导致的自然景观破坏进行生态修复,采用本地原生植物进行植被恢复,修复受损的生态环境,保护生物栖息地,促进生态系统的自然平衡,保持景观的原生性。实时监控游客活动,对可能破坏生态环境的行为进行及时提醒和干预,引导游客文明旅游,如不随意丢弃垃圾、不破坏植被、不干扰野生动物等。

搭建生态感知桥梁,共享环境数据价值。建设生态感知网络,依托物联网设备,对景区内的负氧离子浓度、水质、土壤等生态指标进行实时监测。监测数据通过可视化界面展示,让游客直观了解景区生态环境质量。基于生态环境数据,为游客提供个性化的生态旅游建议,如推荐空气质量优的徒步路线、水质良好的亲水区域等。

倡导绿色出行,构建低碳交通网络。推广绿色出行方式,在景区内设置完善的生态步道网络,串联各个景点。步道采用环保材料铺设,设置自动感应照明系统,既方便游客游览,又减少能源消耗。同时,提供电动观光车、自行车租赁服务,鼓励游客选择低碳出行方式。建设生态停车场,采用透水铺装,增加绿化面积,减少热岛效应,降低对生态环境的影响。深耕生态教育,培育环保责任意识。开展生态教育活动,在景区内设置生态科普标识牌、自然教育中心。科普标识牌结合景点特色,介绍地质地貌、动植物知识以及生态保护的重要性。自然教育中心定期举办生态讲座、亲子自然课堂等活动,邀请专家讲解生态知识,引导游客树立生态保护意识,培养游客的生态责任感。

践行绿色建筑理念,打造低碳旅居空间。在建筑建设方面,全面采用近零碳建筑技术改造传统民居与新建设施。提高屋顶光伏覆盖率，利用太阳能提供电力；优化建筑的保温隔热性能，采用节能设备，降低能源消耗。同时，推广绿色建筑材料，减少建筑废弃物的产生，降低对环境的污染。

通过以上措施，以宁强县乡村旅游资源为依托，以新质生产力为核心驱动力，实现羌族文化基因对地方感的重塑、打造自然、人文、田园三重维度沉浸式体验场景、促进数智科技与生态保护深度融合，构建起"文化传承有深度、体验场景有张力、生态发展可持续"的乡村旅游新范式，以期为宁强县探索"以文塑旅、以旅彰文、生态优先、绿色发展"的乡村振兴路径提供系统化解决方案。

9.4 基于区块链的天坑群分布区乡村旅游目的地低碳发展探索

旅游业作为全球范围内规模最为庞大且发展速度最快的产业之一，其对环境及气候变化所产生的深远影响已愈发显著，成为了温室气体排放的主要来源之一（Higham et al，2016），鉴于此，旅游业理应积极承担起缓解全球气候变暖的责任。旅游地活动覆盖了从餐饮、住宿到交通、游览、购物及娱乐的多个环节，这些环节构成了旅游业能源消耗与碳排放的主要部分，同时也是推动低碳旅游产品与服务供给、引导低碳旅游消费模式的最基础实践单元。

9.4.1 相关研究现状

旅游地的低碳发展议题始终是学术界的研究焦点，众多学者从多元视角深入探讨了旅游地的低碳发展模式。Zeppel（2012）主张旅游产业内部不同部门协同合作参与低碳发展的治理策略；Zhang（2017）则提出了一系列具体措施，包括降低旅游碳排放强度、完善低碳旅游交通网络、强化低碳旅游教育以及扩大碳汇面积，以推动低碳景区的建设；Zhang 等（2020）指出低碳旅游城市的发展需加大低碳与环保投资、提升基础设施建设水平、增强利益相关者的低碳意识，并规范低碳商业交易与日常生活行为；唐承财（2014）基于旅游地产业能源、生态、环境与经济系统的综合考量，构建了旅游地低碳发展模式；赵黎明等（2015）以三亚为案例，提出了普及低碳理念、营造低碳情境、构建管理支持系统的公众参与低碳旅游行为的政策框架；张宏等（2018）以苏南古镇为例，强调了低碳旅游环境在政策引导、低碳建筑、能源利用、设施建设、限制一次性用品、植树造林及资源回收利用等方面的完善需求；唐承财等（2018）以张家界为案例，针对不同旅游产品消费群体，提出了差异化的低碳旅游发展策略；孔俊婷和杨森（2018）以乌村景区为样本，探讨了基于低碳理念的智慧旅游景区规划设计路径，包括保护式开发、复合组团布局、低碳节能设计以及智慧旅游体验等策略；王凯等（2019）认为张家界低碳旅游景区建设需普及低碳旅游知识、增强示范区创建责任感，并加强利益主体间的信息沟通；刘宏芳等（2020）则从社区参与旅游交通、产品建设、设施与环境维护、低碳旅游宣传及示范社区建设等多个维度，提出了民族社区与旅游的共建共享路径。

总体上看，研究者们提出的一系列低碳旅游发展政策与措施在降低旅游地能源消耗、促进碳减排方面取得了显著成效。然而，我国旅游业的低碳发展仍面临粗放型发展模式的挑战，整体低碳效率水平有待提升（查建平，2016；邵海琴等，2020）。在"双碳"目标背景下，提升旅游地低碳发展系统的协同效率、推动低碳政策与措施的有效实施，已成为旅游地高质量发展的迫切需求。因此，探索区块链技术在促进低碳旅游发展中的应用机理与路径，构建基于区块链的低碳旅游发展模型，并提出旅游地低碳发展系统策略，对于降低旅游地能源消耗、推动低碳发展具有重要意义。

9.4.2 基于区块链的旅游地低碳发展机制构建

区块链技术作为一种创新型计算机技术应用模式，融合了分布式数据存储、点对点传输、共识机制及加密算法等核心技术，其优势体现在去中心化架构、开放协作模式、数据安全保障及匿名交互特性上。该技术为旅游地低碳转型提供了全新解决方案，其能够推动绿色、低碳发展，实现信任建构与有效激励，推动信息互联网向价值互联网的转变，为旅游地低碳发展提供支撑。

1. 基于区块链的旅游地低碳发展运行机制

区块链推动旅游地能源消耗与碳排放信息流向低碳发展价值流转换主要通过四项机制实现（图9.5），通过信息共享机制推进旅游企业生产、旅游者消费的能源消耗与碳排放信息共享，通过正向激励机制、反向规制机制促进旅游企业、旅游者采取低碳生产与消费方式，通过补偿机制对旅游地社区居民进行碳排放的环境补偿。

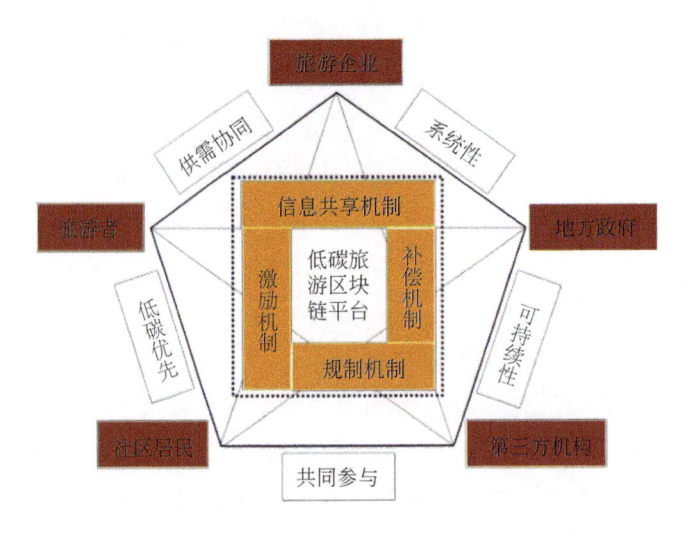

图 9.5 基于区块链的低碳旅游发展理论模型基本架构

(1) 基于区块链的低碳信息共享机制

区块链的参与主体第三方评估服务机构向旅游企业、旅游者分配专有 ID，以加盖时间戳的方式，通过哈希算法计算出数据的摘要信息，把动态生成的旅游企业生产、旅游者消费过程中的能源消耗、碳排放数据存储到区块链。旅游产品与服务供给的能源消耗数据收集以旅游企业统计为基础、以地方政府监管为保障，旅游产品与服务消费的碳排放数据收集以碳标签制度为核心（旅游企业在核算单位旅游产品与服务碳排放量信息的基础上，在显著位置进行碳排放信息标注），通过区块链实时记录旅游地旅游企业生产、旅游者消费的能源消耗与碳排放数据，打通旅游地低碳发展信息孤岛，实现信息汇集与共享，形成旅游地能源消耗与碳排放大数据库，为旅游地低碳发展奠定基础。

(2) 基于区块链的低碳发展激励机制

基于区块链平台，构建以碳信用、碳积分、碳币为基础的低碳通证激励体系。首先，构建旅游企业、旅游者碳减排计算方法，核算旅游企业、旅游者碳减排数量；其次，确定碳减排数量与低碳通证的转换关系，1 单位碳减排数量可转换为 1 个碳信用或碳积分或碳币，通过第三方服务机构向旅游企业、旅游者发放低碳通证。旅游企业可以利用低碳通证折减税金、享受政策优惠、参与碳市场交易，旅游者可将低碳通证兑换成旅游商品与服务优惠、获得旅游优先权等，形成低碳生产与消费的正向协同引导机制。

（3）基于区块链的低碳发展规制机制

基于区块链平台，构建以碳税为核心的高碳旅游生产与消费规制制度，根据碳减排计算标准核算旅游企业生产过程中的碳增排数量、旅游者消费过程中的碳超排数量；同时，基于实地调查、结合科学标准综合确定碳增排数量、碳超排数量与碳税的关系；地方政府对高碳企业供给的旅游产品与服务实行碳标签红标制，向旅游者征收红标高碳旅游产品与服务消费税，形成高碳生产与消费的反向规制机制。通过规制机制，形成外部压力，促使旅游企业、旅游者等利益相关者克服低碳发展惰性。

（4）基于区块链的低碳发展补偿机制

构建以碳信用、碳积分、碳币为核心的旅游地碳排放社区环境补偿制度，以年度旅游者人均碳排放量的动态变化作为补偿的基础标准，通过实地调查、文献资料综合确定碳减排与碳信用、碳积分、碳币的转换关系。旅游补偿机制能够为不同利益相关者提供一种平衡关系，能使不同利益相关者确定利益与责任的均衡点，减少、化解旅游发展过程中的矛盾与冲突，推动旅游地实现可持续发展（张奥佳等，2016）。

2. 基于区块链的旅游地低碳发展政策工具体系

（1）旅游企业低碳旅游生产措施

旅游企业实施节能改造需承担设备升级或技术开发的额外成本，但市场需求的不确定性以及低碳产品认证体系缺失（如低碳产品与非低碳产品缺乏有效区分标准），导致旅游企业低碳生产收益不足，引起自主发展动力不足（Buckley，2012），甚至与减少碳排放背道而驰，仅凭自我约束落实环境责任具有较大的局限性（Higham et al.，2016；朱海等，2019）。基于此，需依托区块链的激励与规制双轮驱动，结合绿色技术创新，重点推进生态旅游产品开发、碳标签体系构建、低碳交通网络规划等，最终实现碳中和型旅游企业转型（唐承财等，2021）。

（2）旅游者低碳消费措施分析

旅游者环境认知、态度与行为具有显著关联性（杨成钢等，2016），认知提升可直接带动碳减排。但实证研究表明，当前旅游者低碳认知水平较低、参与意愿薄弱、行为习惯尚未形成（Babakhani et al.，2020；Falk et al.，2019；程占红等，2018；唐承财等，2018），多数仍以便捷舒适为首要考量，甚至仅是表面上的环保主义者（Gössling et al.，2012），全球气候变化的严峻性尚未实质性地影响到游客的旅游消费决策。因此，需通过区块链技术构建激励、约束机制，强化低碳教育引导，培育低能耗出行习惯，推广慢旅游方式，改变高碳旅游消费习惯。

(3) 地方政府监管政策与措施

当前我国旅游地政府尚未形成系统的低碳发展政策框架，亟需依托区块链技术的大数据支撑，推进能源消耗与碳排放管控的政策创新与制度设计。具体措施包括：制定低碳激励政策、完善碳排放规制体系、强化碳减排监管能力、建立生态产品（如碳标签）认证标准等，通过多维政策协同为低碳转型提供制度保障，最终构建涵盖目标设定、实施路径、保障机制的全链条低碳政策体系。

(4) 旅游地碳补偿措施

旅游生态补偿本质上是具有博弈均衡属性的制度安排（邱成梁，2021）。现阶段碳补偿实践尚未形成有效模式，亟需构建包含政府补贴、污染者付费、受益者补偿、专项基金等多元化补偿工具箱，明确补偿对象遴选标准、核算方法、实施流程、资金渠道、协同机制及监管体系（朱海等，2019），重点建立面向旅游企业、游客、地方政府及社区的立体化补偿网络。具体路径包括：开发碳补偿旅游项目、推广碳汇产品交易、打造主题碳汇林（朱海等，2019）；通过社区—企业协同机制，构建"交易—获利—激励—再投资"的可持续市场化补偿路径（冯凌等，2020）。

9.5 本章小结

本章从乡村振兴视角出发，深入探讨了天坑群分布区旅游新质生产力的培育路径，通过空间生产理论的应用，提出旅游线路优化的具体策略，并结合地方感塑造和区块链技术，构建了可持续发展的旅游模式。

第一，对汉中天坑群分布区的岩溶地质景观进行了开发价值评价。汉中天坑群以其独特的地理位置和丰富的地质遗迹，不仅为地质学、生态学等学科研究提供了珍贵样本，还以其独特的自然景观组合展现出极高的美学价值和旅游吸引力。此外，天坑群作为世界级喀斯特地貌奇观，具有重要的科普价值，为地质资源向生态资产与科普资源的转化提供了重要平台。其独特价值具有带动文旅产业升级、促进乡村振兴和生态产品价值转化的潜力。

第二，对宁强天坑群分布区的乡村旅游资源进行了综合评价。该区域拥有丰富的自然景观、民俗文化和红色文化资源，为乡村旅游提供了得天独厚的条件。通过构建科学的评价指标体系，对乡村旅游资源进行了分类和综合评价，明确了资源的开发潜力和利用方向，为后续的旅游线路优化和资源开发提供了重要依据。

第三，基于空间生产理论探讨了旅游线路优化布局的三个方面，合理规划物质空间、注重社会空间、深入挖掘文化空间。结合宁强县的"世界最美天坑"和高山环境优势，设计了地质奇观探险线、非遗传承体验线和田园牧歌休闲线三条特色旅游线路，打造"最美天坑"秦巴岩溶景观旅游带。

第四，探讨了基于地方感塑造的旅游新质生产力构建。通过地方感塑造、空间吸引力提升和旅游新质生产力形成三者的相互作用，推动区域旅游的高质量发展。具体措施包括文化DNA萃取、文化符号系统重构、社区参与式活化和社区共生经济模式，以增强游客和居民对地方的认同感与归属感。

第五，探索了基于区块链的低碳发展机制。构建了基于区块链的低碳信息共享、激励、规制和补偿机制，推动旅游地的低碳发展。提出了针对旅游企业、旅游者、地方政府和社区的低碳发展政策工具体系，为旅游地的低碳发展提供了政策支持。降低旅游地的能源消耗和碳排放，推动旅游地可持续发展，助力"双碳"目标的实现。

第 10 章　基于精明收缩理论的天坑群分布区聚落体系优化

随着城镇化进程加快，乡村地区面临人口流失、土地闲置等问题，传统聚落体系亟待优化。精明收缩理论主张通过资源重组和功能提升应对收缩趋势，为乡村发展提供新思路。本章以陕南宁强天坑群分布区为例，分析其人口外流、聚落分散等现状，基于精明收缩理论构建聚落评价体系，提出分级优化方案及配套措施，旨在实现资源高效配置和聚落可持续发展，为类似地区提供参考。

10.1　精明收缩理论及在乡村聚落体系优化中的应用

随着城镇化进程的加速，乡村地区面临着人口流失、土地闲置、聚落空心化等诸多问题，传统乡村聚落体系的可持续发展面临严峻挑战。在此背景下，精明收缩理论为乡村聚落体系的优化提供了新的思路和方法。本节将探讨精明收缩理论的内涵及其在乡村聚落体系优化中的应用，分析其在实践中的具体策略和效果。

10.1.1　当前我国乡村聚落现状与问题

乡村聚落体系是指乡村地区内不同规模、不同功能的聚落所构成的有机整体。当前，我国乡村聚落体系面临着诸多问题：一是人口流失与老龄化。随着城市化进程的加快，大量青壮年劳动力流向城市，导致乡村人口减少、老龄化加剧，据国家统计局数据显示 2020 年与 2010 年相比，乡村人口减少了约 1.64 亿人；2024 年，中国乡村 60 岁及以上人口占比达到 23.99%，65 岁及以上人口占比达到 16.57%，乡村 60 岁及以上人口占比比城镇高出 7.99 个百分点，65 岁及以上人口占比比城镇高出 6.61 个百分点。二是村落空心化严重。由于人口外流，乡村地区普遍存在土地闲置、建设用地利用率低的问题，部分村落甚至出现"空心化"现象。据调查,全国部分村庄的农房空置率超过21%,个别村庄空置率高达80%。长期无人居住的房屋逐渐破败,村落的公共空间和设施也因缺乏维护而衰败,整个村庄呈现出一种衰败的景象。三是公共服务"分散不经济"问题突出。受农业生产属性限制,乡村聚落分布本身分散,人口空心化加剧了公共服务"分散不经济"的问题,公共服务设施的利用率降低,维护成本却相对增加,导致农村的教育、医疗、文化等公共服务难以有效供给。四是经济支撑不足。多数乡村地区产业结构仍以农业为主,以家庭为单位的小规模经营导致活力能力较低,非农就业缺乏,人民收入低,经济发展动力不足,难以吸引人口回流。五是自然村呈现大量减少趋势。伴随着人口结构的变化,我国自然村数量呈现出明显的减少趋势,据国家统计局数据,从1985年到2021年,自然村数量从386万个减少到236万个。乡村聚落的这种变化,给未来乡村发展提出挑战。

10.1.2 精明收缩在乡村研究中的引入

20世纪70年代,欧美国家进入后工业化时期,出现了城市人口流失、经济产业衰退和物质环境破败等问题。2002年,美国学者首次提出精明收缩理论,主张"更少的规划、更少的人、更少的建筑、更少的土地利用",强调主动适应收缩,由追求"量"的扩张转向"质"的提升(Popper et al., 2002)。这种理念为后续研究提供了理论基础,明确了精明收缩的核心是主动适应和质量提升。精明收缩是由西方国家为应对城市衰退所致的人口流失和经济落后而提出的一种规划管理策略,但并非完全否定增长主义,而是强调直面城市衰退问题,形成从追求经济增速到完善生活品质的理念转变(胡航军,2021)。精明收缩的重点在于:一是通过土地、资源等要素的重组、置换或退出,统筹化解要素错配矛盾,实现整体效用最优;二是以弹性规划和公众参与为准则,倡导土地、资源等要素的适度收缩和渐进式整合退出,以匹配更少的人口(赵民等,2015)。不同于发达国家成熟的城市化、工业化水平,精明收缩概念尚不普适于中国城镇发展,但该概念的诞生背景与中国乡村"人缩地扩"的现状十分相似,可与国内乡村研究构成联系。因此,国内学者在梳理、总结和评述国外具体案例基础上,探索性地将其引入到乡村人居空间研究,赵民等(2015)认为农村精明收缩是在乡村人口和劳动力实质性减少、乡村生产组织方式相应改变的条件下,实现乡村人居资源合理退出和优化重组,明确了精明收缩的核心是资源的优化配置。游猎(2018)进一步阐述了农村精明收缩的内涵，强调其是政府通过宏观调控，有计划地对农村土地、房屋、基础设施和公共服务设施等进行空间集聚和适度层级上收缩，以应对农村人口减少而房屋土地不减反增造成的资源浪费等问题，并提出空间惯性是影响农村人居空间变迁的重要因素，其大小和变化决定了农村人居空间的稳定性和发展趋势，这一观点为理解农村精明收缩的内在机制提供了新的视角。曾鹏等（2021）从乡村社区生活圈的优化路径出发，基于精明收缩理论，从层级结构、尺度规模和供给模式三个方面提出了优化路径，并以河北省肃宁县为例进行了实践应用，为乡村社区生活圈的优化提供了具体的操作方法。岳晓鹏等（2021）以天津农村为研究对象，分析了不同类型村庄的收缩特征及模式，指出城市化村庄呈现人增地减、经济转型的被动收缩特征；城镇化村庄表现为人口稳定、用地逐步集约、多产融合的半主动半被动收缩模式；保留型村庄则以农业经济为主，存在人减地增的主动收缩情况，并提出了城市化村庄的减量收缩、城镇化村庄的弹性收缩、保留型村庄的存量收缩原则，并从生活空间、生产空间和生态空间三个方面设计了优化策略。总体来看，精明收缩适应我国当前乡村聚落演变趋势，学者对乡村精明收缩的研究也已经取得了一定的理论和实证研究成果。但是我国国土面积巨大，乡村空心化问题仍有愈演愈烈之势，探索乡村精明收缩视角下的乡村聚落优化，具有强烈的实践价值。

10.1.3　精明收缩理论在乡村聚落体系优化中的应用

精明收缩理论为乡村聚落体系的优化提供了新的视角。城乡二元结构的城进乡退推动了工业化与城市化的进程，但是城市的无序扩张也带来了乡村的无序收缩，表现为城乡分别出现发展问题。因此，基于精明收缩的城乡融合背景下的城乡聚落体系协同优化成为未来发展方向（图10.1）。在此协同优化中，针对乡村聚落体系，一是要合理规划聚落体系。根据乡村聚落的现状和发展潜力，对聚落进行分级分类，明确不同等级聚落的功能定位和发展方向。二是要完善服务设施布局。根据聚落的分布和规模，合理布局基础设施，提升公共服务水平，集聚人口，提升活力，满足周边居民的需求。三是要发展特色产业。结合乡村所在地区的自然和文化资源，发展乡村旅游、生态农业等特色产业，提升乡村经济活力。四是要促进资源优化配置。通过优化布局、产业植入、服务优化等手段，在优势村庄集聚人口、丰富产业活动、提升公共服务等，提升乡村聚落的整体品质，最终促进劳动力、土地、资本等生产要素的优化配置。

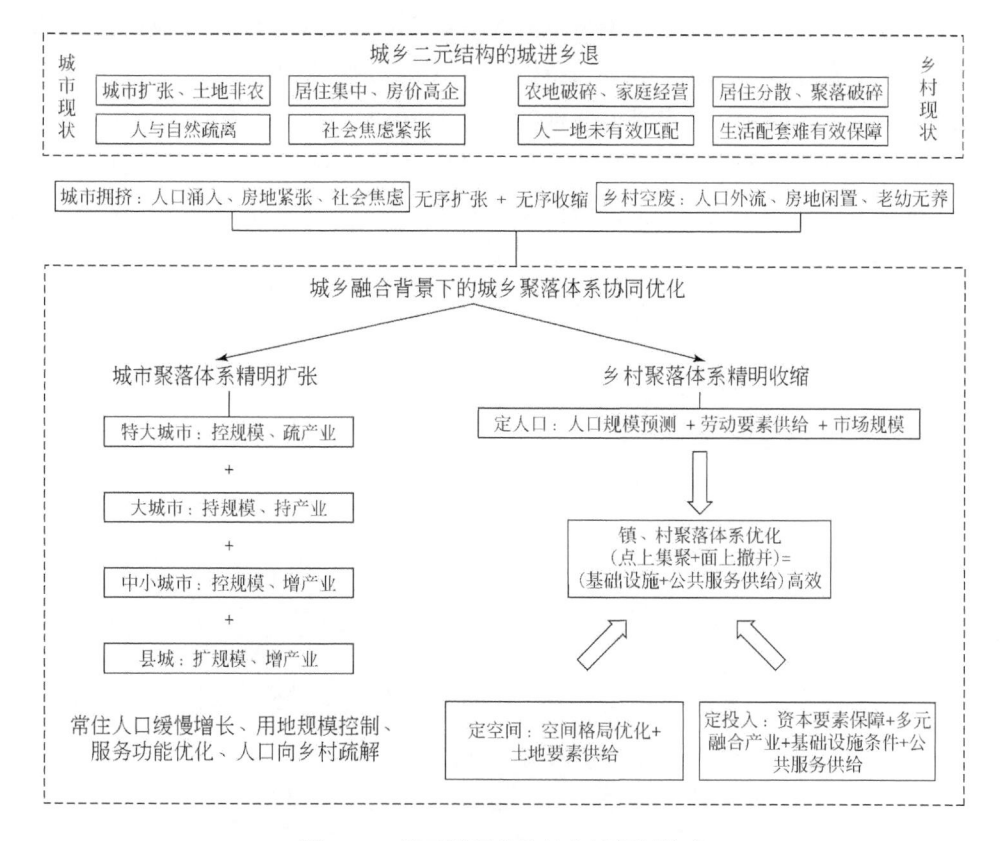

图 10.1 基于精明收缩的乡村规划模式

10.2 宁强天坑群分布区乡村发展现状

10.2.1 汉中天坑群所处区域人口特征

秦巴山区是中国重要的生态功能区，其人口变化特征复杂多样，受到自然环境、经济发展、政策引导等多方面因素的综合影响。

1. 人口分布极不均衡，平原谷地人口密度显著高于山区地区

秦巴山区人口分布极不均衡，呈现出明显的空间差异。总体来看，人口密度

山区低、平原谷地高。这种分布格局主要受地形地貌因素的制约。秦巴山区地形复杂，山高谷深，交通不便，经济发展水平较低的地区人口密度相对较低，汉中天坑群分布的宁强、南郑、西乡、镇巴四县山区，地形起伏较大，人口密度明显低于地势较为平坦的汉中盆地及谷地区域（图10.2）。此外，经济发展水平和交通条件也对人口分布产生重要影响。交通便利的村镇和高等级公路沿线地区人口较为集中，而偏远山区和交通不便的地区人口稀少。汉中天坑群分布的宁强、南郑、西乡、镇巴四县山区，干线交通一般沿河谷修建，这里对外交通相对便利，因此是镇以及较大规模村的集中地。

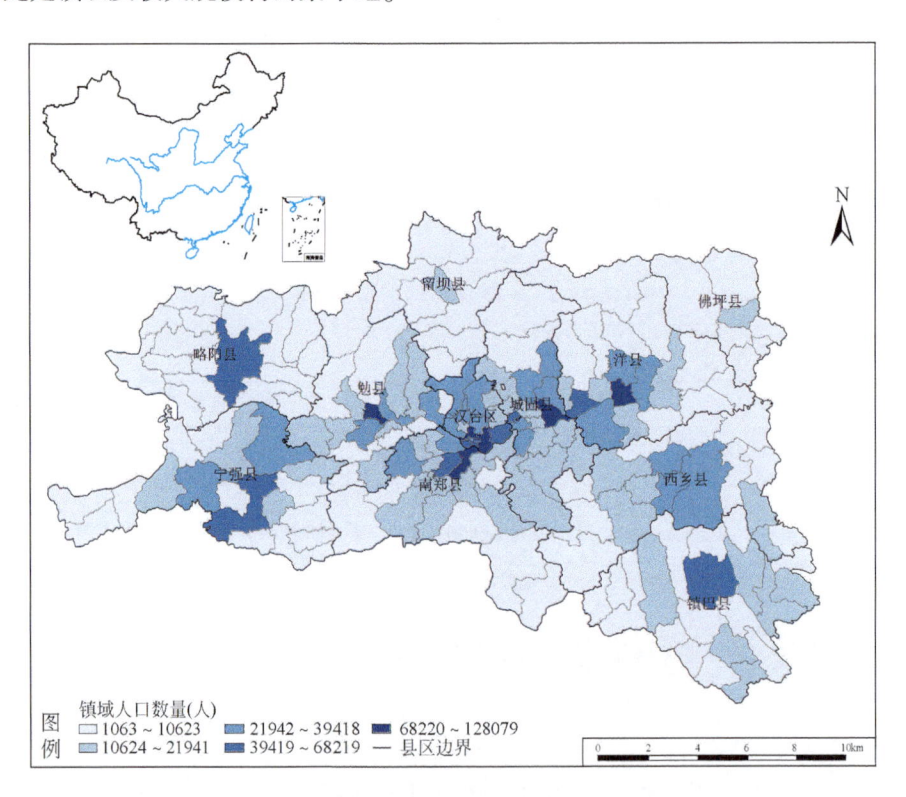

图10.2 汉中市镇域人口分布图（"七普"）

2. 人口流动与迁移加剧，普遍外流成主要特征

近年来，随着新型城镇化进程的加快以及移民搬迁工程的推进，秦巴山区的人口流动和迁移现象越发突出。根据"六普"（第六次全国人口普查）、"七普"（第七次全国人口普查）数据，10年间，汉中全市152个镇中，仅中心城区所在

的七里街道办事处、城固城区所在2镇人口呈现显著增加态势，其他城区所在的街道、城关镇等12个镇人口一般增加外，其他地区人口均呈现减少态势。汉中天坑群所在的南部四县山区，人口减少比较显著，而宁强天坑群分布区，人口减少更为突出（图10.3）。

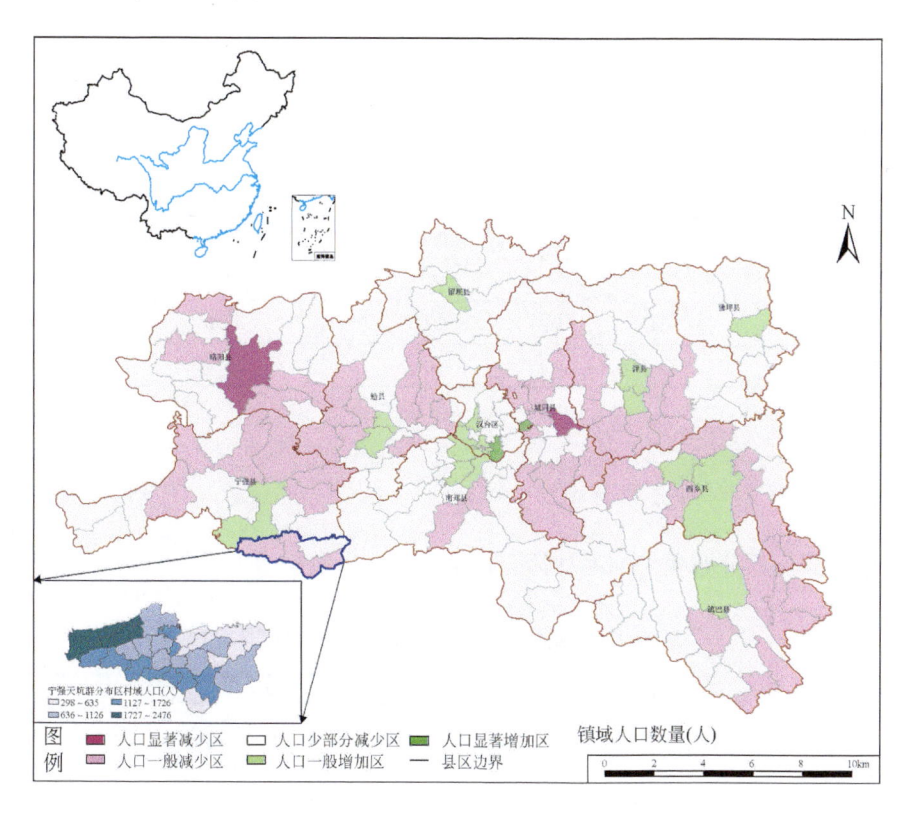

图10.3 "六普"至"七普"汉中市镇域人口变化图

10.2.2 宁强天坑群分布区人口变化及分布特征

1. 镇尺度的人口变化特征

数据显示（表10.1），在"六普"至"七普"期间，毛坝河镇、巴山镇和禅家岩镇四镇户籍人口数量均呈现不同程度的减少，且减少率较高，最高的禅家岩镇达到了35%，最低的毛坝河镇人口也减少了29.20%，反映出山区在经济发展等方面面临着一些挑战，导致人口外流非常明显。以上是户籍人口的变化情况，考虑到外出务工没有改变户籍的情况，人口外流规模更为庞大，面临的发展问题更为严峻。人口外流的原因：一方面，大量农村劳动力向城镇和经济发达地区转移，以寻求更好的就业机会和生活条件；另一方面，随着移民搬迁工程的实施，部分山区居民被安置到城镇或集中居住区。这种人口流动和迁移在一定程度上缓解了山区的人口压力，但也带来了新的问题，如乡村空心化、农村劳动力短缺、土地闲置，以及社会关系的重构等。

表 10.1 四镇户籍人口变化表

镇名	"七普"人口数（人）	"六普"人口数（人）	减少人口数（人）	减少率（%）
毛坝河镇	8222	11613	3391	29.20
巴山镇	6341	9577	3236	33.79
禅家岩镇	3625	5604	1979	35.31

2. 村尺度的人口分布特征

宁强天坑群分布集中的毛坝河、禅家岩、巴山镇村级人口分布见表10.2。

表 10.2 三镇村域人口与用地概况（2020年）

序号	村庄名称	总人口（人）	总户数（户）	宅基地（m²）	户均宅基地面积（m²）	村庄耕地面积（亩）	人均耕地面积（亩）	所属镇
1	毛坝河	1358	602	190388	316.26	1919.00	1.41	毛坝河镇
2	小河	1337	443	167132	377.27	3127.74	2.34	毛坝河镇
3	西方沟	972	293	128022	436.94	1528.14	1.57	毛坝河镇
4	三道河	1252	445	168159	377.89	2389.20	1.91	毛坝河镇
5	汤家坝	902	304	163592	538.13	2904.98	3.22	毛坝河镇
6	张家山	933	337	149322	443.09	2226.63	2.39	毛坝河镇
7	文家坪	935	311	130858	420.77	2394.33	2.56	毛坝河镇
8	大竹坝	1600	536	188716	352.08	3028.32	1.89	毛坝河镇
9	吴家院	916	315	119651	379.84	1543.11	1.68	毛坝河镇
10	八庙河	1684	536	220680	411.72	2936.94	1.74	毛坝河镇
11	草川子	620	181	99773	551.23	1136.79	1.83	毛坝河镇
12	禅家岩	910	423	245219	579.71	3579.93	3.93	禅家岩镇

续表

序号	村庄名称	总人口（人）	总户数（户）	宅基地（m²）	户均宅基地面积（m²）	村庄耕地面积（亩）	人均耕地面积（亩）	所属镇
13	火石子	853	446	171864	385.35	3694.93	4.33	禅家岩镇
14	落水洞	636	306	145596	475.80	2963.02	4.66	禅家岩镇
15	谢家院	428	222	106331	478.97	1716.39	4.01	禅家岩镇
16	岩房坝	502	238	110907	466.00	2459.67	4.90	禅家岩镇
17	张家坝	298	116	70153	604.77	990.91	3.33	禅家岩镇
18	茅坪沟	2099	783	298263	380.92	2398.69	1.14	巴山镇
19	麦子坪	917	313	180307	576.06	1870.13	2.04	巴山镇
20	王家沟	1220	387	210718	544.49	2449.59	2.01	巴山镇
21	罗全岩	1127	303	120190	396.67	1422.72	1.26	巴山镇
22	关口坝	1726	618	210718	340.97	2919.82	1.69	巴山镇
23	高桥	1377	423	207235	489.92	3300.13	2.40	巴山镇
24	石坝子	2476	897	292350	325.92	3212.25	1.30	巴山镇

地形是影响人口分布的首位因素。巴山镇海拔相对偏低，且山间坪坝面积较广，便于耕作的平坦耕地资源相对较多，因此各村人口数量较多，分布也更为集中，人口最少的麦子坪313户，917人；人口最多的石坝子897户，人口2476人。毛坝河镇人口介于巴山镇和禅家岩镇之间，其中八庙河人口最多，达到536户1684人；草川子山高沟深，居住人口仅181户，620人。禅家岩镇山高林密，交通条件不便，各村人口数量少，最少的张家坝116户，298人；最多的禅家岩村，共423户910人。

10.2.3 宁强天坑群分布区土地利用特征

1. 耕地总量不足，人均耕地面积小，破碎化程度高，难以规模化、机械化生产

宁强天坑群分布区总面积583061亩，其中耕地总面积58113亩，耕地占土地总面积的10%。从人均指标出发，人均耕地2.15亩。其中禅家岩镇山高谷深，人口稀少，人均耕地普遍较高，各村人均耕地面积均在3~4亩，但是受地形影

响，耕作条件不佳，农业机械使用不便，开展规模化农业生产困难大。毛坝河镇、巴山镇人均耕地面积多在1~2亩，这两个镇地形高差略小，耕作条件略优，人口分布更为密集。人均耕地少，机械化、规模化农业推进难度比较大。

从分布状态上看，耕地斑块总数4534块，其中最大斑块面积386.5亩，最小斑块面积仅0.04亩，平均值12.75亩，中值4.5亩，表明有一半的耕地面积小于或等于4.5亩，平均值显著高于中值，表明了数据分布呈右偏态，一些大面积斑块拉高了整体的平均值。在4534个耕地斑块中，小于6亩的斑块有2625块，占斑块总数的58%，反映出耕地破碎化的状态。6~20亩的斑块有1310多块，占斑块总数的29%。这两部分占耕地斑块总数的87%，耕地破碎化程度高。而单个面积超过100亩的斑块仅有70余个，占斑块总数的比重非常低，反映出开展规模化种植的农业生产条件不佳。整个耕地斑块面积的标准差为1.72，表明这些耕地斑块的面积与平均值之间的偏离程度较大，地块面积大小参差不齐，差异较为显著。图10.4为宁强天坑群分布区不同面积斑块的耕地数量分布。

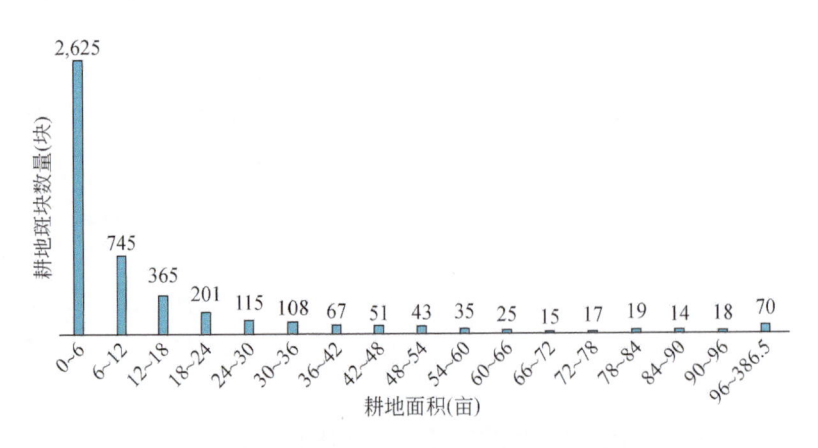

图10.4　宁强天坑群分布区不同面积斑块的耕地数量分布图

耕地破碎化导致机械化作业难以推广，限制了农业生产效率的提升，也制约了农地流转。由于耕地破碎化程度高，加上以家庭为单位的经营，使得农业难以实现规模化、机械化生产，农业生产效益低，制约了农业现代化的进程，导致耕地撂荒现象比较突出（图10.5）。

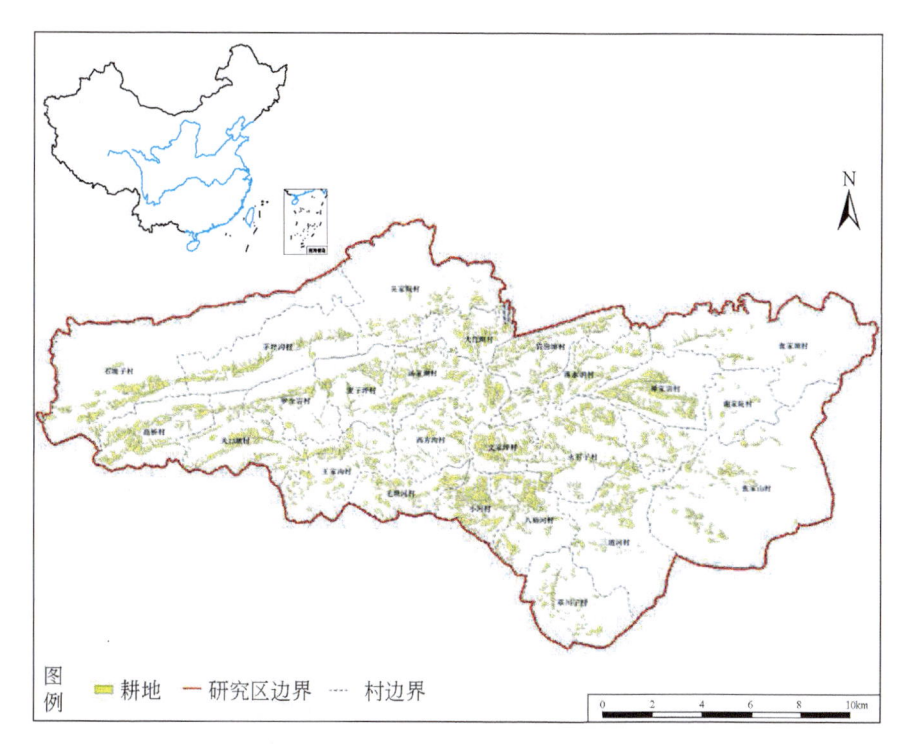

图 10.5 宁强天坑群分布区耕地分布图

2. 宅基地总量小，聚落数量多，分布分散，不利于公共服务有效供给

宁强天坑群聚落分布呈现出高度分散和破碎化的特征（图 10.6）。宅基地总规模为 409hm²，户均宅基地 418.9m²，宅基地总量少，户均占地少。从宅基地集聚形成的村落空间分布出发，宅基地分布十分分散，仅在对外交通沿线形成相对比较大的聚落，如巴山镇的高桥村、罗全岩村、麦子坪村、王家沟村、毛坝河村等地，其他聚落规模都比较小，最小的聚落仅一户人家。这种分散的聚落布局使得基础设施建设难度大、成本高，公共服务供给难以覆盖到每一个角落。同时，聚落的破碎化也增加了区域管理的复杂性，不利于资源的集中配置和公共服务的高效供给。此外，聚落分布的高度分散也使得人口与土地之间的关系更加复杂，一方面，有限的耕地资源难以满足人口的需求；另一方面，聚落的分散布局又限制了土地的集中利用和规模化经营。

图 10.6　宁强天坑群分布区建设用地分布图

10.2.4　宁强天坑分布区交通等基础设施条件

1. 交通基础设施

对外交通方面，宁强县天坑群分布区通过何万路、毛黎路等实现对外联系（图10.7）。何万路向西联通宁强县城，向南通往四川万源，作为自古以来的川陕交通线之一，既是古时候宁强羌民迁徙的线路，又是今天川陕人口物资流通的重要线路，也是宁强天坑群分布区的乡村旅游线路。毛黎路是从毛坝河镇经张家山村通往南郑区黎坪景区的道路，构成独具特色的卡斯特地貌探险旅游线路。总体而言，宁强县天坑群分布区具有对外交通条件，但是便利度不高，道路等级低、盘山道路蜿蜒曲折、交通耗时长，给山区的人民生活及区域旅游发展带来不便。

内部交通方面，大禅路是禅家岩镇到大竹坝村的道路，连通何万路，给禅家岩天坑旅游带来便利交通；毛草路是毛坝河镇通往草川子景区的道路，给草川子景区提供交通条件。它们共同构成宁强天坑群分布区内部交通的主要骨架。近年来，通村、入组、入户道路网络不断完善（图10.7），大大方便了人民生活。但是受到山区地形条件、用地条件和居住分散的影响，道路窄、常常仅容一车通行，错车、倒车困难，且弯道多，悬崖路段多，安全性偏低。伴随着乡村人口的大量流失，交通道路供给与需求矛盾比较显著。

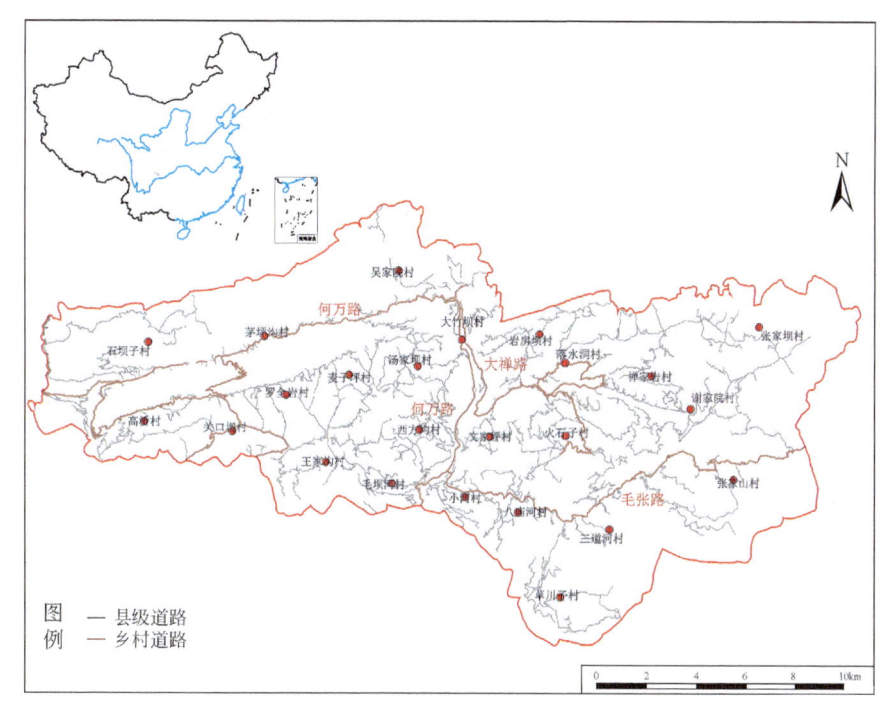

图10.7 宁强天坑群分布区交通条件

2. 其他基础设施及公共服务条件

近年来，山区水电、通信等条件得到极大改善，实现了行政村水、电、通信全覆盖。但是由于聚落分散，还有部分自然村组未通水、电、网络。在公共服务方面，山区教育、医疗、商业娱乐服务相对较差，仅在三个镇区形成相对成体系的公共服务供给，但是也存在规模小、种类少、品质低等问题。村级公共服务，除了草川子因发展旅游形成餐饮、民宿集群外，其他各村公共服务条件均比较差，最多有村委会、卫生室、小卖部。总体而言，山区就医、就学、享受现代商业服务较为困难。

10.3 宁强天坑群分布区乡村聚落体系优化

10.3.1 乡村聚落发展条件的综合评价

1. 宁强天坑群乡村聚落规划的基本考量

当前，宁强天坑群乡村聚落规划面临的现状：一是乡村人口大量流失，年轻一代很多人长期生活在外地或者学校，对土地的情感淡薄，对城市的繁华向往。伴随着老一辈的离世，未来山区乡村人口势必大量减少。二是受到长期的户籍政策、土地政策的影响，众多农民虽然常年离开家乡在外地务工谋生，但是在获得经济收入后，依然选择返回家乡修建房屋，几乎所有人家都在近20年内修建了房屋，房龄相对较新。三是经过脱贫攻坚以来的大量投入，乡村的交通条件、公共服务条件等都得到极大提升。以上三点，使得乡村聚落规划必须按照短期、长期目标确定聚落人口规模。

2. 乡村聚落发展条件评价指标体系构建

在新一轮国土空间规划中，村庄规模的确定应该基于目标导向和现状评估相结合的科学方法。首先，需要明确村庄发展的中期和远期目标，根据这些目标对既有村庄进行分类和分级。进一步地，通过综合评估村庄的现状指标，确定不同等级村庄的未来选址、用地边界以及对既有村落的差异化调控措施，从而构建合理的村庄聚落体系分布。

为了科学评估村庄的发展条件，参照郭炎（2020）等在《基于精明收缩的乡村发展转型与聚落体系规划——以武汉市为例》一文中的指标体系构建方法，选取区位条件、人口规模、建成规模和生活条件等四类一级指标，并进一步细化为临等级道路的条数等9项二级指标（表10.3）。这些指标涵盖了村庄的交通便利性、人口集聚潜力、基础设施建设水平以及生活服务设施完善程度等多个方面，能够科学量化各村庄的现状基础和发展潜力，为村庄规模的确定和分级提供科学依据，确保村庄规划的合理性和可行性。评价因子权重按照专家打分法确定。

第 10 章 | 基于精明收缩理论的天坑群分布区聚落体系优化

表 10.3 聚落发展条件评价指标体系

一级指标	权重	二级指标	权重
区位条件	0.3	临等级道路的条数	1.00
人口规模	0.3	总人口（人）	1.00
建成规模	0.2	村建设面积（亩）	1.00
生活条件	0.2	村委会	0.25
		小学	0.25
		村卫生室	0.20
		村文化室	0.10
		村体育活动室/场	0.10
		农产品自由交易市场	0.10

3. 乡村聚落发展条件的综合评价

通过对这些定量因子单项赋分，并进行加权求和，得到各聚落的发展条件的综合评价值。通过综合评价结果，宁强天坑群分布区的村庄被划分为四个等级（图 10.8）。

一是条件良好型村庄。这类村庄的评价分值高于 2.5 分，一般具有良好的区位条件，完善的公共服务条件与基础设施条件，自然风光、特色农业、文化旅游等资源条件较好，产业基础条件较为优越，人口规模与用地规模大。此类聚落主要包括三个镇区及周边村落、何万路、大禅路沿线村落等。共有 307 个，占 19.3%。

二是条件较好型村庄。这类村庄评价分值为 1.8~2.5 分，一般是行政村村委会及周边聚落，具有相对便利的交通条件、公共服务设施条件，人口比较集中，建设用地规模相对较大。此类型村庄共有 817 个，占 22.5%。

三是条件一般型村庄。这类村庄评价分值为 1.2~1.8 分，一般距离行政村村委会较远，交通条件一般，公共服务设施比较落后，人口规模和建设用地规模较小。此类型村庄共有 1321 个，占 25.2%。

四是条件较差型村庄。这类村庄评价分值为 1.2 分以下，一般远离镇村中心，交通条件不变，公共服务设施难以供给，人口规模和建设用地规模很小。此类型村庄共有 1774 个，占 33%。

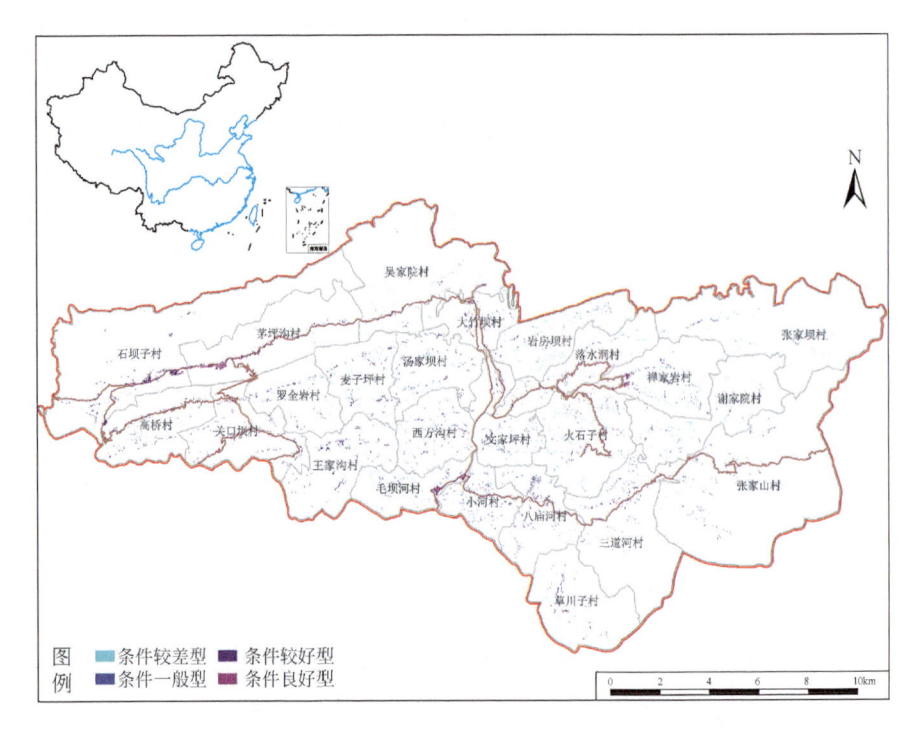

图 10.8　宁强天坑群分布区聚落发展条件评价图

10.3.2　宁强天坑群分布区聚落体系优化

在综合考量宁强天坑群分布区人口分布、村庄综合发展条件的基础上，按照近期、远期规划村镇体系，通过合理的分级与功能定位，优化资源配置，提升区域整体发展效能。

1. 近期：三级村镇体系

按照当前乡村建筑新旧程度、基础设施及公共服务供给情况、现状村民居住意愿、乡村产业发展情况，规划在发展近期形成"3 个镇区—10 个中心村—11 个一般村"的三级村镇体系（图10.9）。短期内，形成"镇区—中心村—一般村的公共服务供给体系"，给村民提供相对便利的生活条件。

| 第10章 | 基于精明收缩理论的天坑群分布区聚落体系优化

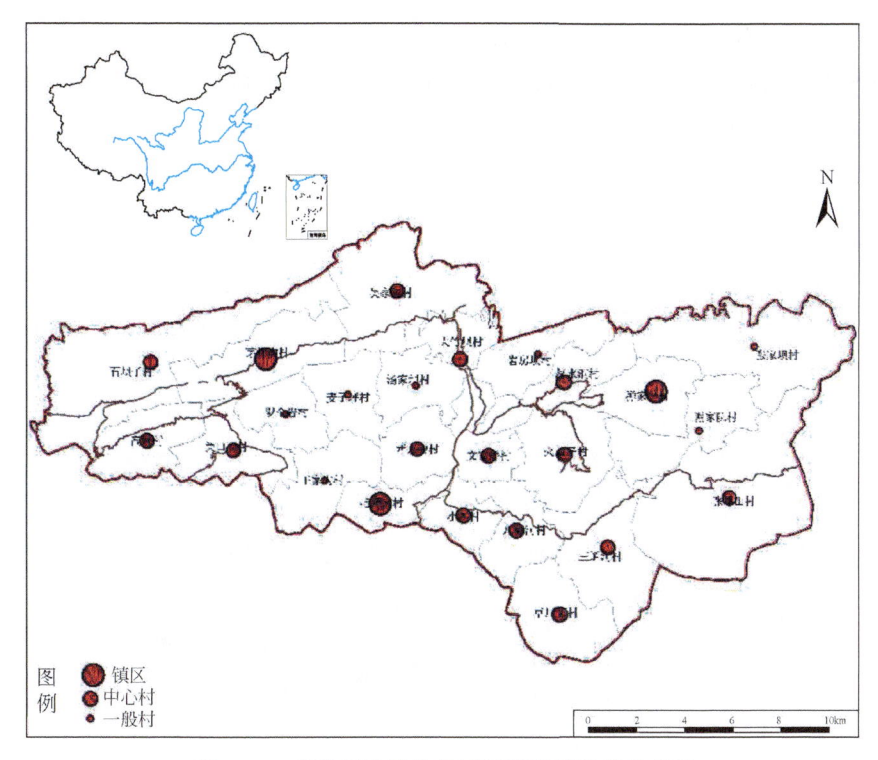

图10.9 宁强天坑群分布区近期聚落体系分布图

其中，镇区作为区域发展的核心节点，基础设施完备，交通网络发达，具备承载规模人口与产业发展的基础，是区域经济增长与公共服务供给的关键支撑点。中心村凭借其较好的交通条件、相对较大的人口规模以及较为完善的基础设施，成为区域内的次级发展节点。它们不仅能够承接镇区的辐射带动作用，还能通过小规模移民安置，逐步提升自身的人口集聚能力与公共服务水平，增强对周边一般村的吸引力与整合能力。一般村保持现状，为周边居民点提供基本公共服务。一般村之外，根据村民意愿，保留现状居住条件，村民新建房屋停止，引导逐步向镇区、中心村集聚。

2. 远期：3个镇区—10个中心村的两级村镇体系

伴随着人口流动、老年人口离世以及政策引导，一般村开始逐步消亡，从三级村镇体系向二级村镇体系过渡（图10.10），人口与产业的集聚效应将得到进一步发挥，基础设施与公共服务的供给效率也将显著提升。一些破碎化程度高、相对偏远的农田将逐步荒废，而一些田块面积相对较大的田块，可按照分散工点保留少量居住设施，方便耕作期农业工人短期居住。村镇产业将进一步向绿色经济转型，在生态农业之外，林业生态价值、旅游资源价值将进一步得到发挥，碳汇交易将成为未来的重要生存资源。

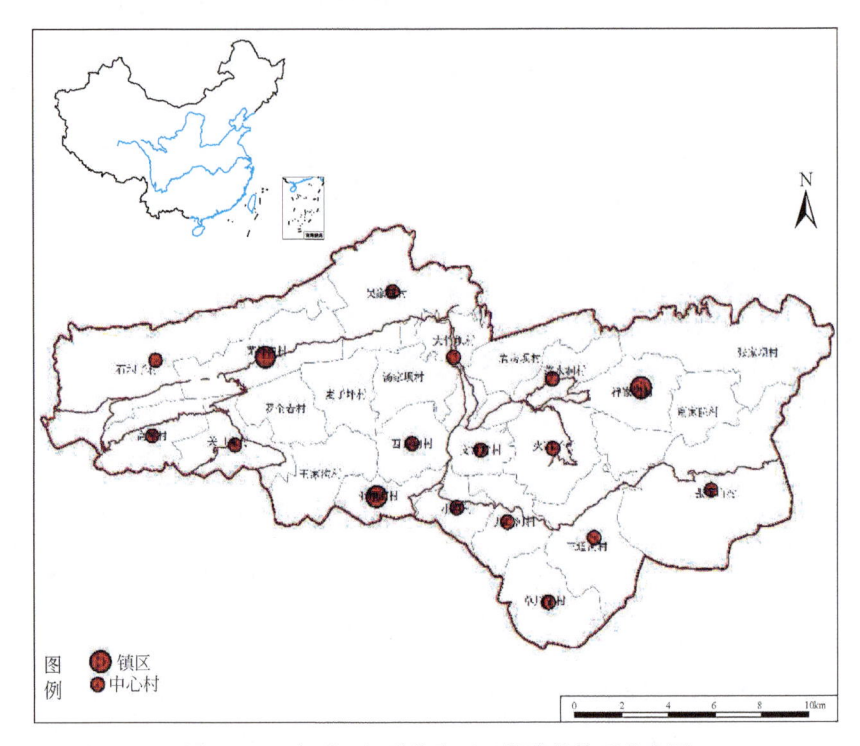

图 10.10 宁强天坑群分布区远期聚落体系分布图

10.3.3 宁强天坑群分布区聚落设施优化

在宁强天坑群分布区乡村聚落体系优化的过程中，交通基础设施与公共服务配套设施的完善是保障人民享受高质量生活水平、促进区域可持续发展的重要保障。

(1) 交通体系优化

立足"镇-村"层级特征与空间发展需求，优化交通道路体系。首先，提等级。聚焦镇级服务中心与中心村节点建设，提升道路等级。将何万路、大禅路、毛张路等对外、对内主要交通道路拓宽至双向四车道以上，配套完善的交通信号灯、标志标线及安全防护设施，规划建设综合交通驿站，集成公交换乘、物流集散、旅游服务等功能，为区域优质农业与旅游资源的开发利用提供便利交通。其

第10章 | 基于精明收缩理论的天坑群分布区聚落体系优化

次，优网络。通过对通村道路的部分路段加宽、部分路段联通、部分路段设立错车平台等方式，构建完善的交通网络，联通镇区、中心村、自然村，覆盖农业耕种、林业巡检等区域，形成相对便捷的交通功能。最后，理体系。建立三级道路分工系统。何万路承担对外交通功能，规划双向四车道；大禅路、毛张路承担对外旅游交通和全域主要交通服务功能，规划双向四车道；其他次干道串联中心村与镇区，规划双向两车道或者单向车道+错车平台；支路为中心村与一般村连接道路，规划单车道+错车平台，重点保障消防救护通道与农业生产运输需求。通过以上措施，确保各村落的交通需求得到基本满足，同时为乡村聚落的进一步发展奠定坚实的交通基础。

（2）服务功能完善

立足"镇–村"层级特征与空间发展需求，基于生产生活圈理论，构建满足人口日常需求的"基本服务圈"和"一次服务圈"，以提升居民的生活便利性（图10.11）。

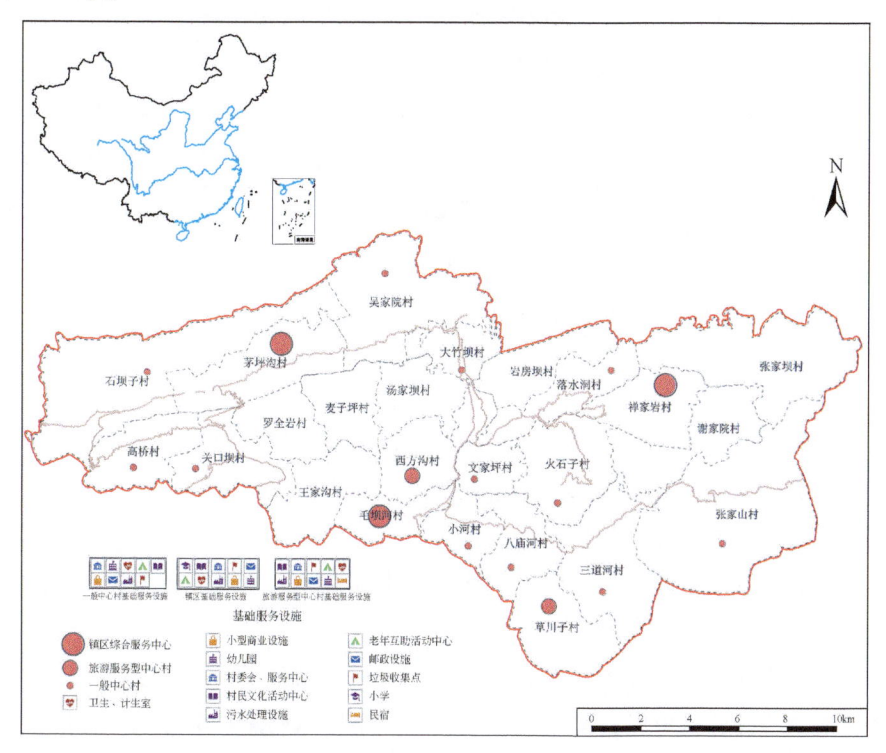

图10.11 宁强天坑群分布区远期聚落体系分布图

基本服务圈即常说的"15分钟生活圈",是指围绕居民日常生活需求配置基本公共服务设施所形成的服务范围,以幼儿、老人徒步15~30分钟可达为标准,空间界限一般为半径500~1000m。很显然,山区居住分散,人口不集中,很难按照这一标准提供基本服务。从目前山区定居人口主要是留守老人,从事农业生产为主要谋生手段出发,中心村以服务周边农业生产为目标,集中配置村委会、卫生室、养老服务站、便利店等设施,吸引周边一般村、分散居民点的老龄人口、需新建房人口向中心村集聚,逐步提高公共服务的规模效应,同时为农业生产活动提供必要的劳动力支持。以旅游服务功能为主的中心村,集中配置村委会、卫生室、养老服务站、便利店、餐饮、住宿等功能。

一次服务圈是居民到达一次,可以满足多数需求的服务范围,要求具备较为完善的公共服务。一次服务圈要求以小学生徒步1小时可达为标准,空间界限一般为半径2000~4000m,不仅满足居民的日常生活需求,还提供一定的公共服务和社交空间,有助于增强社区凝聚力和居民归属感,提升居民的生活质量。对于宁强天坑群分布区,一次服务功能主要应由镇区提供,巴山镇、毛坝河、禅家岩三个镇区作为主要的一次服务功能中心,集聚全镇约70%的人口集中居住,满足山区农业资源利用、生态环境保护、旅游资源开发等活动对劳动力的需求。在镇区,集中配置政务、幼儿园、小学、初中、卫生院、老年互助活动中心、邮政设施、餐饮、超市和商业、住宿等相对完善的公共服务设施,让居住在镇区的常住人口、外来游客享受相对完善的公共服务,同时辐射周围乡村地区。

10.4 本章小结

本章基于精明收缩理论,研究了宁强县天坑群分布区聚落体系优化,按照近期、远期提出了合理的聚落体系优化方案。研究主要涉及以下方面。

首先,精明收缩理论及其在乡村聚落体系优化中的应用。梳理了精明收缩理论的发展历程以及主要主张,构建了基于精明收缩理论的聚落体系优化模式,以实现乡村聚落的可持续发展。

其次,宁强天坑群分布区乡村发展现状。一方面,通过"七普"、"六普"人口数据的统计分析可以看出,该区域人口分布极不均衡,山区人口密度低,平原谷地人口密度高。近年来,人口外流现象严重,山区人口减少明显,导致乡村空心化加剧。另一方面,梳理了该地区的土地利用特征,提出耕地总量不足且破碎化程度高，难以实现规模化和机械化生产。宅基地分布分散，聚落数量多且规模小，不利于公共服务的有效供给。在基础设施条件方面，交通基础设施等级低，内部道路网络虽不断完善，但仍存在供给差异。公共服务设施匮乏，教育、医疗、商业等服务覆盖范围有限。

再次，宁强天坑群分布区乡村聚落体系优化。通过构建聚落发展条件评价指标体系，将村庄划分为条件良好型、条件较好型、条件一般型和条件较差型四种类型，为聚落体系优化提供了科学依据；近期形成"镇区—中心村——般村"的三级村镇体系，通过优化资源配置，提供相对便利的公共服务，引导人口向镇区和中心村集聚；远期将逐步过渡为"镇区—中心村"的两级村镇体系，进一步发挥人口与产业的集聚效应，提升基础设施与公共服务的供给效率，推动区域向绿色经济转型。

最后，聚落设施优化。构建了"强核心、筑骨架、明脉络"的交通优化体系，提升道路等级，优化交通网络，建立三级道路分工系统，保障各村落的交通需求。基于生产生活圈理论，构建"基本服务圈"和"一次服务圈"，配置教育、医疗、养老、商业等公共服务设施，提升居民的生活便利性和幸福感。

总而言之，本章通过对宁强天坑群分布区乡村聚落体系的优化研究，明确了精明收缩理论在乡村聚落优化中的应用价值。通过合理的分级与功能定位，优化资源配置，能够有效应对人口流失和土地闲置等问题，提升区域整体发展效能。同时，配套设施的完善为居民提供了高质量的生活保障，促进了区域的可持续发展。未来，随着规划的逐步实施，宁强天坑群分布区有望实现人口、资源和环境的协调发展，为类似地区的乡村聚落优化提供了有益的参考。

第 11 章　天坑群分布区乡村振兴与绿色发展协同推进机制构建

汉中天坑群分布区地处秦巴山区，从地理单元来看，主要属于村镇地区。这一区域具有独特的地理空间格局，自然生态环境极为脆弱，同时经济社会发展水平相对滞后。这些特征客观上决定了在乡村振兴进程中，必须牢固树立绿色发展理念，将乡村振兴与绿色发展紧密结合起来，实现两者的协同推进。鉴于此，本章聚焦于构建天坑群分布区乡村振兴与绿色发展的协同推进机制。这一机制旨在突破传统政策措施在可持续性、协同性等方面的局限性，为区域发展探索一条兼顾生态、经济与社会可持续发展的新路径。通过这一机制的构建与实施，期望能够为天坑群分布区的乡村振兴注入新的活力，同时推动绿色发展模式的落地生根，助力该区域在生态保护与经济发展之间找到平衡点，实现高质量发展与高水平保护的有机统一，为类似生态脆弱地区的可持续发展提供有益借鉴。

11.1　相关研究进展

在全面推进乡村振兴与生态文明建设双重背景下，二者协同发展机制已成为公共政策研究的热点议题。既有文献主要聚焦于乡村振兴过程中的绿色发展、乡村地区绿色发展路径探索等方面。

11.1.1　乡村振兴过程中的绿色发展探讨

2018年，中共中央、国务院发布的《关于实施乡村振兴战略的意见》中明确提出"推进乡村绿色发展，打造人与自然和谐共生的发展新格局"。在此时代背景下，坚持人与自然和谐共生的绿色发展道路已成为研究者的广泛共识。绿色发展作为巩固脱贫攻坚成果、全面建成小康社会的重要基石（王宾等，2017；于法稳，2018），已成为驱动乡村振兴战略实施的核心引擎（李业芹，2018）。其核心价值在于通过协调经济发展与人口承载力、资源利用效率、环境承载能力的关系，实现乡村可持续发展（王俊，2019），它对加快推动乡村振兴具有重要意义。

11.1.2 乡村地区绿色发展路径的探索

推动乡村地区绿色转型已成为学术界的研究热点。乡村振兴战略的核心命题在于破解乡村现代化进程中面临的结构性矛盾（刘彦随，2019），其中农村人力资源质量、科技创新水平、公共财政支持强度及金融服务可得性构成影响绿色发展的关键变量（程莉等，2018）。需以包容性绿色增长理论为指引（郑长德，2016），通过系统化建设提升乡村自主发展能力，包括：弘扬生态文化（王永厅，2016），变革传统价值观念，推进生产生活方式的绿色化转型（段艳丰，2019）；振兴乡村人才队伍（王俊，2019），推动绿色金融的实施（王波等，2019）；以山地地区丰富的生态环境等绿色资源为基础，大力发展旅游、康养、文化产业等绿色优势产业（周宏春，2018；黄小平，2018），打造绿色发展品牌（周莉，2019）；构建生态补偿机制（何寿奎，2019；童佩珊等，2018）与碳汇交易体系（王国庆等，2014），推进生态修复与污染防治（段艳丰，2019；周宏春，2018）；保障农民主体地位，提升人力资本质量，激发农户绿色生产行为（高昕，2019），形成绿色资源价值转化机制，实现生态、经济、社会的三维协同（曹康康，2017；张琦等，2017）。

11.1.3 现有研究的不足与展望

当前山地地区乡村振兴研究已形成丰富成果，为天坑群分布区绿色发展提供了重要参考。但理论层面多侧重农村发展共性问题，对特殊贫困区域的差异化研究不足，尚未构建具有普适性的乡村振兴理论框架与长效机制（庞智强，2020）。实践层面，贫困山区在乡村振兴中存在"重经济轻生态"倾向，绿色发展质量有待提升（秦国伟等，2019），尚未形成生态保护与经济发展协同推进的制度体系。因此，深入研究汉中天坑群区域乡村振兴与绿色发展的耦合机制，对巩固脱贫成果、推动区域可持续发展具有重要理论与实践价值。

11.2 乡村振兴与绿色发展协同推进面临的主要挑战

11.2.1 教育发展滞后

教育发展滞后是造成汉中天坑群分布区经济发展水平落后的重要原因（李俊杰等，2018）。汉中天坑群分布区地处秦巴山区腹地，复杂地形导致学校布局分散，基础设施建设滞后，部分学校教学用房、学生宿舍等配套设施不完善，图书资源、教学仪器及多媒体远程教育设备严重匮乏。相较于硬件短板，山区交通不便、信息闭塞、教师待遇偏低等因素，加剧了优质师资外流，造成师资队伍结构性短缺，教学质量难以提升。青壮年劳动力大量外出务工，留守儿童比例畸高，家庭教育缺失导致学生学业基础薄弱、学习动力不足，形成对优质教育资源的负向反馈。职业教育在秦巴山区发展迟缓，学校布局与产业需求脱节，办学条件简陋，难以满足劳动力技能提升需求。教育滞后直接导致当地群众思想观念保守、信息获取能力不足、绿色发展意识淡薄、内生发展动力匮乏。

11.2.2 体制机制运行不畅

制度建设是区域经济社会发展的基石与保障。习近平总书记指出："推动绿色发展，建设生态文明，重在建章立制"。然而，汉中天坑群分布区在乡村振兴与绿色发展的协同推进中仍面临以下挑战：一是协同推进体系不完善：乡村振兴与绿色发展涉及多领域、多部门协作，但现行政策缺乏系统整合，部门间协同不足，政策合力难以形成，影响整体推进效能。二是多方参与格局尚未形成：乡村振兴与绿色发展需政府、企业、社会组织及农民协同参与，但当前各方互动机制缺失，企业与社会组织参与度低，农民主体地位未充分彰显，内生动力未有效激发。三是要素协同性差：自然资源开发与保护脱节，人力资源培养与引进机制不完善，技术创新与转化能力薄弱，资金投入与保障机制不健全，制约了协同推进进程。四是体制机制运行与预期存在差距：政策执行不到位，存在"最后一公里"问题；监管机制不完善导致项目实施违规频发，激励机制不健全难以调动各方积极性，考核机制不科学导致综合效益未充分体现。

11.2.3　产业振兴基础薄弱

产业是区域经济发展的核心引擎。然而，汉中天坑群分布区的产业发展基础仍显薄弱。地方政府在产业选择上偏好"短平快"项目，忽视产业发展战略规划、市场前景评估、空间布局优化及差异化定位（刘明月等，2020），导致产业发展缺乏顶层设计，项目短期化、同质化问题突出，特色农业与旅游资源开发停留在初级阶段。同时，该区域市场主体发育不足，市场运行不畅（朱海波等，2020），产业与市场衔接松散，缺乏龙头企业带动，尚未形成完整的产业链条、产业集群及区域协同的产业网络。

11.2.4　生态补偿机制不健全

绿水青山是汉中天坑群分布区的核心资产，生态保护是乡村振兴与绿色发展的前提。该区域与退耕还林还草区、生态脆弱区及国家重点生态功能区中的限制开发区域高度重叠（刘慧等，2013），承担着重要的生态服务功能，但经济社会发展机会受限，生态保护财政投入严重不足。生态补偿机制作为平衡生态保护与区域发展的关键工具（何寿奎，2019；吴乐等，2019），因制度不完善导致资金缺口，部分区域生态破坏与环境污染问题难以遏制，生态修复与环境保护进展缓慢。

11.2.5　灾害风险防治体系缺乏

汉中天坑群分布区生态环境脆弱，干旱洪涝、水土流失、滑坡泥石流等自然灾害频发。因贫困地区环境监测能力薄弱（郭远智等，2019），气象、地质灾害预警与防控体系不健全（柳金峰等，2017），导致区域抗灾能力不足。频发的灾害造成人员伤亡、房屋损毁、农田淹没、作物绝收，严重侵害群众人身及财产安全，阻碍区域经济社会发展。灾害风险已成为乡村振兴与绿色发展的重大障碍，亟需构建完善的灾害风险防控体系。

11.2.6　基础设施与服务设施供给不足

汉中天坑群分布区的公共服务供给能力整体处于较低水平，特别是基层末端的基础设施与服务设施供给存在明显短板。乡村地区的道路、电力、饮水、住房、通信、医疗卫生、文化体育等基础设施及服务设施建设滞后，难以发挥其应有的"毛细血管"式支撑作用，无法充分满足乡村振兴战略的实施需求。此外，与产业发展相配套的基础设施与服务设施建设不足，成为制约该区域绿色发展水平提升的关键因素。

11.3　乡村振兴与绿色发展长效机制

汉中天坑群分布区的乡村振兴与绿色发展协同推进是一项兼具系统性、多层次性及复杂性的长期任务，单一策略难以实现预期成效。为此，需构建一套综合性、多要素协同的推进体系，强化各措施间的协同联动与互补效应，以持续提升区域的内生发展能力。针对该区域的核心挑战，本书提出构建"六位一体"的协同推进机制（图 11.1）。其中，教育发展是根本支撑，通过提升人力资本质量为区域发展提供持续动能；体制机制创新是关键前提，为协同推进提供制度保障与动力支持；绿色产业培育是核心驱动，以产业升级带动经济与生态的双向优

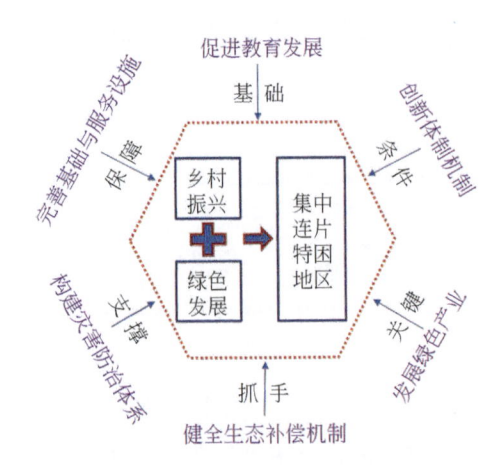

图 11.1　汉中天坑群分布区乡村振兴与绿色发展协同推进长效机制

化；生态补偿机制完善是重要抓手，通过经济激励实现生态保护与经济发展的动态平衡；灾害风险防控体系构建是安全保障，确保区域发展的稳定性与可持续性；基础设施与服务设施提升是基础支撑，为乡村振兴与绿色发展提供物质保障与公共服务支持。通过该体系的协同实施，汉中天坑群分布区有望实现乡村振兴与绿色发展的深度融合，推动区域经济、社会与生态环境的全面、协调、可持续发展。

11.3.1 促进教育发展，奠定坚实基础

教育是乡村振兴与绿色发展的核心支撑。针对汉中天坑群分布区的现实需求，需强化教育基础、提升教育质量、扩大教育覆盖面。具体措施包括：一是强化基础教育保障：全面落实12年免费教育政策，保障学生受教育权利，提升居民文化素养与认知能力。同时，推动高等教育资源下沉，增加高校在该区域的招生计划，设立定向培养班，精准对接区域人才需求。二是深化职业技能培训：结合区域产业布局与市场需求，开展订单式农业技术、旅游服务等技能培训，推动培训内容与主导产业深度融合，提升非农就业能力。实施创新创业培训计划，拓宽居民视野，激发自主创业活力。三是加强绿色发展宣传：通过环保宣传画、科普讲座、经验分享等形式，普及绿色发展理念，营造生态保护氛围，推动"两山"理论深入人心，为乡村振兴与绿色发展提供思想动力。

11.3.2 创新体制机制，创造良好条件

顺畅的体制机制是乡村振兴的制度保障（豆书龙和叶敬忠，2019），能够促进要素协同、提升资源配置效率。汉中天坑群分布区需通过制度创新释放发展潜能。具体措施如下：一是整合"政产学研用"多方力量，建立政府、企业、院校及社会力量共同参与的协作机制，攻克绿色发展技术瓶颈，打造区域绿色发展示范区。二是强化要素协同配置，搭建县级一体化项目与资金管理平台，优化资金、人才、政策等要素的协同效率；完善区内外协作机制，通过财税激励吸引外部投资，深化对口帮扶合作，促进要素双向流动。三是完善人才政策体系，推动人才本地化，加大内地优秀人才对口支援力度。通过优化待遇、提升补助、实施安居工程等措施，实现人才培养、引进与留用的协同发展。四是建设智慧管理平

台，依托大数据、云计算、人工智能等技术，构建乡村振兴与绿色发展协同推进的数字化管理系统，提升动态监测与决策分析能力，推动治理模式创新与资源高效配置。

11.3.3　发展绿色产业，把握振兴关键

产业兴旺是乡村振兴战略的重中之重，也是汉中天坑群分布区实现乡村振兴与绿色发展协同推进的关键。立足当地优势资源，构建资源、市场、产业紧密结合的绿色可持续发展体系，主要措施如下：一是发展特色现代农牧种养业。立足本地资源优势，加速培育具有竞争力的特色农牧产业，深化"一村一品""一县一业"工程，推动绿色农业向标准化、品牌化转型。通过政策扶持引导农业生产主体参与绿色化、产业化经营，打造有机农牧产品品牌，延伸精深加工产业链，提升产业附加值。二是打造绿色旅游产业集群。依托汉中天坑群分布区的自然风光与人文资源，加快国家级、省级旅游示范区建设。发展健康养生、生态观光、民俗体验等多元旅游业态，构建绿色旅游产业集群，推动生态保护与旅游经济协同共进，实现生态效益与经济效益双赢。三是完善市场体系与产业合作。强化市场主体培育，引进龙头企业，整合区域农牧产品与绿色旅游优势，借鉴发达地区品牌运营经验，构建跨区域产业合作链条。推广"公司+农（牧）户"模式，形成市场前端、农户后端的完整产业链。同时，推动电商平台与物流体系建设，拓宽特色产品市场渠道。四是推动传统产业绿色转型。加快改造与绿色发展方向不相适应的传统产业，推动第一、第二、第三产业融合发展，培育与区域资源环境相适应的主导产业与新兴产业集群。重点发展循环经济与低碳技术，促进经济与生态协同发展，为区域注入可持续发展动力。

11.3.4　健全生态补偿机制，形成重要抓手

生态补偿是平衡山地地区生态保护与经济发展的重要工具（甘庭宇，2018）。完善生态补偿机制、构建多层次补偿体系，对汉中天坑群分布区绿色发展具有战略意义。具体措施如下：一是建立多元补偿主体。形成政府、企业、消费者协同参与的补偿格局。强化政府主导作用，完善政策引导；鼓励企业通过市场机制参与补偿，发挥央企、国企示范效应，激发民企积极性；引导受益地区消费者承担

生态消费责任，形成全社会共建共享的补偿机制。二是丰富补偿模式。建立财政转移支付、政策优惠、市场交易、绿色金融、教育培训、基础设施建设、灾害救助、就业扶持、消费补偿等多元化补偿体系。扩大补偿覆盖范围，提高补偿标准，重点支持森林、草原、湿地等生态功能区，健全水电开发、流域水资源补偿制度，确保机制科学有效。三是完善对口支援机制。构建政府引导、企业主导、社会参与的对口支援体系。发挥发达地区资源与技术优势，推动生态功能受益地区与汉中天坑群分布区结成利益共同体。通过生态修复合作，改善区域环境质量，稳定生态功能，促进经济与生态良性互动。

11.3.5 构建灾害风险防治体系，提供稳定支撑

灾害风险防治体系是汉中天坑群分布区乡村振兴与绿色发展协同推进的重要支撑。针对自然灾害频发且防治能力薄弱的现状，亟需构建完善的灾害风险防治体系，以保障区域经济社会稳定发展。具体包括：一是强化规划融合。实施汉中天坑群分布区自然灾害风险防治规划，科学协调自然灾害风险管理规划与区域发展、土地利用、城镇建设等相关规划的关系，推动灾害风险管理与绿色发展、乡村振兴战略的深度融合。二是设立防灾减灾基金。以地方政府为主导，吸纳企业、研究机构及社会力量共同参与，设立汉中天坑群分布区防灾减灾基金。聚焦灾害规律研究、生态修复技术攻关，推动区域发展与生态安全互促共进，提升生态韧性与灾害抵御能力。三是完善保险体系。构建涵盖农牧业、绿色产业等领域的特色保险体系，开发差异化保险产品。建立快速理赔通道，优化灾后补偿机制，降低灾害损失，保障产业稳定发展。四是推进环境监测与信息化建设。运用物联网、大数据等技术，完善生态功能区监测网络，推进网格化环境管理。优化信息传输与共享机制，提升资源环境监管效能，为灾害防控与生态保护提供数据支撑。

11.3.6 完善基础设施与服务设施，形成可靠保障

基础设施与服务设施是区域发展的基石，对促进区域经济社会发展具有关键作用，而设施供给不足则会形成制约作用（李春根等，2019）。加快汉中天坑群分布区的基础设施与服务设施建设，稳定提升基层公共服务能力，对于乡村振兴

与绿色发展的协同推进至关重要。具体措施包括：一是优先发展绿色交通。规划建设高速公路、铁路，补齐山地地区交通短板。提高中央财政对通乡油路、通村公路硬化的补助标准，支持旅游公路、牧道等建设，畅通城乡交通微循环，促进区域互联互通。二是完善公益性设施。推进电网改造、宽带乡村建设，加大安全饮水、农田灌溉等水利设施投入，保障民生基本需求。加强农村污水处理设施建设，推进农业农村资源循环利用与低碳技术研发，解决农村环境污染问题（周宏春，2018）。三是强化产业发展配套设施。出台土地流转、道路、水电等配套政策，加快产业基地建设。推进数字基础设施建设，构建绿色低碳的数字生态，推动数字经济与绿色产业融合发展。四是加快民生服务设施建设。实现教育、医疗、文化等公共服务设施全覆盖，构建远程医疗救助网络，共享优质医疗资源，提升民生保障能力，为乡村振兴与绿色发展提供坚实支撑。

11.4 本章小结

汉中天坑群分布区是乡村振兴战略实施的重点和难点区域，面临着教育发展滞后，协同推进机制运行不畅，产业振兴基础薄弱，生态补偿机制不健全，灾害风险防治体系缺乏，以及基础设施与服务设施供给不足等挑战。汉中天坑群分布区特殊的地理空间格局、脆弱的自然生态环境和相对落后的经济社会发展水平，客观上要求必须统筹谋划、协同推进乡村振兴与绿色发展。本书构建了一个"六位一体"的综合体系，涵盖多种具体措施，旨在形成乡村振兴与绿色发展协同推进的长效动力机制。包括：通过促进教育发展，为乡村振兴与绿色发展奠定坚实基础；通过创新体制机制，为乡村振兴与绿色发展创造良好条件；通过发展绿色产业，抓住乡村振兴与绿色发展协同推进的关键；通过健全生态补偿机制，打造乡村振兴与绿色发展协同推进的重要抓手；通过构建灾害风险防治体系，为乡村振兴与绿色发展提供稳定支撑；通过完善基础设施与服务设施，筑牢乡村振兴与绿色发展协同推进的可靠保障。这一综合体系的构建，将有助于破解汉中天坑群分布区的多重困境，推动区域经济社会与生态环境的协调发展，实现乡村振兴与绿色发展的良性互动。

第 12 章　主要结论与展望

秦巴山区作为我国重要的生态屏障与乡村振兴重点区域，其独特的地质地貌、丰富的自然资源与脆弱的生态环境交织，构成了复杂的人地关系系统。在全球气候变化加剧与人类活动强度持续增加的背景下，如何协调生态保护与经济社会发展，成为秦巴山区可持续发展的核心命题。本书以秦巴山地核心分布区的汉中天坑群分布区及陕南地区为研究对象，集成地质学、生态学、灾害学与社会经济学等多学科视角，通过多尺度、多方法的综合研究，系统揭示了该区域生态地质环境质量特征、地质灾害危险性与洪涝灾害风险性的空间格局、公众对灾害、生态环境问题的感知情况、生态脆弱性演变规律及天坑群分布区乡村发展路径。本研究不仅有助于深化对汉中天坑群分布区和陕南地区地理环境的科学认识，也为该区域的可持续发展提供了重要的理论支持。在总结主要研究成果的基础上，本书将进一步展望未来的研究方向，以期为相关领域的学者和决策者提供参考和借鉴。

12.1　主 要 结 论

12.1.1　研究区地质环境质量与地质灾害危险性综合评价

通过构建地质环境质量评价体系和地质灾害危险性评价模型，对研究区的地质环境质量及地质灾害危险性空间分异规律进行了综合评价。地质环境质量较差的区域主要分布在断裂带发育、岩土松软、海拔高且坡度大的陕南南部和北部山区，而汉中天坑群正处于这一区域。地质灾害高危险区集中于海拔 600～1100m、坡度 10°～30°、距道路与河流较近的地带。基于地理探测器的影响因素分析表明，海拔、NDVI（植被覆盖）和人类活动（如道路建设）是灾害发生的主要驱动因子，且自然条件与人为因素的交互作用会显著放大灾害发生的危险性。研究建议在高风险区加强监测预警与工程治理，在低风险区注重生态保护，为区域防灾减灾与国土空间规划提供了科学依据。

12.1.2　洪涝灾害风险评价与防灾减灾能力分析

通过构建洪涝灾害风险评价指标体系，结合极端降水特征分析和多种统计方法，探讨了致灾因子危险性、承灾体暴露性、孕灾环境脆弱性和防灾减灾能力对洪涝灾害的综合影响。研究发现，陕南地区洪涝灾害风险呈现显著的空间异质性，致灾因子（如暴雨频次）、承灾体暴露性（如人口密度）和防灾减灾能力共同决定了风险等级；60年间陕南降水总量呈减少趋势，但极端降水事件增加，夏季暴雨集中且强度增大，导致柞水、洛南等山地县洪涝灾害风险高，而汉台、城固等盆地县区因承灾体暴露性强（经济密集）风险亦突出。

12.1.3　洪涝灾害减灾能力与公众生态环境感知分析

第6章和第8章的研究内容相互关联，共同揭示了陕南小流域洪涝灾害的减灾能力、公众对生态环境变化的感知。研究表明，陕南小流域的洪涝灾害减灾能力总体一般，尤其是在监测预警和公众防灾意识方面存在明显不足，保险参保率低（仅38%）。同时，公众对地理环境变化的感知存在显著差异，极端天气和地质灾害的不可控性引发较高恐惧感，但对自然植被破坏和水土流失的感知则相对较弱。提升减灾能力需"软硬结合"：硬件上完善监测设施与防洪工程，软件上加强社区演练、保险推广及心理疏导等。这些研究结论为制订针对性的防灾减灾措施、提升公众环境意识以及加强生态环境保护提供了科学依据。

12.1.4　生态脆弱性评价与影响因素分析

通过构建基于压力—状态—响应（PSR）模型的生态脆弱性评价体系，对研究区的生态脆弱性进行了综合评价。研究结果表明，2002~2022年陕南生态脆弱性趋势呈现出一定的时空变化特征，其中陕南三市中商洛市的生态环境更为优良，生态保护成效显著。区域生态脆弱性状况是区域地质生态本底条件与人类活动共同作用的结果，其中第二、第三产业以及土地利用方式对区域生态环境质量的影响尤为显著，且自然条件与人类活动的交互作用增强了对生态脆弱性的影响。这为制订区域生态环境保护政策、促进区域可持续发展提供了重要参考。天坑及地质遗迹分布区的中度、重度脆弱性等级占比较大。建议在天坑群区域严格限制高干扰产业，推行生态补偿机制，并通过植被恢复天坑群区域和土地集约利用降低脆弱性，实现"人地和谐"。

12.1.5　乡村振兴、旅游发展与聚落体系优化策略

天坑群分布区的乡村振兴需依托特色资源与技术创新。本书围绕乡村振兴、旅游发展与聚落体系优化展开研究，提出了系统性的策略与建议。研究指出，天坑群分布区具有丰富的旅游资源和独特的岩溶地质景观，通过科学评价与开发这些资源，可以推动区域旅游业的高质量发展，助力乡村振兴与生态价值转化。同时，针对乡村聚落体系面临的收缩挑战，本书提出了基于精明收缩理论的"三级→两级"聚落重组的优化策略，旨在通过资源的优化配置和适度收缩，提升乡村聚落的整体品质和可持续发展能力。此外，本书还构建了"六位一体"体系的乡村振兴与绿色发展的协同推进机制，为区域可持续发展提供了理论支持和实践指导。这些研究结论为类似地区的乡村生态环境保护与经济发展提供了有益借鉴和参考。

12.2　研究展望

尽管本书在汉中天坑群分布区及陕南地区的地质环境、地质灾害、洪涝灾害、生态环境的评价及乡村振兴与旅游发展等方面取得了较为系统的研究成果，但仍存在一些不足之处。

首先，在数据收集与处理方面，由于部分区域数据获取难度较大，导致研究结果的精度和广度受到一定影响，未来应进一步加强数据共享与开放机制建设，提高数据获取效率和质量。

其次，在研究方法上，本书主要采用了GIS空间分析、层次分析法、综合指数法等传统方法，对于新兴的大数据、人工智能等技术的应用相对较少。未来应积极探索新技术在地质灾害防治、生态环境保护等领域的应用潜力，提高研究的科学性和时效性。

最后，在对策建议方面，本书提出的策略和建议虽然具有一定的针对性和可操作性，但在实际实施过程中仍可能面临诸多挑战和困难。未来应加强与政府、企业、社会组织等利益相关方的沟通与合作，共同推动研究成果的转化与应用。

展望未来，随着科技的不断进步和研究的不断深入，未来研究应继续关注该区域的生态地质环境动态变化和社会经济发展趋势，不断优化研究方法和手段，为区域可持续发展提供更加科学、全面的理论支持和实践指导。同时，还应加强跨学科合作与交流，推动相关领域的融合与创新发展。

参考文献

奥勇, 张梦娜, 赵永华, 等. 2022. 基于生态足迹-净初级生产力的珠三角城市群经济与生态的关系. 应用生态学报, 33 (7): 2001-2008.

柏瑾, 周游游, 王伟. 2010. 基于模糊综合评判的大石围天坑群生态旅游形象定位. 中国岩溶, (1): 93-97.

卞正富, 雷少刚, 刘辉, 等. 2016. 风积沙区超大工作面开采生态环境破坏过程与恢复对策. 采矿与安全工程学报, (2): 305-310.

曹康康. 2017. "绿色扶贫"的理论意蕴、建构困境及其消解路径. 理论导刊, (6): 69-79.

陈朝亮, 彭树宏, 钱静, 等. 2020. 基于AHP-Logistic熵权模型的西南浅丘区地质灾害分布特征研究——以内江市为例. 长江科学院院报, 37 (2): 55-61.

陈宏峰, 张发旺, 何愿, 等. 2016. 地质与地貌条件对岩溶系统的控制与指示. 水文地质工程地质, 43 (5): 42-47.

陈梦熊. 1999. 论生态地质环境系统与综合性生态环境地质调查. 水文地质工程地质, 26 (3): 3-6, 12.

陈铭, 黄林娟, 黄贵, 等. 2023. 广西大石围天坑群草本植物多样性及其生态位变化规律. 生态学报, 43 (7): 2831-2844.

陈清敏, 成星, 洪增林, 等. 2024. 汉中天坑群天星岩东方剑齿象牙齿化石年代学研究. 中国岩溶. DOI: 10.11932/karst2024y045

陈伟海, 朱德浩, 朱学稳, 等. 2003. 奉节天坑地缝岩溶景观及世界自然遗产价值研究. 北京: 地质出版社.

陈伟海, 朱学稳, 朱德浩. 等. 2004. 重庆奉节天坑地缝喀斯特地质遗迹及发育演化. 山地学报, (1): 22-29.

陈晓利, 王明明, 张凌. 2018. 道路开挖位置对边坡稳定性影响的数值模拟. 地震地质, 40 (6): 1390-1401.

陈宇. 2019. 湘西少数民族地区乡村旅游资源分类及评价. 中国农业资源与区划, 40 (2): 205-210.

陈彧, 李江风, 徐佳. 2015. 基于GWR的湖北省社会经济因素对生态服务价值的影响. 中国土地科学，29（6）：89-96．

程花．2012．基于GIS的原州区地质灾害危险性评价．西安：长安大学．

程莉，文传浩．2018．乡村绿色发展与乡村振兴：内在机理与实证分析．技术经济，37（10）：98-106．

程维明，周成虎，申元村，等．2017．中国近40年来地貌学研究的回顾与展望．地理学报，72（5）：755-775．

程占红，程锦红，张奥佳．2018．五台山景区游客低碳旅游认知及影响因素研究．旅游学刊，33（3）：50-60．

邓彩霞．2021．基于情景分析的青海农牧社区减灾能力建设研究．兰州：兰州大学．

邓春英，吴兴亮．2014．广西乐业县大型真菌种类及其资源评价．贵州科学，（4）：1-18．

邓恩松，魏学利，朱志新，等．2018．中巴公路奥布段冰川型泥石流危险性评价．公路交通科技，35（5）：16-23．

邓辉，何政伟，陈晔，等．2014．信息量模型在山地环境地质灾害危险性评价中的应用——以四川泸定县为例．自然灾害学报，23（2）：67-76．

邓亚东，陈伟海，张远海，等．2012．乐业-凤山世界地质公园岩溶地貌景观特征与价值分析．中国岩溶，31（3）：303-309．

丁彬等，2016．经济发展模式对乡村生态系统服务价值的影响．生态学报，36（10）：3042-3052．

豆书龙，叶敬忠．2019．乡村振兴与脱贫攻坚的有机衔接及其机制构建．改革，（1）：19-29．

杜忠潮，李磊，金萍．2009．陕西关中地区乡村旅游资源综合性定量评价研究．西北农林科技大学学报（社会科学版），9（2）：62-67．

段艳丰．2019．乡村振兴视角下绿色发展的价值意蕴及实践指向．重庆社会科学，（12）：6-13．

樊建勇，单九生，管珉，等．2012．江西省小流域山洪灾害临界雨量计算分析．气象，38（9）：1110-1114．

樊芷吟，苟晓峰，秦明月，等．2018．基于信息量模型与Logistic回归模型耦合的地质灾害易发性评价．工程地质学报，26（2）：340-347．

范蓓蓓．2014．广西大石围天坑群天坑植物群落特征及演替研究．硕士学位论文，桂林：广西师范大学．

范林峰，胡瑞林，曾逢春等．2012．加权信息量模型在滑坡易发性评价中的应用——以湖北省恩施市为例．工程地质学报，20（4）：508-513．

范宣梅，王欣，戴岚欣，等．2022．2022年MS6.8级泸定地震诱发地质灾害特征与空间分布规律研究．工程地质学报，30（5）：1504-1516．

方创琳.2022.城乡融合发展机理与演进规律的理论解析.地理学报,77(4):759-776.

冯洁,江聪,税伟,等.2021.喀斯特退化天坑阴坡阳坡壳斗科植物的功能性状特征.应用生态学报,32(7):2301-2308.

冯凌,郭嘉欣,王灵恩.2020.旅游生态补偿的市场化路径及其理论解析.资源科学,42(9):1816-1826.

冯文凯,杨强,杨星,等.2018.则木河断裂带灾害效应及致灾模式研究.工程地质学报,26(4):939-950.

傅伯杰,牛栋,于贵瑞.2007.生态系统观测研究网络在地球系统科学中的作用.地理科学进展,26(1):1-16.

傅伯杰,赵文武,陈利顶.2006.地理–生态过程研究的进展与展望.地理学报,61(11):1123-1131.

傅伯杰.2014.地理学综合研究的途径与方法:格局与过程耦合.地理学报,69(8):1052-1059.

傅伯杰.2021.加强基础研究的系统性和综合性,助力黄河流域生态保护与高质量发展.中国科学基金,35(4):503.

甘庭宇.2018.精准扶贫战略下的生态扶贫研究——以川西高原地区为例.农村经济,(5):40-45.

高昕.2019.乡村振兴战略背景下农户绿色生产行为内在影响因素的实证研究.经济经纬,36(3):41-48.

龚胜生.2000.论中国可持续发展的人地关系协调.地理学与国土研究,(1):9-15.

苟润祥,罗乾周,张俊良,等.2018.汉中天坑群的发现及价值.地质通报,37(01):165.

谷昊鑫,秦伟山,赵明明,等.2022.黄河流域旅游经济与生态环境协调发展时空演变及影响因素探究.干旱区地理,(2):628-638.

谷睿,唐健民,韦霄,等.2021.广西喀斯特天坑资源及其旅游开发研究.广西科学,28(2):196-207.

郭学飞,王志一,焦润成,等.2021.基于层次分析法的北京市地质环境质量综合评价.中国地质灾害与防治学报,32(1):70-76.

郭远智,周扬,刘彦随.2019.贫困地区的精准扶贫与乡村振兴:内在逻辑与实现机制.地理研究,38(12):2819-2832.

韩秀丽,胡烨君,马志云.2023.乡村振兴、新型城镇化与生态环境的耦合协调发展——基于黄河流域的实证.统计与决策,39(11):122-127.

韩旭东,李德阳,郑风田.2021.如何依托"两山"理论实现乡村振兴?——基于滕头村的发展经验分析. 农村经济，（5）：73-81.

郝吉明，王金南，张守攻，等.2022. 长江经济带生态文明建设若干战略问题研究. 中国工程科学，24（1）：141-147.

郝智娟，文琦，施琳娜，等.2023. 黄河流域城市群社会经济与生态环境耦合协调空间网络分析. 经济地理，43（12）：181-191.

何寿奎.2019. 农村生态环境补偿与绿色发展协同推进动力机制及政策研究. 现代经济探讨，（6）：106-113.

贺可强，侯新文，尹明泉.2010. 地质生态环境与经济协调发展及其空间数据库研究：以山东半岛城市群地区分析为例. 北京：科学出版社.

洪蕾，孙杰，刘冬，等.2024. 长三角中心城市群生态环境与社会经济耦合协调发展及其影响因素研究. 生态与农村环境学报，40（9）：1155-1166.

洪增林，等.2019. 汉中天坑群——二十一世纪地理大发现. 西安：陕西师范大学出版社.

洪增林，徐通，薛旭平.2019. 基于AHP的地质遗迹旅游资源评价——以汉中天坑群为例. 中国岩溶，38（2）：276-280.

洪增林，薛旭平，李新林.2018. 陕西汉中天坑群研究的系统方法思考. 地球科学与环境学报，40（6）：787-793.

侯清华，郑亚男.2021. 基于CAS的京津冀生态—社会系统绿色协同治理网络研究. 河北师范大学学报（哲学社会科学版），44（2）：150-156.

胡航军，张京祥.2022. "超越精明收缩"的乡村规划转型与治理创新——国际经验与本土化建构. 国际城市规划，37（3）：50-58.

胡翔，付红桥.2020. 生态核心区县域经济发展的"新钻石模型"构建及应用——以海南省白沙县为例. 生态经济，36（11）：75-81.

胡烨莹.2019. 原真性认知差异下的乡村旅游地游客公共空间感知与地方感研究. 南京：南京大学.

黄保健，蔡五田，薛跃规，等.2004. 广西大石围天坑群旅游资源研究. 地理与地理信息科学，（1）：109-112.

黄寰，肖义，王洪锦.2018. 成渝城市群社会——经济——自然复合生态系统生态位评价. 软科学，32（7）：113-117.

黄建军.2015. 生态环境与地质构造的耦合关系研究. 地球环境学报，6（4）：231-237.

黄林娟，于燕妹，安小菲，等.2021. 广西大石围天坑群天坑森林主要木本植物种间关联性研究. 广西植物，41（5）：695-706.

黄林娟，于燕妹，安小菲，等.2022. 天坑森林植物群落叶功能性状、物种多样性和功能多样性特征. 生态学报, 42（24）：10264-10275.

黄润秋. 2001. 生态环境地质的基本特点与技术支撑. 中国地质, 28（11）：20-24.

黄守宏. 2021. 生态文明建设是关乎中华民族永续发展的根本大计. 人民日报［2021-12-14］. https://www.gov.cn/xinwen/2021-12/15/content_5670348.htm.

黄小平. 2018. 江西省生态产业扶贫的 SWOT 分析及对策建议. 企业经济,（9）：169-175.

黄昕怡, 郭传民, 邹翔林, 等. 2025. 空间生产视角下的旅游型乡村活力发展路径探索——以湖北省黄冈市罗田县李蟒岩村为例. 城市建筑, 22（3）：50-56.

简小枚, 税伟, 王亚楠, 等. 2018. 重度退化的喀斯特天坑草地物种多样性及群落稳定性——以云南沾益退化天坑为例. 生态学报, 38（13）：4704-4714.

江聪, 税伟, 简小枚, 等. 2019. 西南喀斯特退化天坑负地形倒石坡的土壤微生物分布特征. 生态学报, 39（15）：5642-5652.

姜磊, 周海峰, 柏玲. 2017. 长江中游城市群经济-城市-社会-环境耦合度空间差异分析. 长江流域资源与环境, 26（5）：649-656.

姜旭, 卢新海. 2020. 长江中游城市群城镇化与人居环境耦合协调的时空特征研究. 中国土地科学, 34（1）：25-33.

焦杏春, 张照荷, 方伟, 等. 2023. 地质环境健康适宜性评价指标体系与评价方法研究. 岩矿测试, 42（3）：433-444.

菊春燕, 贾永刚, 潘玉英, 等. 2013. 基于分形理论的旅游景区地质灾害危险性评估——以青岛崂山为例. 自然灾害学报, 22（6）：85-95.

孔俊婷, 杨森. 2018. 基于低碳理念的智慧景区规划设计研究——以乌村景区为例. 生态经济, 34（9）：231-236.

孔祥胜, 祁士华, 黄保健, 等. 2012. 大石围天坑群土壤中有机氯农药的分布与富集特征. 地球化学,（2）：188-196.

孔祥胜, 祁士华. 2013. 典型岩溶区多介质中多环芳烃的环境存在特征——以广西大石围天坑群为例. 中国岩溶,（2）：182-188.

兰恒星, 彭建兵, 祝艳波, 等. 2022. 黄河流域地质地表过程与重大灾害效应研究与展望. 中国科学（地球科学）, 52（2）：199-221.

蓝桃菊, 陈艳露, 黄诚梅, 等. 2017. 大石围天坑群深色有隔内生真菌（DSE）群落组成及其对先锋植物抗旱能力的影响. 微生物学杂志, 37（2）：26-34.

蓝希瑜, 董安恬. 2024. 民族村落旅游空间生产研究：基于闽东半月里的考察. 空间与社会评论,（1）：165-180.

李春根, 陈文美, 邹亚东. 2019. 深度贫困地区的深度贫困：致贫机理与治理路径. 山东社会科学，(4)：69-73，98.

李冠宇，李鹏，郭敏，等.2021.基于聚类分析法的地质灾害风险评价——以韩城市为例.科学技术与工程，21（25）：10629-10638.

李国和，王思敬，孙承志.2001.金沙江水电开发区域工程地质环境综合评价.地球科学，(3)：91-95.

李俊杰，耿新.2018.民族地区深度贫困现状及治理路径研究——以"三区三州"为例.民族研究，(1)：47-57.

李鹏.2020.地质灾害易发区生态地质环境安全时空演化研究——以汶川地震重灾区为例.成都：成都理工大学.

李如友.2009.地质公园旅游产品开发研究：以广西乐业大石围天坑群国家地质公园为例.安徽农业科学杂志，(9)：4207-4208，4239.

李诗涵，陈秋霞，许章华，等.2023.福州都市圈社会经济水平与生态环境韧性的时空演化及耦合协调性.水土保持通报，43（6）：311-323.

李想，赵连军，李东阳，等.2023.黄河下游典型滩区社会经济-防洪安全-生态环境耦合协调分析.中国农村水利水电，(5)：63-71.

李小芳，张朝晖，王智慧.2020.苔藓植物群落在重庆小寨天坑垂直梯度上的分布规律.生态科学，39（2）：18-24.

李亚，邓南荣，陈朝，等.2024.基于多源模型的粤北山区县域地质灾害危险性评价与驱动力分析.地球与环境，52（3）：330-342.

李业芹.2018.绿色发展助力乡村振兴.人民论坛，(17)：68-69.

李蕴琳，赵鹏军.2024.珠三角城市群人口-产业-环境耦合协调度及其影响因素.地域研究与开发，43（1）：23-30.

林琳.2010.区域生态环境与经济协调发展研究.学术论坛，33（2）：72-76.

蔺国伟.2020.旅游驱动型传统村落游客地方感研究——以河西走廊为例.社科纵横，35（6）：55-59.

刘宏芳，明庆忠，鲁芬.2020.民族社区参与低碳旅游的理想模式与路径解析.生态经济，36（9）：129-134，157.

刘惠清，许嘉巍.2008.景观生态学.长春：东北师范大学出版社.

刘慧，叶尔肯·吾扎提.2013.中国西部地区生态扶贫策略研究.中国人口·资源与环境，23（10）：52-58.

刘凯，王新刚，张培栋，等.2024.陕北黄土高原典型地质灾害发育特征及成灾模式研究.自然灾害学报，33（2）：98-112.

刘乐，杨智，孙健，等．2021．安徽黄山市徽州区地质灾害危险性评价研究．中国地质灾害与防治学报，32（2）：110-116．

刘明月，汪三贵．2020．产业扶贫与产业兴旺的有机衔接：逻辑关系、面临困境及实现路径．西北师大学报（社会科学版），57（4）：137-144．

刘延国，李景吉，逯亚峰，等．2021．西南山区生态保护红线划定方法优化——基于生态地质环境脆弱性评估．生态学报，41（14）：5825-5836．

刘彦随．2019．新时代乡村振兴地理学研究．地理研究，38（3）：461-466．

刘轶，王倩娜，廖奕晴．2023．成都都市圈生态与社会经济系统耦合协调动态演化、多情景模拟及其政策启示．自然资源学报，38（10）：2599-2618．

柳金峰，王淑新，游勇，等．2017．西南贫困山区扶贫保障的山地灾害风险防控．科技促进发展，13（6）：478-481．

龙肖毅，张永梅．2016．乡村旅游产业与农村经济发展交互耦合协调发展的实证研究．西南师范大学学报（自然科学版），41（5）：104-107．

罗乾周，张俊良，李益朝，等．2019．陕西汉中天坑群形成条件与分布规律．中国岩溶，38（2）：281-291．

罗士轩．2019．乡村振兴背景下农村产业发展的方向与路径．中国延安干部学院学报，12（1）：119-127．

马秋红．2011．秦巴山区地层岩性与地质构造对地质灾害发育的控制作用分析．西安：长安大学．

毛凤玲．2009．大银川旅游区乡村休闲旅游地旅游资源评价研究．干旱区资源与环境，23（1）：142-146．

莫莉秋．2017．海南省乡村旅游资源可持续发展评价指标体系构建．中国农业资源与区划，38（6）：170-177．

牛闯，李丽媛，谭源，等．2024．基于空间生产理论的乡村聚落旅游景观优化路径——以铁山区熊家境村为例．包装与设计，（3）：190-191．

牛全福，程维明，兰恒星，等．2011．基于信息量模型的玉树地震次生地质灾害危险性评价．山地学报，29（2）：243-249．

庞智强．2020．西部深度贫困地区乡村振兴的实施思路、重点与路径建议．兰州财经大学学报，36（1）：47-55．

彭惠军，李晓琴，朱创业．2006．组织生态学视角下的岩溶天坑旅游整合开发研究——以乐业大石围天坑群为例．生态经济，（4）：106-110．

彭建兵，兰恒星，钱会，等．2020．宜居黄河科学构想．工程地质学报，28（2）：189-201．

彭建兵, 兰恒星. 2022. 略论生态地质学与生态地质环境系统. 地球科学与环境学报, 44（6）：877-893.

彭建兵, 申艳军, 金钊, 等. 2023. 秦岭生态地质环境系统研究关键思考. 生态学报, 43（11）：4344-4358.

祁敖雪, 杨庆媛, 毕国华, 等. 2018. 我国三大城市群生态环境与社会经济协调发展比较研究. 西南师范大学学报（自然科学版）, 43（12）：75-84.

乔标, 方创琳. 2005. 城市化与生态环境协调发展的动态耦合模型及其在干旱区的应用. 生态学报,（11）：3003-3009.

秦国伟, 董玮. 2019. 绿色减贫的理论内涵与路径创新. 东岳论丛, 40（2）：94-101.

秦娜, 董方营, 成文举等. 2022. 基于GIS加权叠加的南四湖流域地质环境质量评价. 人民长江, 53（1）：104-109.

邱成梁. 2021. 生态旅游发展中生态保护的法律保障. 旅游学刊, 36（9）：10-12.

邱海军, 崔鹏, 王彦民, 等. 2015. 基于关联维数的黄土滑坡空间分布结构及其成因分析. 岩石力学与工程学报, 34（3）：546-555.

任娟刚, 洪增林, 张静, 等. 2021. 陕西宁强禅家岩天坑群喀斯特地质遗迹特征及成因. 中国岩溶, 40（3）：539-547.

任娟刚, 洪增林, 张远海, 等. 2020. 陕西南郑小南海天坑群与广西乐业大石围天坑群对比研究. 西北地质, 53（2）：298-307.

任祁荣, 于恩逸. 2021. 甘肃省生态环境与社会经济系统协调发展的耦合分析. 生态学报, 41（8）：2944-2953.

陕西省地质调查院. 2017. 中国区域地质志陕西志. 北京：地质出版社.

陕西省地质矿产局. 1998. 陕西省岩石地层. 武汉：中国地质大学出版社.

邵海琴, 王兆峰. 2020. 长江经济带旅游业碳排放效率的综合测度与时空分异. 长江流域资源与环境, 29（8）：1685-1693.

申艳军, 陈兴, 彭建兵, 等. 2024. 秦岭生态地质环境系统本底特征及研究体系初步构想. 地球科学, 49（6）：2103-2119.

沈利娜, 侯满福, 许为斌, 等. 2020. 广西乐业大石围天坑群种子植物区系研究. 广西植物, 40（6）：751-764.

师博, 范丹娜. 2022. 黄河中上游西北地区生态环境保护与城市经济高质量发展耦合协调研究. 宁夏社会科学,（4）：126-135.

史培军. 1996. 再论灾害研究的理论与实践. 自然灾害学报,（4）：6-17.

税伟, 陈毅萍, 王雅文, 等. 2015. 中国喀斯特天坑研究起源、进展与展望. 地理学报,

70（3）：431-446.

税伟，冯洁，李慧，等.2022a.喀斯特退化天坑不同坡向植物群落系统发育与功能性状结构.生态学报，42（19）：8050-8060.

税伟，郭平平，朱粟锋，等.2022b.云南喀斯特退化天坑木本植物功能性状变异特征及适应策略.地理科学，42（7）：1295-1306.

孙瑞丰，张晓雪.2015.长春市双阳乡村旅游示范区主导旅游资源类型研究.吉林建筑大学学报，32（1）：63-66.

孙钰，姜宁宁，崔寅.2020.京津冀生态文明与城市化协调发展的时序与空间演变.中国人口·资源与环境，30（2）：138-147.

孙志浩，王友安，畅军庆，等.2001.秦巴山区在生态环境保护中的战略地位.环境科学与技术，(S1)：60-61.

唐承财，查建平，章杰宽，等.2021.高质量发展下中国旅游业"双碳"目标：评估预测、主要挑战与实现路径.中国生态旅游，11（4）：471-497.

唐承财，覃浩庭，范志佳，等.2018.基于实验学的国家森林公园低碳旅游行为及产品设计模式.旅游学刊，33（11）：98-109.

唐承财，于叶影，杨春玉，等.2018.张家界国家森林公园游客低碳认知、意愿与行为分析.干旱区资源与环境，32（4）：43-48.

唐承财.2014.基于4E系统的旅游地旅游业低碳发展模式研究.地理与地理信息科学，30（3）：114-119.

唐黎，刘茜.2014.基于AHP的乡村旅游资源评价——以福建长泰山重村为例.中南林业科技大学学报，34（11）：155-160.

童佩珊，施生旭.2018.基于绿色发展理念的福建省生态扶贫研究.中南林业科技大学学报（社会科学版），12（3）：16-21，26.

汪嘉杨，宋培争，张碧，等.2016.社会-经济-自然复合生态系统生态位评价模型——以四川省为例.生态学报，36（20）：6628-6635.

王敏，张晓平.2017.生态脆弱区社会经济与资源环境耦合协调度研究：以云南省昭通市为例.中国科学院大学学报，34（6）：684-691.

王爱忠，娄兴彬.2010.重庆乡村旅游资源类型特征及空间结构研究.重庆文理学院学报（自然科学版），29（3）：68-71.

王邦鉴.2023.基于Landsat-8吉林省东部山区地质灾害区划及生态敏感性研究.长春：吉林建筑大学.

王宾，于法稳.2017.基于绿色发展理念的山区精准扶贫路径选择——来自重庆市的调查.农村经济, (10): 74-79.

王斌, 常宏, 段克勤. 2017. 秦岭新生代构造隆升与环境效应: 进展与问题. 地球科学进展, 32 (7): 707-715.

王波, 郑联盛. 2019. 绿色金融支持乡村振兴的机制路径研究. 技术经济与管理研究. (11): 84-88.

王国庆, 杨玉锋. 2014. 宁夏六盘山集中连片特困地区绿色发展路径研究. 农业科学研究, 35 (4): 67-70.

王健, 王根龙, 宋飞, 等. 2021. 近水平层状砂泥岩互层边坡悬臂梁崩塌机理研究——以志丹县牛沟川河流塌岸为例. 灾害学, 36 (1): 207-211, 222.

王进, 周坤. 2024. 旅游型传统村落地方感维度建构——基于游客网评的扎根分析. 西北民族大学学报 (哲学社会科学版), (3): 143-155.

王劲峰, 徐成东. 2017. 地理探测器: 原理与展望. 地理学报, 72 (1): 116-134.

王静华, 刘人境. 2024. 乡村振兴的新质生产力驱动逻辑及路径. 深圳大学学报 (人文社会科学版), 41 (2): 16-24.

王俊. 2019. 乡村振兴战略视阈下新时代乡村建设路径与机制研究. 当代经济管理, 41 (7): 44-49.

王凯, 甘畅, 欧艳, 等. 2019. 旅游景区低碳行为绩效及其驱动机制——以世界遗产地张家界为例. 应用生态学报, 30 (1): 266-276.

王丽, 敖成欢. 2023. 基于GIS和AHP的贵阳市乡村旅游资源适宜性评价. 绿色科技, 25 (7): 229-233.

王涛. 2016. 荒漠化治理中生态系统, 社会经济系统协调发展问题探析——以中国北方半干旱荒漠区沙漠化防治为例. 生态学报, 36 (22): 7045-7048.

王奕淇, 李国平. 2022. 基于SD模型的黄河流域生态环境与社会经济发展可持续性模拟. 干旱区地理, (3): 901-911.

王永厅. 2016. 论"绿色"脱贫的路径选择. 哈尔滨师范大学社会科学学报, (6): 68-70.

王悦. 2024. 基于空间生产理论的乡村旅游体验研究. 济南: 山东师范大学.

王志一, 郭学飞, 余洋, 等. 2022. 多重指标体系下的京津冀城市群地质环境质量综合评价. 测绘通报, (1): 89-95, 104.

韦跃龙, 陈伟海, 覃建雄, 等. 2011. 岩溶天坑纵向分带旅游产品开发方式——以广西乐业大石围天坑群为例. 桂林理工大学学报, (1): 52-60.

魏后凯. 2018. 如何走好新时代乡村振兴之路. 人民论坛·学术前沿, (3): 14-18.

温勇伟. 2022. 地方感培育: 江西省红色体育旅游产业发展的新路径. 赣州: 赣南师范大学.

吴柏清，何政伟，刘严松 . 2008. 基于 GIS 的信息量法在九龙县地质灾害危险性评价中的应用 . 测绘科学，33（4）：146-147.

吴金，张朝晖 . 2020. 贵州喀斯特天坑的研究现状与展望 . 中国岩溶，39（1）：119-126.

吴乐，靳乐山 . 2019. 贫困地区不同方式生态补偿减贫效果研究——以云南省两贫困县为例 . 农村经济，（10）：70-77.

吴少元 . 2019. 基于信息量模型的厦门市崩塌和滑坡地质灾害易发性评价 . 安全与环境工程，26（3）：22-27.

武健强，顾春生，许书刚，等 . 2021. 苏南地区碳酸盐岩的溶蚀性分析 . 中国岩溶，40（4）：565-571.

肖周燕，张亚飞，李慧慧 . 2023. 中国三大城市群高质量发展及影响因素研究——基于人口、经济与环境耦合协调视角 . 经济问题探索，（9）：94-109.

辛荣芳，李宗仁，张煜，等 . 2022. 青海省湟水流域地质灾害动态变化遥感监测 . 自然资源遥感，34（4）：254-261.

熊曦 . 2020. 基于 DPSIR 模型的国家级生态文明先行示范区生态文明建设分析评价——以湘江源头为例 . 生态学报，40（14）：5081-5091.

熊鹰等，2020. 南方丘陵山地生态系统服务与农村社区协同发展模式研究 . 生态学报，40（18）：6505-6521.

徐辉，师诺，武玲玲，等 . 2020. 黄河流域高质量发展水平测度及其时空演变 . 资源科学，42（1）：115-126.

徐琳瑜，孙博文，王兵 . 2020. 面向水源保护的秦巴山区生态补偿研究 . 环境保护，48（19）：33-37.

徐璐平，朱卫平，朱宏伟，等 . 2022. 南秦岭安康汉中地区岩石物性特征及应用 . 物探与化探，46（5）：1167-1179.

徐盼盼，申艳军，彭建兵，等 . 2024. 基于生态–经济–社会协同发展理念的秦岭北麓峪道类型化架构思考 . 地球科学，49（12）：4564-4575.

徐胜兰，张远海，黄保健，等 . 2009. 广西凤山岩溶国家地质公园典型地质遗迹景观价值 . 山地学报，（3）：373-380.

徐胜兰 . 2004. 方法–目的链理论在喀斯特旅游产品开发中的运用——以兴文石海洞乡地质公园为例 . 中国岩溶，（2）：49-52.

闫明涛，乔家君，瞿萌，等 . 2022. 黄河流域乡村社会经济与生态环境耦合协调测度及影响因素分析 . 测绘通报，（4）：101-105，116.

杨成钢，何兴邦 . 2016. 环境改善需求、环境责任认知和公众环境行为 . 财经论丛，（8）：

96-104.

杨康,薛喜成,段钊,等.2021.基于 AHP-LR 熵组合模型的子长市地质灾害危险性评价.科学技术与工程,21（27）：11551-11560.

杨美勤,唐鸣.2024.新质生产力赋能乡村振兴的内在逻辑与实践路径.理论视野,291（5）：64-69.

杨治国,陈清敏,成星,等.2023.南北地理分界线—秦巴山区碳酸盐岩溶蚀速率研究.中国岩溶,42（4）：819-833.

姚昆,张存杰,何磊,等.2020.川西北高原区生态环境脆弱性评价.水土保持研究,27（4）：349-362.

姚尧,王世新,周艺,等.2012.生态环境状况指数模型在全国生态环境质量评价中的应用.遥感信息,27（3）：93-98.

易靖松,王峰,程英建,等.2022.高山峡谷区地质灾害危险性评价8 以四川省阿坝县为例.中国地质灾害与防治学报,33（3）：134-142.

尹占娥,殷杰,许世远.2007.上海乡村旅游资源定量评价研究.旅游学刊,22（8）：59-63.

游猎.2018.农村人居空间的"收缩"和"精明收缩"之道——实证分析、理论解释与价值选择.城市规划,42（2）：61-69.

于法稳.2018.基于绿色发展理念的精准扶贫策略研究.西部论坛,28（1）：84-89.

于开宁,吴涛,魏爱华,等.2023.基于 AHP-突变理论组合模型的地质灾害危险性评价——以河北平山县为例.中国地质灾害与防治学报,34（2）：146-155.

于燕妹,黄林娟,薛跃规.2021.广西大石围天坑群不同植物群落的特征.植物生态学报,45（1）：96-103.

余洁,边馥苓,胡炳清.2003.基于 GIS 和 SD 方法的社会经济发展与生态环境响应动态模拟预测研究.武汉大学学报（信息科学版）,（1）：18-24.

余林兰,罗奕杏,薛跃规,等.2023.神木天坑不同小生境木本植物叶功能性状的差异与关联.广西植物,43（3）：494-503.

余玉洋,李晶,周自翔,等.2020.基于多尺度秦巴山区生态系统服务权衡协同关系的表达.生态学报,40（16）：5465-5477.

袁道先.2001.全球岩溶生态系统对比：科学目标和执行计划.地球科学进展,（4）：461-467.

岳晓鹏,钱子萱,丁潇颖.2021.精明收缩视角下的天津农村空间优化策略.规划师,37（23）：59-66.

曾楠,唐薇,徐文静,等.2023.杭州主市区生态环境敏感性与社会经济发展耦合协调评价.地理科学研究,12（3）：396-405.

曾鹏，王珊，朱柳慧．2021．精明收缩导向下的乡村社区生活圈优化路径——以河北省肃宁县为例．规划师，37（12）：34-42．

查建平．2016．旅游业能源消费、CO_2 排放及低碳效率评估．中国人口·资源与环境，26（1）：47-54．

翟文华，王小东，吴明堂，等．2023．基于频率比模型和随机森林模型耦合的地质灾害易发性评价．自然灾害学报，32（6）：74-82．

翟秀敏，张远海，李发源，等．2021．侵蚀型天坑演化研究．中国岩溶，40（6）：952-964．

张奥佳，程占红．2016．中国旅游生态补偿研究现状与展望．资源开发与市场，32（2）：226-229．

张波，石长柏，肖志勇，等．2018．基于 GIS 和加权信息量的湖北鄂州地质灾害易发性区划．中国地质灾害与防治学报，29（3）：101-107．

张春满，张宇华，郭毅．2005．黄河下游引黄灌区可持续发展评价指标研究．人民黄河，（6）：45-47．

张国伟，董云鹏，赖绍聪，等．2003．秦岭-大别造山带南缘勉略构造带与勉略缝合带．中国科学（D辑：地球科学），33（12）：1121-1135．

张国伟，张本仁，袁学诚，等．2001．秦岭造山带与大陆动力学．北京：科学出版社．

张宏，黄震方，琚胜利，等．2018．苏南古镇生态环境承载力分析与低碳旅游环境构建研究．中国农业资源与区划，39（1）：57-65．

张洪，方文杰，陶柳延．2021．长三角中心城市社会经济-生态环境-旅游产业协调发展时空演化及影响因素——基于面板数据的空间计量分析．华南师范大学学报（自然科学版），53（5）：84-91．

张建羽，吕敦玉，刘松波，等．2024．郑州市西部山地丘陵区地质灾害发育特征及危险性评价．地质力学学报，30（4）：647-658．

张静，杨丽萍，贡恩军，等．2023．基于谷歌地球引擎和改进型遥感生态指数的西安市生态环境质量动态监测．生态学报，43（5）：2114-2127．

张琦，张诗怡．2017．学习践行习近平绿色减贫思想．人民论坛，（10）：58-59．

张伟，周松林，尹仑．2023．基于优化 MaxEnt 模型的高山峡谷区地质灾害易发性评价．灾害学，38（2）：185-190．

张永永，税伟，冯洁，等．2022．基于无人机的喀斯特退化天坑地下森林树高特征研究．遥感技术与应用，37（3）：681-691．

赵黎明，张海波，孙健慧．2015．旅游情境下公众低碳旅游行为影响因素研究——以三亚游客为例．资源科学，37（1）：201-210．

赵连春, 赵成章, 文军. 2021. 河西走廊城镇化与资源环境承载力的动态耦合及空间格局. 生态学杂志, 40 (1): 199-208.

赵民, 游猎, 陈晨. 2015. 论农村人居空间的"精明收缩"导向和规划策略. 城市规划, 39 (7): 9-18+24.

赵希勇, 张璐, 吴鸿燕, 等. 2019. 哈尔滨地区乡村旅游资源评价与开发潜力研究. 中国农业资源与区划, 40 (5): 180-187.

赵永梅, 高宝嘉, 杨坤, 等. 2008. 基于集对分析法的社会经济与生态环境协调发展度评价——以保定市为例. 中国农学通报, (4): 359-364.

郑长德. 2016. 基于包容性绿色发展视域的集中连片特困民族地区减贫政策研究. 中南民族大学学报 (人文社会科学版), 36 (1): 115-121.

郑刚, 刘庄, 张永春, 等. 2008. 基于模糊综合评价的流域社会经济活动对太湖生态影响评价研究. 环境工程学报, (12): 1705-1710.

郑莉莉, 余林兰, 戴萍, 等. 2024. 广西大石围天坑群植物叶片养分特征及其适应性. 植物生态学报, 48 (7): 872-887.

郑秋琴, 王超, 修新田, 等. 2023. 全域生态旅游背景下资源—社会经济—环境复合系统耦合协调度及障碍因素分析. 生态经济, 39 (10): 132-139.

郑懿珉, 高茂生, 刘森, 等. 2015. 基于我国海岸带开发的地质环境质量评价指标体系. 海洋地质前沿, 31 (1): 59-64.

郑迎凯, 陈建国, 王成彬, 等. 2020. 确定性系数与随机森林模型在云南芒市滑坡易发性评价中的应用. 地质科技通报, 39 (6): 131-144.

中共中央国务院关于实施乡村振兴战略的意见. 人民日报, 2018-02-05 (001).

中华人民共和国环境保护部. 2015. 生态环境状况评价技术规范: HJ 192—2015. 北京: 中国环境科学出版社.

周彬, 董杰, 葛兆帅, 等. 2005. 三峡库区人地关系及其协调发展途径研究. 水土保持通报, (2): 74-78.

周宏春. 2018. 乡村振兴背景下的农业农村绿色发展. 环境保护, 46 (7): 16-20.

周莉. 2019. 乡村振兴背景下西藏农业绿色发展研究. 西北民族研究, (3): 116-127.

朱海波, 聂凤英. 2020. 深度贫困地区脱贫攻坚与乡村振兴有效衔接的逻辑与路径——产业发展的视角. 南京农业大学学报 (社会科学版), 20 (3): 15-25.

朱吉祥, 张礼中, 周小元, 等. 2012. 基于信息熵的灰色模型在地质灾害评价中的应用——以四川青川县为例. 灾害学, 27 (1): 78-82.

朱梅, 汪德根. 2019. 旅游业环境责任解构与规制. 旅游学刊, 34 (4): 77-95.

朱学稳, 陈伟海. 2006. 中国的喀斯特天坑. 中国岩溶, (201): 7-24.

朱学稳, 朱德浩, 黄保健, 等. 2003. 喀斯特天坑略论. 中国岩溶, (1): 51-65.

朱学隐, 黄保健, 朱德浩, 等. 2003. 广西乐业大石围天坑群发现 探测 定义与研究. 南宁: 广西科学技术出版社.

左璐, 孙雷刚, 徐全洪, 等. 2021. 区域生态环境评价研究综述. 云南大学学报（自然科学版）, 43（4）: 806-817.

Palmer A N, Palmer M V, 张远海. 2006. 天坑形成的水力机制. 中国岩溶, (S1): 71-78.

White W B, White E L, 张远海. 2006. 封闭型洼地的级别划分: 天坑级别. 中国岩溶, A1: 84-92.

Bao H, Qi Q, Lan H, et al. 2020. Sliding mechanical properties of fault gouge studied from ring shear test-based microscopic morphology characterization. Engineering Geology, 279: 105879.

Babakhani N, Lee A, Dolnicar S. 2020. Carbon labels on restaurant menus: Do people pay attention to them? Journal of Sustainable Tourism, 28（1）: 51-68.

Buckley R C. 2012. Sustainable tourism: research and reality. Annals of Tourism Research, 39（2）: 528-546.

Bátori Z, András V, Farkas T, et al. 2017. Large- and small-scale environmental factors drive distributions of cool-adapted plants in karstic microrefugia. Annals of Botany, 119（2）: 301-309.

Bátori Z, Vojtkó A, Maák I E, et al. 2019. Karst dolines provide diverse microhabitats for different functional groups in multiple phyla. Scientific Reports, 9（1）: s41598.

Dong Y P, Shi X H, Sun S S, et al. 2022. Co-evolution of the Cenozoic tectonics, geomorphology, environment and ecosystem in the Qinling Mountains and adjacent areas, Central China. Geosystems and Geoenvironment, 1（2）. DOI: 10.1016/j.geogeo.2022.100032.

Dong Y P, Zhang G W, Neubauer F, et al. 2011. Tectonic evolution of the Qinling orogen, China: Review and synthesis. Journal of Asian Earth Sciences, 41（3）: 213-237.

Falk M, Hagsten E. 2019. Ways of the green tourist in Europe. Journal of Cleaner Production, 225: 1033-1043.

Filippi M, Zhang Y H, Motyka Z, et al. 2022. Identification and potential of newly emerging geoheritage karst areas south of Hanzhong, central china. Geoheritage, 14（4）: 1-29.

Giadrossich F, Schwarz M, Cohen D, et al. 2017. Methods to measure the mechanical behaviour of tree roots: A review. Ecological Engineering, 109: 256-271.

Gössling S, Scott D, Hall C M, et al. 2012. Consumer behaviour and demand response of tourists to climate change. Annals of Tourism Research, 39（1）: 36-58.

Hansen B, Alre H F, Kristensen E S. 2001. Approaches to assess the environmental impact of organic farming with particular regard to Denmark. Agriculture, Ecosystems & Environment, 83 (1-2): 11-26.

Higham J, Cohen S A, Cavaliere C T, et al. 2016. Climate change, tourist air travel and radical emissions reduction. Journal of Cleaner Production, 111: 336-347.

Hu J M, Chen H, Qu H J, et al. 2012. Mesozoic deformations of the Dabashan in the southern Qinling orogen, central China. Journal of Asian Earth Sciences, 47: 171-184.

Huang L J, Yang H, An X F, et al. 2022. Species abundance distributions patterns between Tiankeng forests and nearby non-Tiankeng forests in Southwest China. Diversity. 14 (2): 64.

Jiang C, Feng J, Zhu S F, et al. 2021. Characteristics of the soil microbial communities in different slope positions along an inverted stone slope in a degraded karst Tiankeng. Biology, (6): 474.

Kobal M, Bertoncelj I, Pirotti F, et al. 2015. Using lidar data to analyse sinkhole characteristics relevant for understory vegetation under forest cover-Case study of a high karst area in the Dinaric Mountains. PLoS ONE, 10 (3): e0122070.

Kricher J. 2009. The Balance of Nature: Ecology's Enduring Myth. Princeton: Princeton University Press.

Li C Y, Zhang Z H, Wang Z H, et al. 2020. Bryophyte diversity, life-forms, floristics and vertical distribution in a degraded karst sinkhole in Guizhou, China. Brazilian Journal of Botany, 43 (2): 303-313.

Ozkan K, Gulsoy S, Mert A, et al. 2010. Plant distribution-altitude and landform relationships in karstic sinkholes of mediterranean region of Turkey. Journal of Environmental Biology, 31 (1-2): 51-60.

Peng J, Tong X, Wang S, et al. 2018. Three-dimensional geological structures and sliding factors and modes of loess landslides. Environmental Earth Ences, 77 (19): 1-14.

Popper D E, Popper F J. 2002. Small Can Be Beautiful: Coming to terms with decline. Planning, (7): 6990825.

Pu G Z, Lu Y N, Dong L N, et al. 2019. Profiling the bacterial diversity in a typical karst Tiankeng of China. Biomolecules, 9 (5): 187.

Pu G Z, Lu Y N, Xu G P, et al. 2017. Research progress on karst Tiankeng ecosystems. The Botanical Review, 83 (1): 1-33.

Shui W, Xu X Y, Wei Y L, et al. 2012. Influencing factors of community participation in tourism development: a case study of xingwen world geopark. Journal of Geography and Regional Planning,

5（7）：207-211.

Su Y Q, Tang Q M, Mo F Y, et al. 2017. Karst tiankengs as refugia for indigenous tree flora amidst a degraded landscape in southwestern China. Scientific Reports, 7: 4249.

Wang X Q, Liu F G, Zhang X B, et al. 2022. Asynchronized erosion effects due to climate and human activities on the central Chinese Loess Plateau during the Anthropocene and its implications for future soil and water management. Earth Surface Processes and Landforms, 47（5）: 1238-1251.

Wu J, Loucks O. 1995. From balance of nature to hierarchical patch dynamics: A paradigm shift in ecology. The Quarterly Review of Biology, 70（4）: 439-466.

Zeppel H. 2012. Local adaptation responses in climate change planning in coastal Queensland. Australasian Journal of Regional Studies, 18（3）: 241-361.

Zhang J, Zhang Y. 2020. Low-carbon tourism system in an urban destination. Current Issues in Tourism, 23（13）: 1688-1704.

Zhang J. 2017. Evaluating regional low-carbon tourism strategies using the fuzzy Delphi-analytic network process approach. Journal of Cleaner Production, 141: 409-419.

Zhu X W, Chen W H. 2005. Tiankengs in the karst of China. Cave and Karst Science, 32（2/3）: 55-56.